MÜNCHENER GEOGRAPHISCHE ABHANDLUNGEN

in

MÜNCHENER UNIVERSITÄTSSCHRIFTEN

FACHBEREICH GEOWISSENSCHAFTEN

Münchener Universitätsschriften

Fachbereich Geowissenschaften

MÜNCHENER GEOGRAPHISCHE ABHANDLUNGEN

Institut für Geographie der Universität München

Herausgegeben

von

Professor Dr. H. G. Gierloff-Emden   Professor Dr. F. Wilhelm

Schriftleitung: Doz. Dr. F. Wieneke

Band 22

ANDREAS HERRMANN

Schneehydrologische Untersuchungen in einem randalpinen Niederschlagsgebiet (Lainbachtal bei Benediktbeuern/Oberbayern)

Mit 68 Abbildungen, 14 Tabellen

1978

Institut für Geographie der Universität München

Kommissionsverlag: Geographische Buchhandlung, München

Als Habilitationsschrift auf Empfehlung
des Fachbereichs Geowissenschaften
der Ludwig-Maximilians-Universität München
gedruckt mit Unterstützung der Deutschen Forschungsgemeinschaft

Rechte vorbehalten

Ohne ausdrückliche Genehmigung der Herausgeber ist es nicht gestattet, das Werk oder Teile daraus nachzudrucken oder auf photomechanischem Wege zu vervielfältigen.

Ilmgaudruckerei, 8068 Pfaffenhofen/Ilm, Postfach 86

Anfragen bezüglich Drucklegung von wissenschaftlichen Arbeiten, Tauschverkehr sind zu richten an die Herausgeber im Institut für Geographie der Universität München, 8 München 2, Luisenstraße 37.

Kommissionsverlag: Geographische Buchhandlung, München
Zu beziehen durch den Buchhandel
ISBN 3 92039741 X

Inhalt

Vorwort 9

1. Einführung 11
   1.1. Voraussetzungen 11
   1.2. Ziel und Problemstellungen der Untersuchung 12

2. Natürliche und instrumentelle Ausstattung des Untersuchungsgebiets 14
   2.1. Lage und natürliche Gegebenheiten 14
   2.2. Instrumentierung 19
   2.3. Schneedeckenaufnahmen 24

3. Synoptisch-klimatologische Bedingungen, Schneedeckenentwicklung und Abflußgeschehen 29
   3.1. Synoptisch-klimatologische Bedingungen 29
      3.1.1. Niederschlag 29
      3.1.2. Lufttemperatur 38
      3.1.3. Föhnvorgänge 43
   3.2. Schneedeckenentwicklung 46
      3.2.1. Schneedeckendauer 46
      3.2.2. Wasserrücklagen in der Schneedecke 49
   3.3. Oberflächenabfluß 52

4. Schneedeckenprofile 57
   4.1. Profilparameter 57
   4.2. Entwicklung der temperierten Schneedecke im Zeitprofil 58
      4.2.1. Profilentwicklung temperierter Schneedecken und hydrologische Bedeutung von Schneeprofilaufnahmen 58
      4.2.2. Räumlich-zeitliche Differenzierung der Schneeprofilentwicklung 60
         4.2.2.1. Schichtumsatz 60
         4.2.2.2. Kornformen 60
         4.2.2.3. Freies Wasser 63
         4.2.2.4. Härte (Rammwiderstand) 64
         4.2.2.5. Temperatur 64

5. Grundzüge der Wasservorratsverteilung und -entwicklung in der Schneedecke 68
   5.1. Lokale Verteilungsmuster der in Schneedecken gebundenen Wasserrücklagen 68
      5.1.1. Bedeutung lokaler Verteilungsgrundmuster 68
      5.1.2. Flächig-zeitliche Variabilitäten auf kleinen Testflächen 68
      5.1.3. Abhängigkeit von der Höhe üNN 73
      5.1.4. Differenzen zwischen Freiland- und Waldschneedecken 78
   5.2. Verteilungsmuster von Gebietswasservorräten in der Schneedecke und ihre Bedeutung für Schneedeckenmessungen 82
      5.2.1. Grundzüge der Wasservorratsverteilung 82
      5.2.2. Bedeutung der Höhenabhängigkeit von Gebietswasservorräten in Schneedecken für deren Abschätzung 86
   5.3. Massen- und Energiebilanz der Schneedecken 90
      5.3.1. Massenbilanzen 90
      5.3.2. Energiebilanzen 95
         5.3.2.1. Energiebilanzgrößen 95
         5.3.2.2. Energiebilanzen der Schneedecken 97

6. Schneedeckenabflüsse 104
   6.1. Abflußverhalten der Schneedecke 104
   6.2. Schmelzabflüsse 108
      6.2.1. Tagesgänge 108
      6.2.2. Zusammenhänge zwischen Schmelzwasseranfall und Lufttemperatur bzw.
            Strahlung 110
      6.2.3. Tageswerte der Schmelzwasserproduktion und Schmelzabflüsse 113
      6.2.4. Näherungsverfahren der Abflußberechnung 117
   6.3. Schmelz- + Regenabflüsse 119

7. Schlußbemerkung 123

Zusammenfassung 124

Literatur 127

Verzeichnis der im Text verwendeten Symbole

Symbol	Einheit	Bedeutung bzw. Definition
A	g cm^{-1} s^{-1}	Austauschkoeffizient
A_{eff}	m^3 od. mm	effektiver Massenverlust der Schneedecke
A_t	m^3 od. mm	totale Schneeablation in einem Gebiet
Abl	mm	tägliche Schmelzwasserhöhe
Abl_{calc}	mm	berechnete tägliche Schmelzwasserhöhe
Abl_{mes}	mm	gemessene tägliche Schmelzwasserhöhe
Abl_{test}	mm	Abflußhöhe an der Lysimeterschneedecke
a	mm	Schneeablation an einem spezifischen Meßpunkt
B_t	m^3 od. mm	totale Massenbilanz einer Gebietsschneedecke
b	mm	Massenbilanz der Schneedecke an einem spezifischen Meßpunkt
b_n	mm	Nettomassenbilanz der Schneedecke an einem spezifischen Meßpunkt
C_t	m^3 od. mm	totale Schneeakkumulation in einem Gebiet
c	mm	Schneeakkumulation an einem spezifischen Meßpunkt
c_e	cal g^{-1} grd^{-1}	spezifische Wärme des Eises
c_a	–	Abflußkoeffizient
c_p	cal g^{-1} grd^{-1}	spezifische Wärme der Luft
e	Torr	Dampfdruck
e_{200}	Torr	Dampfdruck in 200 cm über Schneeoberfläche
ϵ	–	Dielektrizitätskonstante
F_N	km^2	Niederschlagsgebietsfläche
F_{max}	%	maximaler Flächenanteil
$F_{\overline{w}}$	%	Anteil der Flächen gleichen mittleren Wasseräquivalents
G	K d	Gradtage
GF	cm od. mm K^{-1} d^{-1}	Gradtagfaktor
ϑ	°C	Temperatur
h	cm	Schneehöhe
$\overline{h}$	cm	mittlere Schneehöhe
k	–	Rezessionskoeffizient
$N_{\overline{H}}$	mm	Niederschlagshöhe in mittlerer Gebietshöhe
$\overline{N}$	mm	Gebietsniederschlag
$\overline{N}_R$	mm	Gebietsregenniederschlag
n	–	Anzahl der Fälle bzw. vorgegebener Tag
p_w	%	Verhältnis des Wasservorrats der Wald- zu dem der Freilandschneedecke an spezifischen Meßpunkten
$p_{\overline{w}}$	%	Gebietsmittel des Verhältnisses von Wasservorrat der Wald- zu dem der Freilandschneedecke
p	Torr	tatsächlicher Luftdruck
p_o	Torr	Normaldruck der Luft
Q	m^3 s^{-1}	Abflußmenge
HQ, Hq	m^3 s^{-1}, l s^{-1} km^{-2}	Hochwasser, -spende
MQ, Mq	m^3 s^{-1}, l s^{-1} km^{-2}	Mittelwasser, -spende
NQ, Nq	m^3 s^{-1}, l s^{-1} km^{-2}	Niedrigwasser, -spende
ZQ	m^3 s^{-1}	gewöhnliche Abflußmenge
Q_f	Ly t^{-1}	fühlbarer Wärmestrom
Q_l	Ly t^{-1}	latenter Wärmestrom
Q_s	Ly t^{-1}	Strahlungsenergie
Q_w	Ly	zum Abbau des Kälteinhalts der Schneedecke benötigte Energie
Q_{abl}	Ly t^{-1}	Schmelzenergie

Symbol	Einheit	Bedeutung bzw. Definition
ϱ	g cm^{-3}	Schneedichte
$\bar{\varrho}$	g cm^{-3}	mittlere Schneedichte
R	mm	tägliche Abflußhöhe
$\bar{R}$	kp	mittlerer Profilrammwiderstand
R_t	mm	totale Abflußhöhe, entsprechend der Summe der Einzelabschnitte des Rezessionsabflusses
R_{mes}	mm	gemessene tägliche Abflußhöhe
r	–	Korrelationskoeffizient
S	km^2	Gebietsfläche
S_s	km^2	schneebedeckte Gebietsfläche
S_n	m^3 od. mm	Gebietswasservorrat in der Schneedecke am Termin n
T	°C	Lufttemperatur
$\bar{T}$	°C	Tagesmitteltemperatur
T_{max}	°C	tägliche Maximumtemperatur
T_{min}	°C	tägliche Minimumtemperatur
T_{200}	°C	Lufttemperatur in 200 cm über Schneeoberfläche
V	%	Variabilitäts- oder Variationskoeffizient
v_{200}	m s^{-1}	Windgeschwindigkeit in 200 cm über Schneeoberfläche
w	mm	Wasseräquivalent
$\bar{w}$	mm	mittleres Wasseräquivalent
Δw	mm	Wasservorratsdifferenz zwischen Wald- und Freilandschneedecke
z	cm	Höhe über Grund
z_0	cm	Rauhigkeitsparameter

Vorwort

Vorliegende Untersuchung stellt Teilaspekte eines Forschungsvorhabens zur Ökologie eines kleinen nordalpinen Niederschlagsgebiets, des 18,7 km² großen Lainbachtals (670–1801 m) bei Benediktbeuern/Oberbayern, vor. Sie stützt sich auf das Beobachtungsmaterial der ersten vier Schneedeckenperioden eines auf 10 Jahre ausgelegten Meßprogramms. Zwangsläufig sind zahlreiche Ergebnisse noch durch weitere Beobachtungsreihen abzusichern. Einige notwendige Spezialuntersuchungen sind gerade angelaufen, andere erst in Planung. Wenn bereits jetzt der Versuch einer Zwischenbilanz unternommen wird, soll damit dem wachsenden Bedürfnis nach hydrologischen Informationen über die von der Wasserforschung bislang vernachlässigte Region der bayerischen Alpen bzw. nach weiterführenden Forschungsansätzen entsprochen werden.

Der Forschungsgegenstand entwickelte sich aus einer Anregung meines verehrten Lehrers, Herrn Prof. Dr. F. Wilhelm, einmal der Entwicklung der winterlichen Schneedecken in unteren alpinen Lagen und dem daraus resultierenden Abflußgeschehen nachzugehen. Nach ersten systematischen Schneedeckenbeobachtungen im Winter 1970/71 im Hirschbachtal bei Lenggries wurden die Untersuchungen mit der umfangreichen Instrumentierung des Lainbachtals im Herbst 1971 auf das ganze hydrologische Jahr ausgedehnt.

Die unter der Leitung von Prof. Wilhelm mit diesem Projekt befaßte Arbeitsgruppe am Institut für Geographie der Universität München hat eine Teilung der wissenschaftlichen Bearbeitung des Rahmenthemas „Wasserhaushaltsbilanz eines randalpinen Niederschlagsgebiets" vereinbart. Dabei wurde mir der durch eine Schneedecke geprägte Abflußzeitraum anvertraut.

Herrn Prof. Wilhelm bin ich wegen vielfältiger großzügiger Förderung, tatkräftiger Unterstützung im Gelände und anregender Kritik bei Bearbeitung und Bewertung des Datenmaterials zu besonders herzlichem Dank verpflichtet.

Mein herzlicher Dank gilt in gleicher Weise dem Leiter des Instituts für Radiohydrometrie der Gesellschaft Lösung der mir gestellten Aufgabe unterstützt hat.

Der Deutschen Forschungsgemeinschaft sei für die Finanzierung dieses Forschungsvorhabens gedankt, das mit Einbringung in den Sonderforschungsbereich 81 ab 1976 in einen größeren, interdisziplinären Rahmen gestellt werden konnte.

Mein aufrichtiger Dank gilt in gleicher Weise dem Leiter des Instituts für Radiohydrometrie der Gesellschaft für Strahlen- und Umweltforschung mbH München, Herrn Prof. Dr. H. Moser, und seinen Mitarbeitern, den Herren Dipl.-Phys. W. Rauert und W. Stichler, des Forstamts Benediktbeuern, Herrn Forstdirektor Prof. Dr. R. Magin, des Wasserwirtschaftsamts Weilheim, Herrn Baudirektor A. Kupfer, und dem ehemaligen Flußmeister in Benediktbeuern, Herrn R. Sappl, ferner zahlreichen ungenannten Mitarbeitern dieser Stellen, die durch tatkräftige und verständnisvolle Mithilfe zum reibungslosen Ablauf des Forschungsprogramms beigetragen haben.

Die Schneedeckenaufnahmen erfolgten im Rahmen von Praktika des Instituts für Geographie der Universität München. Allen Beteiligten sei für ihren Einsatz im Gelände gedankt, ebenso den Kartographen Herrn W. Pons, vor allem Frau M. Roth, die in umsichtiger Weise die Mehrzahl der kartographischen Arbeiten besorgt hat.

Dank schulde ich all denen, die mich sonst noch durch wertvolle Anregungen und Ratschläge unterstützt haben.

Nicht zuletzt möchte ich meiner lieben Frau für die geduldige Anteilnahme an diesen Untersuchungen meinen tiefempfundenen Dank aussprechen.

Abgesehen von wenigen nachträglichen Ergänzungen wurde diese Untersuchung in der vorliegenden Form Mitte 1976 im Fachbereich Geowissenschaften als Habilitationsschrift angenommen. Den Herausgebern der Münchener Geographischen Abhandlungen sei für ihre Aufnahme in diese Reihe gedankt, der Deutschen Forschungsgemeinschaft für die großzügige Druckbeihilfe.

München, im September 1977 *Andreas Herrmann*

1. Einführung

1.1. Voraussetzungen

Die Niveologie stellt einen noch jungen Wissenschaftsbereich dar, der sich aus dem Bedürfnis nach wissenschaftlicher Erforschung katastrophaler Massenumlagerungen von Schnee mit der Lawinenkunde entwickelte, zu deren Begründern PAULCKE (1938) zählt. Erst etwa ein Jahrzehnt später bildete sich mit dem Interesse der Wasserforschung am Schnee ein hydrologischer Zweig heraus, der u. a. durch frühe Erkenntnisse über glaziale Abflußregime durch Glaziologen wie v. KLEBELSBERG (1913) inspiriert wird.

In der Folge haben beide Fachrichtungen spezifische methodische Ansätze und Arbeitstechniken erarbeitet, über die z. B. HAEFELI et al. (1939), Eidg. Inst. SLF (1949 ff), U.S. Army C. of Eng. (1956), GARSTKA (1964), MEIER (1964) und ZINGG (1964) berichten. Sie wurden im Zuge der Internationalen Hydrologischen Dekade (IHD 1965-74) u. a. durch UNESCO/IASH (1970), UNESCO/IASH/WMO (1970), WMO (1972) und de QUERVAIN (1973) klassifiziert und terminologisch standardisiert. Die IHD war außerdem Anlaß für die weltweite Einrichtung hydrologischer Repräsentativgebiete auch in nival beeinflußten Regionen der hohen Breiten und Gebirge. Erste Erfahrungen wurden von TOEBES & OURYVAEV (1970) zusammengestellt.

Vorliegende Untersuchung verdeutlicht, daß in der Schneehydrologie mehrere auch in der Lawinenforschung verwendete Schneedeckenparameter benötigt werden, um den Abflußvorgang aus Schneedecken erklären und vorhersagen zu können. Ferner sind Kenntnisse der flächenhaften Verteilungsmuster von Schneerücklagen einschließlich der sie modifizierenden Geländeparameter (MEIMAN 1970) und Vorstellungen über Ursachen und Intensitäten ihrer Massenänderungen für Erklärung und Prognose nival beeinflußter Abflußregime und Wasserbilanzen erforderlich. Sie dienen außer der Erarbeitung regionalspezifischer landschaftsökologischer Grundlagen u. a. der Ermittlung der Schneeschmelzhydrographs von Einzugsgebieten (VIESSMAN 1970) oder der Manipulation von Schneeakkumulationen (GOLDING 1972), folglich der Abflüsse aus der Schneedecke bewaldeter Gebiete durch forstliche Eingriffe. Ziele und Auswirkungen dieses ‚forest and watershed management' beschreiben H. W. ANDERSON (1956), ANDERSON & HOBBA (1959) und GOODELL (1959).

Die jüngste Entwicklung auf dem Gebiet der Schneehydrologie ist durch die Anwendung isotopenhydrologischer Verfahren gekennzeichnet (MOSER & STICHLER 1977), die über die klassischen hydrologischen Methoden hinaus bereits vielversprechende zusätzliche Informationen über Schneedeckenabbau, Abflußkomponenten und Verweildauer von Schneeschmelzwässern in Einzugsgebieten des alpinen Raums lieferten (AMBACH et al. 1975, MARTINEC 1972 b, 1974 und 1977, MARTINEC et al. 1974 und 1975).

Berücksichtigt man ferner die vornehmlich in vergletscherten Regionen erprobten Meßanordnungen zum Energiehaushalt von Schneedecken und Gletschern (AMBACH 1965 und 1972, FÖHN 1973, WENDLER & ISHIKAWA 1973), dann kann die landschaftsökologische Forschung seit längerem auf schneehydrologische Forschungsansätze und physikalische Erklärungsversuche von Prozeßabläufen zurückgreifen.

Um so bedauerlicher ist die Tatsache, daß erst in letzter Zeit auch in der Bundesrepublik Deutschland intensive schneehydrologische Forschung als Teilaspekt ökologischer Grundlagenforschung betrieben wird. Dazu zählen in erster Linie die von Forsthydrologen betriebenen Schneestudien in Mittelgebirgslagen (BRECHTEL et al. 1974), ferner Schneeabflußmodelle (KNAUF 1976).

Obgleich der Geograph F. RATZEL bereits 1886 auf die Bedeutung der winterlichen Schneedecke für den Landschaftshaushalt der bayerischen Kalkalpen hingewiesen hat, die er durch Fragebogenaktionen zu erforschen anregte, bedurfte es etlicher Jahrzehnte, ehe dort seine Vorschläge, freilich unter anderen Aspekten, aufgenommen wurden. Dabei handelt es sich einerseits um energiewirtschaftliche Anliegen, die z. B. für Zuflußvorhersagen für Speicherbecken Schneedeckenbeobachtungen in deren alpinen Einzugsgebieten erforderlich machen (WÖHR 1959, FROHNHOLZER 1967, 1975). Zum anderen kommen sie der Forderung des Bayerischen Lawinenwarndienstes nach Vorstellungen über die mittleren Schneehöhenverhältnisse in den bayerischen Alpen entgegen

(HERB 1973). Schließlich liegen noch einige punkthafte Erfahrungen über Massenänderungen randalpiner Winterschneedecken durch KERN (1955, 1959, 1971) vor.

1.2. Ziel und Problemstellungen der Untersuchung

Ziel der Untersuchung ist es, erste Einblicke in den winterlichen Wasserhaushalt eines überschaubaren randalpinen Niederschlagsgebiets zu erhalten, in dem ca. 1/3 des Jahresniederschlags als Schnee fällt, der in höheren Lagen bis zu 7monatige Schneedeckenperioden bedingt. Zusammenhänge zwischen Massenbilanzen der Schneedecken und dem Abflußgeschehen auf der einen, den synoptisch-klimatologischen Bedingungen auf der anderen Seite sollen Grundlagen für weitere Forschungsansätze und erstmals sicherere schneehydrologische Ergebnisse am bayerischen Alpenrand liefern. Zu diesem Zweck wurden die bei HERRMANN et al. (1973) aufgeführten Auswahlkriterien für ein Untersuchungsgebiet auch auf seinen annähernd repräsentativen Charakter für diese Region abgestimmt.

Der in einem natürlichen System (= Einzugsgebiet) ablaufende hydrologische Prozeß kann mit KNAUF (1976) durch das deterministische Modell

$$\text{Belastung} \xrightarrow{N} \boxed{\text{SYSTEM} \atop \text{Einzugsgebiet}} \xrightarrow{R} \text{Ergebnis}$$

ersetzt werden.

Bei dieser Modellkonzeption gilt die Eingangsgröße N (= äquivalenter Niederschlag) als Belastungsfunktion, die durch Systemeinflüsse zur Ergebnisfunktion mit der Ausgangsgröße R (= Abfluß) transformiert wird.

Dieses Modell behandelt das System als black box. Schon im Laufe der ersten vier Schneedeckenperioden konnte diese in erfreulichem Maße geöffnet werden, so daß sich die folgenden Betrachtungen wenigstens zum Teil bereits auf der nächsthöheren Modellierungsstufe

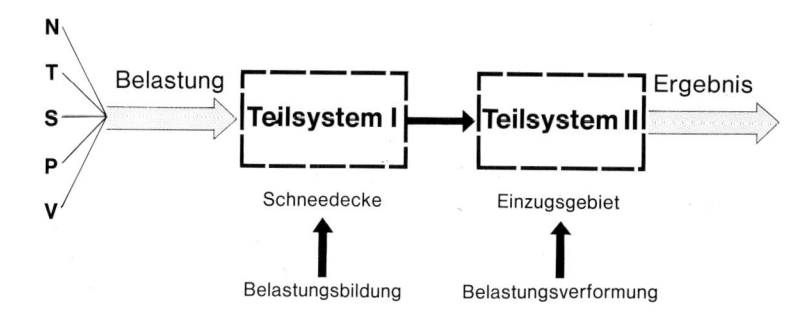

$$\begin{array}{c} N \\ T \\ S \\ P \\ V \end{array} \Bigg\} \xrightarrow{\text{Belastung}} \boxed{\text{Teilsystem I} \atop \text{Schneedecke}} \longrightarrow \boxed{\text{Teilsystem II} \atop \text{Einzugsgebiet}} \xrightarrow{\text{Ergebnis}}$$

$$\uparrow \text{Belastungsbildung} \qquad \uparrow \text{Belastungsverformung}$$

bewegen.

In schneebedeckten Einzugsgebieten bedeutet dies die Aufnahme der hydrologischen Prozeßabläufe in wenigstens zwei Teilsystemen. Die Eingabe in das Teilsystem II (= Einzugsgebiet) entspricht dabei der Ergebnisfunktion des Teilsystems I (= Schneedecke). Die Belastungsbildung resultiert, vereinfacht ausgedrückt, aus Wirkungen der meteorologischen Eingangsgrößen Niederschlag N, Temperatur T, Strahlung S, Dampfdruck P und Ventilation V.

Eine weitgehende Auflösung des Teilsystems II nach Art z. B. der besonders anschaulichen Modellvorstellung von DOUGLAS (1974) ist erst nach Ablauf des auf 10 Jahre ausgelegten Meßzeitraums zu erwarten. Dann sollten die quantitativen Vorstellungen über die einzelnen Wasserhaushaltskomponenten u. a. auch zufriedenstellende rechnerische Simulationen des Niederschlag-Abfluß-Prozesses erlauben.

Gegenstand der vorliegenden Untersuchung ist vorrangig das Teilsystem I, die temperierte alpine Schneedecke. Da ferner die Ergebnisfunktionen des Teilsystems II vorliegen, läßt sich der Mechanismus der Belastungsverformung bereits zumindest qualitativ abschätzen.

Im Unterschied zum kalten hochalpinen Schnee liegen über die Massenbilanzen, folglich auch über die Energiebilanzen ausgedehnter temperierter Schneedecken unterer alpiner Lagen, die nahezu permanent Massenverluste durch Schmelzung erfahren, noch keine sicheren Angaben vor. Im Interesse einer möglichst hohen zeitlichen Auflösung ihrer Massenänderungen sind u. a. folgende regionalspezifische Forschungsansätze geboten:

1. Ermittlung typischer räumlich-zeitlicher Verteilungsmuster der in Schneedecken kleiner Repräsentativflächen gebundenen Wasserrücklagen als Grundlage rationeller Schneedeckenaufnahmen (HERRMANN 1974 a)
2. Identifizierung regelhafter Verteilungsmuster der in einer Schneedecke gespeicherten Gebietswasserrücklagen als Abhängige der sie modifizierenden Parameter Witterung, Topographie und Waldbestandsart (HERRMANN 1974 b)
3. Bilanzierungen von Massenänderungen der Schneedecken (HERRMANN 1974 c, 1975 a)
4. Modellhafte Erfassung physikalischer Einflußgrößen auf Massenverluste durch Energiehaushaltsuntersuchungen an Schneedecken im Freiland (HERRMANN 1974 c, 1976 a) und im Wald
5. Prüfung isotopenhydrologischer Verfahren auf Eignung zur Bilanzierung des schneedeckeninternen Wasserumsatzes (HERRMANN & STICHLER 1976)
6. Erarbeitung lokaler Schneeschmelzmodelle und Näherungsverfahren der Berechnung von Massenverlusten
7. Prüfung des Informationsgehalts von Schneeprofilparametern für hydrologische Prognosen (HERRMANN 1973 a)

Vorstellungen über den Abflußmechanismus im Niederschlagsgebiet bedürfen vordringlich der Klärung folgender Probleme:

8. Beschreibung und Systematisierung von Schneeschmelzhydrographs als Abhängige der Schmelzverluste der Schneedecke (HERRMANN 1974 c, 1975 a)
9. Quantifizierung des Regeneffekts auf Schneedeckenabflüsse (HERRMANN 1974 c, 1975 a; HERRMANN & STICHLER 1976)
10. Abtrennung der Abflußkomponenten und Erhebung der Verzögerungs- und Verweilzeiten von Schmelzwässern im Gebiet mit Hilfe isotopenhydrologischer Verfahren (HERRMANN et al. 1977)
11. Prüfung vorhandener und ggf. Entwicklung gebietsspezifischer Näherungsverfahren zur Berechnung der täglichen Schmelzwasserproduktion und des daraus resultierenden Abflußgeschehens (HERRMANN 1975 a, 1976 b)
12. Bilanzierung des unterirdischen Wassers

Schließlich ist eine Überprüfung der durch konventionelle Meßgeräte erfaßten Inputgröße Niederschlag, die durch Schneedeckenaufnahmen nur unvollständig erfaßt wird, erforderlich. Dazu bedarf es wenigstens gesicherter lokaler Vorstellungen über

13. Differenzen zwischen meteorologischem und hydrologischem Niederschlag, u. a. in Abhängigkeit von der Windgeschwindigkeit
14. Interceptionsverluste, u. a. in Abhängigkeit von Schneefallintensität und -dauer

Die Literaturhinweise in diesem ‚Aufgabenkatalog', der zugleich eine knappe Übersicht der folgenden Ausführungen liefert, sollen rasche ausführlichere Informationen über die angeschnittenen Teilproblemstellungen liefern.
In diesem Zusammenhang sei nicht verkannt, daß das breite Spektrum der den Untersuchungsgegenstand betreffenden Literatur im weiteren nur sehr bruchteilhaft zitiert werden kann.

Diese erste Zwischenbilanz verbindet Lösungen der gegenüber HERRMANN (1973) erweiterten speziellen Problemstellungen mit Ergebnissen nach fortlaufend registrierten meteorologischen und hydrologischen Grunddaten der ersten vier Schneedeckenperioden eines auf 10 Jahre ausgelegten Meßprogramms. Wenngleich sie als Folge der hohen witterungsbedingten Variabilität der Schneedeckenverhältnisse noch kaum allgemeingültige Schlußfolgerungen zuläßt, kann sie immerhin neue Erkenntnisse und einige gezielte Forschungsansätze zur Lösung der langfristig angestrebten Quantifizierung des gebietsinternen Wasserumsatzes liefern, die zu ergänzenden Untersuchungen in anderen Teilen des bayerischen Alpenraums anregen sollten.

2. Natürliche und instrumentelle Ausstattung des Untersuchungsgebiets

2.1. Lage und natürliche Gegebenheiten

Das Niederschlagsgebiet des Lainbachs liegt im N der Benediktenwand südöstlich von Benediktbeuern/Obb. im Grenzbereich von nördlichen Kalkvor- und Flyschalpen (Abb. 1).

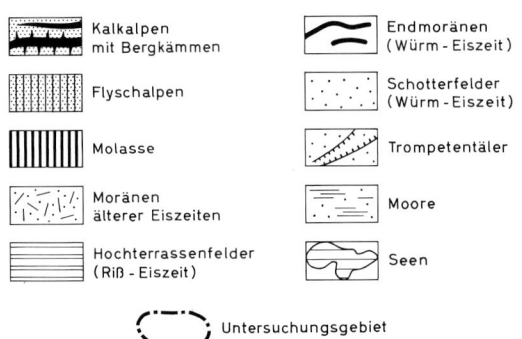

Abb. 1 Geographische Lage des Lainbach-Niederschlagsgebiets (Geomorphologie nach C. Troll, unveröff.).

Die Wasserscheide erreicht größte Höhen im steil abfallenden E-W streichenden Wettersteinkalkzug von Glas- und Benediktenwand im S mit dem Gipfelpunkt 1801 m. Die übrige Umrahmung weist durchschnittlich 1000–1250 m auf (Abb. 2). Ihr tiefster Punkt in 670 m wird durch die Abflußmeßstelle am Lainbach markiert. Abflußmeßstellen an Schmied- und Kotlaine wenige Meter oberhalb ihres Zusammenflusses untergliedern das Lainbachtal in drei unterschiedlich gestaltete hydrologische Teilgebiete. Die Teilgebietsgrößen erreichen die Obergrenze der während der IHD ausgewiesenen Experimentiergebiete (TOEBES & OURYVAEV 1970). Flächen- und Höhenangaben sind in Tab. 1 zusammengestellt.

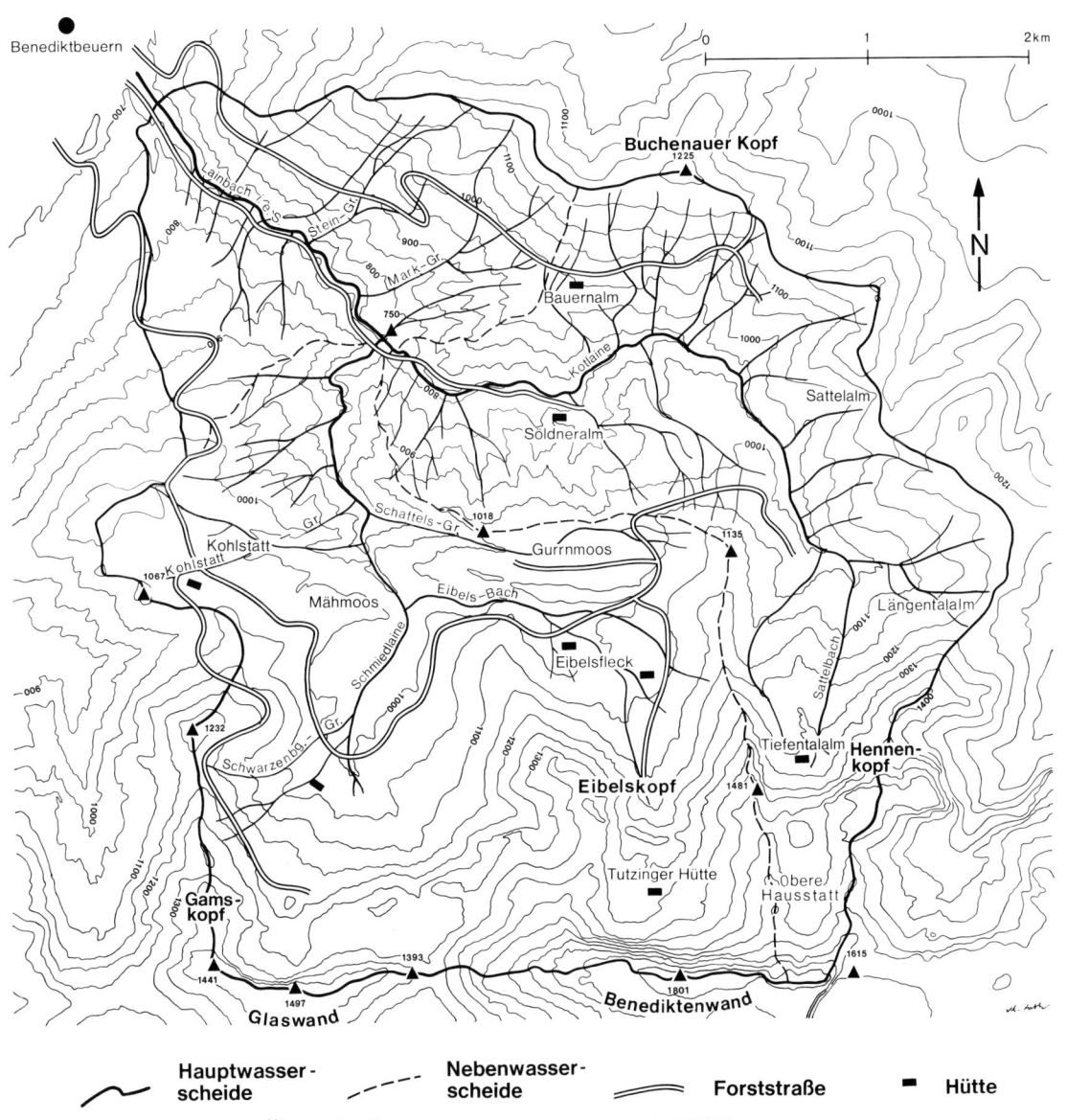

Abb. 2 Topographische Übersichtskarte. Grundlage: Top. Karte 1 : 25 000

Tab. 1 Flächen- und Höhenangaben zum Lainbachgebiet.

Niederschlags-gebiet	Fläche km²	Flächen-anteil %	Höhen-spanne m	mittl. Höhe m	Waldbedeckung km²	Waldbedeckung %	Waldbestandsarten in % Plenter/Schutzw.	Waldbestandsarten in % Alt-holz	Waldbestandsarten in % Baum-holz	Waldbestandsarten in % Stan-genh.	Dik-kung
Lainbach i.e.S.	3,252	17,4	670-1205	875	2,919	89,8	49,5	15,5	12	22	1
Kotlaine	6,545	35,1	765-1783	1060	5,165	78,9	57,5	13	16	12	1,5
Schmiedlaine	8,867	47,5	765-1801	1095	7,091	80	41,5	15	11	31,5	1
Lainbach	18,664	100	670-1801	1030	15,175	81,3	48,5	14.5	12,5	23	1,5

Das Niederschlagsgebiet wird umfassenderen Darstellungen bei TSCHAUDER (1972), in gedrängterer Form bei HERRMANN et al. (1973) zufolge von drei tektonisch-petrographischen Einheiten sowie einer pleistozänen Talfüllung eingenommen (SÄRCHINGER 1939, MÜLLER-DEILE 1940, HESSE 1964; vgl. HERRMANN et al. 1973, Abb. 3):

Am Aufbau der Lechtaldecke im S, die mit einem markanten Steilanstieg entlang einer Linie Gamskopf – Eibelskopf – Hennenkopf (Abb. 2) ansetzt, sind vorherrschend verkarstungsfähige Gesteine beteiligt, u. a. Muschel-, Oberrät-, Raibler Kalk und Wettersteinkalk als Gipfelbildner von Glas- und Benediktenwand. Am Wandfuß versickert das Oberflächenwasser im Hangschutt der eiszeitlichen Kare bzw. in den Schlucklöchern zahlreicher Dolinen. Es tritt ca. 150 m unterhalb am Nordrand der Lechtaldecke in Karstquellen wieder zutage, die u. a. die Quellbäche des Lainbachs speisen.

Demgegenüber hat sich in den meist mergeligen, schlechter wasserwegigen Gesteinen der nördlich anschließenden Allgäudecke ein engständiges Gewässernetz ausgebildet, das sich in der Flyschzone im Bereich der nordwestlichen Umrahmung in Mergeln, Sandsteinen und Kieselkalken noch verdichtet.

Im mittleren Teil wird der Untergrund durch bis zu knapp 200 m mächtige Stausedimente abgedichtet. Ihre Verbreitung deckt sich mit der ausgedehnten Verflachung in etwa 1000 m Höhe, der im südlichen Teil Fern- und Lokalmoränen aufliegen. Die Talfüllung wurde durch Einkerbungen der Hauptgerinne und durch (Blaiken-) Reißenbildung (LAATSCH & GROTTENTHALER 1973), deren Verbreitungsgebiet durch den unruhigen Isohypsenverlauf im NW nachgezeichnet wird, z. T. bis zum Anstehenden wieder ausgeräumt.

Abgesehen vom verkarstungsfähigen Kalkalpin ist der Untergrund als schlecht wasserwegig zu werten. Diese Tatsache wird durch hohe Anteile von Hanggleyen, Pseudogley-Braunerden und Mergelrendzinen an den Böden des Niederschlagsgebiets wie durch mehrere Moorvorkommen auf den Stausedimenten bekräftigt (TSCHAUDER 1972).

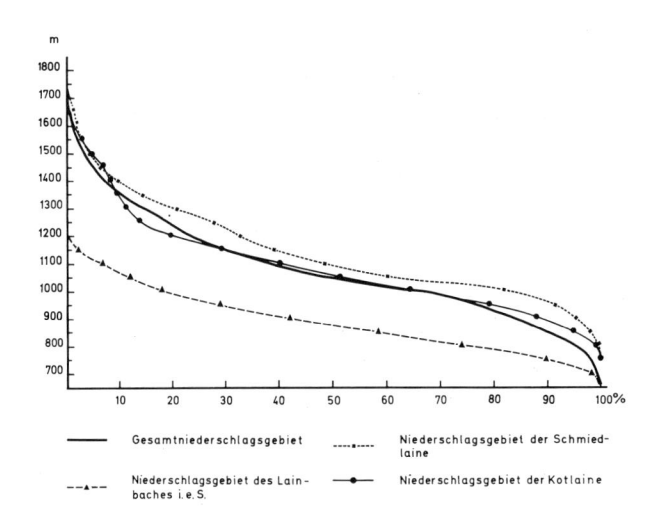

Abb. 3 Hypsometrische Kurven.

Hinweise auf relative Böschungsverhältnisse liefern die hypsometrischen Kurven in Abb. 3. Die Böschungskarte (Abb. 4) ist aus einer modifizierten kartographischen Methode von BLENK (1963) hervorgegangen.

Unterhalb der bis zu 450 m hohen Wandfluchten im S folgt auf die ausgedehnten Flachformen der eiszeitlichen Karböden nördlich der Benediktenwand, die durch N-S streichende Querriegel voneinander getrennt sind, im Anschluß an den steil abfallenden Nordrand der Lechtaldecke ein ausgedehnter Flachbereich zwischen 900–1100 m. Er nimmt 45 % der Gesamtfläche ein. Allein auf die Höhenstufe 1000–1100 m entfallen 25 % der Fläche. Das steilere Gelände unterhalb 900 m im Bereich der gegenüber dem Kalkalpin runder geformten Flyschberge und der Reißen macht dagegen nur 1/6 der Fläche aus.

Im Niederschlagsgebiet der Kotlaine dominieren Neigungen zwischen 20–40°, im Schmiedlainegebiet Flachformen, so bei 1300–1450 m (eiszeitliche Karböden) und bei 950–1050 m (pleistozäne Talfüllung). Im Lainbachgebiet i. e. S. sind in allen Höhen ausnahmslos steilere Hangneigungen um 30° anzutreffen.

Tab. 2 Hauptrichtungen der Hangexpositionen.

Niederschlags-gebiet	N 315°–45°		E 45°–135°		S 135°–225°		W 225°–315°	
	ha	%	ha	%	ha	%	ha	%
Lainbach i.e.S.	120,3	37	0	0	204,9	63	0	0
Kotlaine	266,4	43	49,6	8	179,7	29	123,9	20
Schmiedlaine	453,8	61	96,7	13	44,6	6	148,8	20
Lainbach	840,5	50	146,3	9	429,2	25	272,7	16

Flächenangaben zu den Hauptrichtungen der Hangexpositionen sind in Tab. 2 zusammengestellt.

Die Expositionsrichtungen der Hänge wurden aus der Topographischen Karte 1 : 25 000 nach dem bei WENDLER (1964, S. 3) beschriebenen geometrischen Verfahren ermittelt.

Nord- und südexponierte Hanglagen dominieren. Doch während das Lainbachgebiet i. e. S. nur nord- und vorherrschend südexponierte Hänge aufweist, sind in den übrigen Teilgebieten alle Hauptrichtungen vertreten. Dabei überwiegen im Kot-

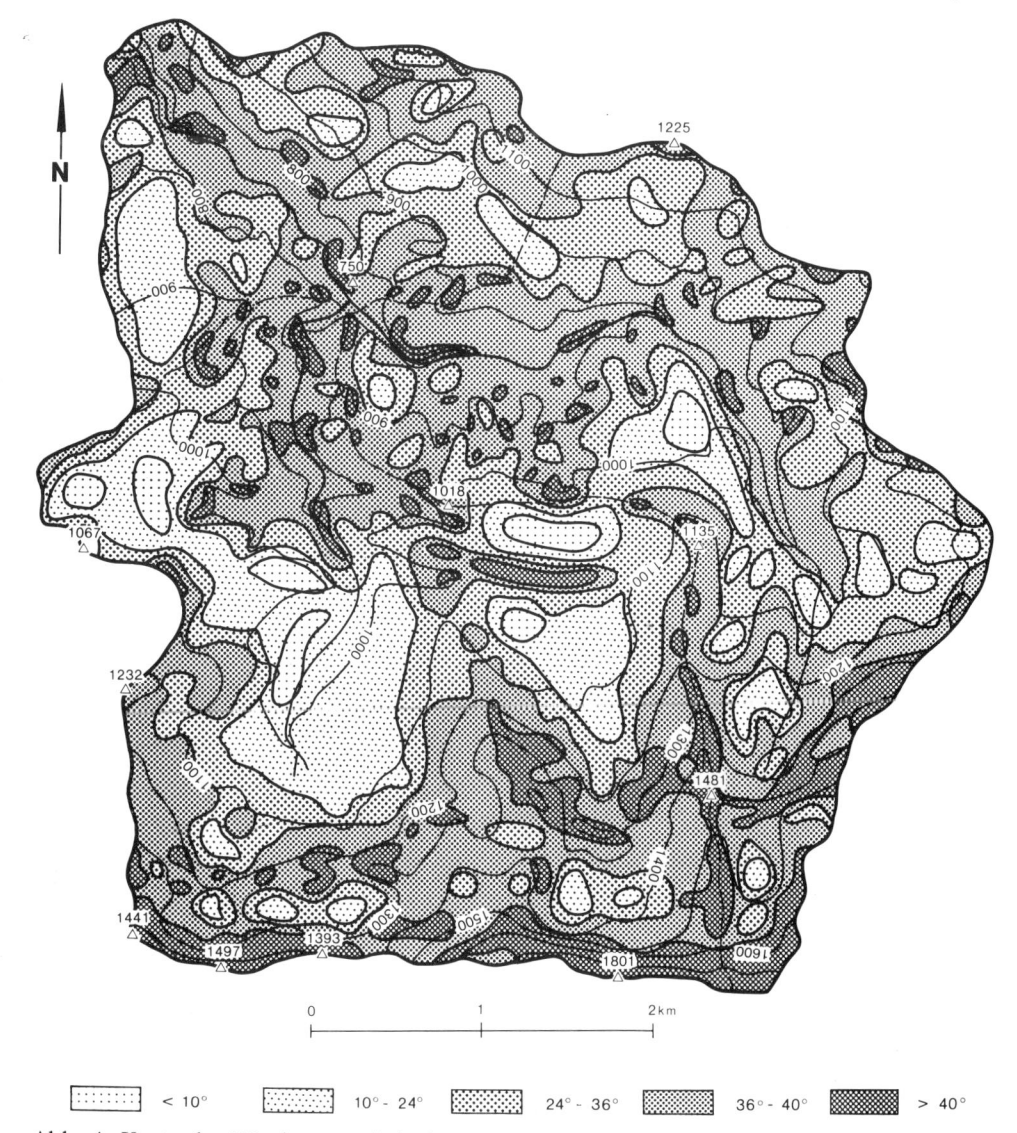

Abb. 4 Karte der Böschungsverhältnisse (nach TSCHAUDER 1972).

lainegebiet zu etwa gleichen Teilen N-, S- und W-Hangrichtungen, im Schmiedlainegebiet eindeutig nördliche, die außerdem mit den für Schneeakkumulationen günstigen höhergelegenen Freiflächen der Eibelsfleckalm und um die Tutzinger Hütte zusammenfallen.

Der Vegetationsbestand des zu 80 % bewaldeten Niederschlagsgebiets kann mit TSCHAUDER (1972) einer submontanen (bis 1100 m), montanen (bis 1300 m), subalpinen (bis 1600 m) und einer alpinen Stufe (Wandfluchten oberhalb 1400 m) zugeordnet werden.

Diese Stufen weisen im allgemeinen die für den Alpennordrand typischen Artenzusammensetzungen auf (SEIBERT 1968).

Da für Schneeakkumulationen u. a. Wuchshöhe, Lückigkeit und Überschirmungsdichte von Waldbeständen entscheidend sind, wird eine gesonderte Gliederung nach Waldbestandsarten und Freiflächen nach schneehydrologischen Gesichtspunkten erforderlich (Kap. 2.3. und Abb. 8).

Über die klimatischen Verhältnisse geben der Klimaatlas von Bayern (WEICKMANN & KNOCH 1952) und CASPAR (1962) folgende Informationen:

Der mittlere Teil des bayerischen Alpenrands weist bei vorherrschend westlichen bis nördlichen Winden sommerliche Niederschlagsmaxima in den Monaten Juli–August mit je 200–300 mm auf. Der Jahresniederschlag erreicht bei einem Schneeanteil von 20–35 % 1500–2000 mm. Die mittlere Anzahl der Schneedeckentage beläuft sich auf 120–150. Die Jahresmitteltemperatur beträgt in höheren Lagen +4 °C (Januarmittel −1 °C), in tieferen +6 °C (+1,5 °C). Sie stimmt mit den Quelltemperaturen an Kot- und Schmiedlaine recht gut überein.

Aufgrund niedriger Temperaturmittel und beträchtlicher Schneedeckendauer fällt die Vegetationsperiode verhältnismäßig kurz aus. Diese Tatsache betont in Verbindung mit den auftretenden Pflanzengesellschaften und der Orographie den submontanen bis alpinen Charakter des Untersuchungsgebiets, das folgende nennenswerte lokalklimatische Merkmale auszeichnen:

1. Charakteristisches Witterungselement ist der Föhn. Föhnvorgänge dauern in der Regel bis zu 3–5 Tagen, bei entsprechend festliegender großräumiger Druckverteilung auch bis zu 10 Tagen. Mit Föhnlagen sind lebhafte bis stürmische Winde aus südlichen Richtungen, meist positive Tagesmitteltemperaturen im Winter, Verringerung der Luftfeuchte bis auf 20 % sowie

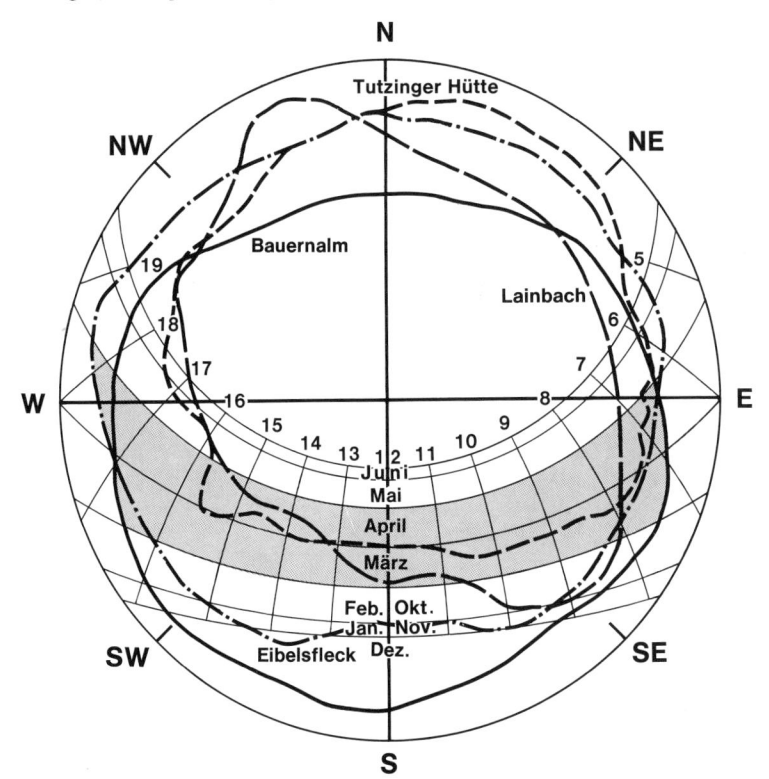

Abb. 5 Mögliche Besonnungsdauer von Lainbachpegel (670 m), Bauernalm (980 m), Eibelsfleckhütte (1030 m) und Tutzinger Hütte (1340 m).
Grundlage: Messungen mit einem Horizontoskop nach TONNE (1951).

Wolkenauflösung, damit erhöhte Einstrahlung, verbunden. Größte Föhnhäufigkeit wird nach OBENLAND (1956) während der Schneedeckenperioden beobachtet.

2. Im Winter werden bei Hochdruckwetterlagen, begleitet von bedeutender nächtlicher Ausstrahlung, hochreichende Bodeninversionen vermerkt. Während solcher frostigen, niederschlagslosen Perioden bilden sich im Tal häufig Hochnebeldecken mit Obergrenzen bei 800–900 m aus, die sich im Laufe des Tages in der Regel wieder auflösen. Bei nächtlichen Tiefstwerten bis zu $-20\ °C$ überschreiten die Tagesmitteltemperaturen den Gefrierpunkt nicht.

3. Die Öffnung des Gebiets gegen die niederschlagsbringenden NW-Winde begünstigt in Verbindung mit der Felsmauer von Glas- und Benediktenwand im S ergiebige Stauniederschläge.

4. Orographisch bedingter Schattenwurf bewirkt in den Karböden am Fuße von Glas- und Benediktenwand und in tief eingekerbten Talabschnitten der Hauptgerinne bis zu mehr als halbjährigen Dauerschatten.
   Die mögliche Sonnenscheindauer an ausgewählten Lokalitäten, an denen Klimastationen stehen und u. a. Schneedeckenprofile aufgenommen werden (vgl. Abb. 6), beschreibt Abb. 5.

Aus der Überlagerung von tektonisch-petrographischen Bedingungen, Relieffaktoren, Hydrologie, Böden, Vegetation und Klimafaktoren lassen sich mit TSCHAUDER (1972) wenigstens 12 naturräumliche Einheiten ausweisen (HERRMANN et al. 1973, Abb. 5). Sie gilt es bei der Instrumentierung des Niederschlagsgebiets, der Planung der Schneedeckenuntersuchungen und der Beurteilung von Beobachtungsergebnissen zu Wasserhaushaltskomponenten in die Überlegungen einzubeziehen.

Als im engeren Sinne ‚alpin' ist der Bereich oberhalb 1200 m im S einschließlich der Almflächen von Eibelsfleck und Tiefental zu werten.

Bezeichnungen von Höhenstufen werden in der Alpenregion in der Regel gebietsspezifisch gehandhabt. Für das Lainbachgebiet soll entsprechend seiner physiognomischen Merkmale folgende Gliederung gelten:

untere Lagen	bis 900 m
mittlere Lagen	900 – 1100 m
höhere Lagen	1100 – 1400 m
Hochlagen	1400 – 1600 m
Gipfellagen	1600 – 1800 m

Das Lainbachgebiet wird gemäß den aus Anlaß der Internationalen Hydrologischen Dekade (IHD) empfohlenen Auswahlkriterien (TOEBES & OURYVAEV 1970) für die Region des Grenzbereichs bayerische Flysch- und Kalkvoralpen als repräsentativ erachtet.

Diese Annahme stützt sich im wesentlichen auf physiognomische Merkmale wie petrographischer Aufbau, Oberflächenformen, Böden und Vegetationsbestand, ferner auf die dem Klimaatlas von Bayern (WEICKMANN & KNOCH 1952) entnommenen Angaben über Niederschlags-, Temperatur- und Schneedeckenverhältnisse.
Inwieweit das Lainbachgebiet auch als hydrologisch repräsentativ für eine hydrologische Region bayerische Flysch- und Kalkvoralpen gelten kann, wird sich erst nach Abschluß dieses Forschungsvorhabens durch Einbindung der eigenen in die amtlichen hydrometeorologischen Daten ermessen lassen.

2.2. Instrumentierung

Während der Schneedeckenperioden betriebene hydrologische und meteorologische Meßeinrichtungen wurden bereits von HERRMANN et al. (1973) und HERRMANN (1973 b, 1974 c) kurz beschrieben, die Schneedeckenaufnahmen, auf die in Kap. 2.3. eingegangen wird, von HERRMANN (1973 b, 1975 b).

Die instrumentelle Grundausstattung, die seit Herbst 1971 zur Verfügung steht, ist in Tab. 3 zusammengestellt. Die Gerätestandorte sind in Abb. 6 verzeichnet.

Bei der Standortwahl der bis auf die Totalisatoren registrierenden Meßinstrumente waren auch Faktoren wie Begehbarkeit der Anmarschwege und damit verbundener zeit- und kräftemäßiger Wartungsaufwand der Gerätebetreuer zu berücksichtigen.

Bei der Verteilung der Niederschlagsmeßgeräte mußte außerdem ein Kompromiß zwischen den wissenschaftlichen Anforderungen an die Niederschlagsmessungen im Winter und im Sommer, wenn 12 zusätzliche unbeheizte Regenschreiber verfügbar sind, geschlossen werden. Die Geräte wurden so auf Lücke gesetzt (vgl. HERRMANN et al. 1973, Abb. 2), daß sie optimal genutzt werden können.

Tab. 3 Instrumentelle Ausstattung des Lainbachgebiets während der Schneedeckenperioden.

An-zahl	Geräteart	Standort Bezeichnung	Höhe üNN	Bemerkung
Grundausstattung seit Herbst 1971				
3	Pneumatikpegel (Fa. SEBA, Oberbeuren)	Lainbach Kotlaine Schmiedlaine	670 765 765	
4	Niederschlagswaagen (Fa. Fuess, Berlin) 200 cm² Auffangfläche	Lainbachpegel Eibelsfleck Bauernalm Tutzinger Hütte	670 1030 985 1340	Windschutzschirm " " "
8	Monatstotalisatoren 200 cm² Auffangfläche	Schmiedlaine Sattelbach Mähmoos Eibelsfleck Längentalalm Schwarzenbergs. Windpassl Oberc Hausstatt	860 960 1280 1010 1030 1190 1180 1190 1530	ab Herbst 1975 Glaswandkar Windschutzschirm " Windschutzschirm "
3	Thermohygrographen in engl. Wetterhütten	Lainbach Eibelsfleck Tutzinger Hütte	670 1030 1340	
1	automat. Wetterstation (Fa. Ott, Kempten) für Lufttemperatur Luftfeuchte Luftdruck Windweg Windrichtung Globalstrahlung	Eibelsfleck	1030	Meßdaten werden in bis zu 15 min zu verkürzenden Abständen auf Lochstreifen gestanzt; mit 24V Gleichstrom betrieben
15	Fernthermographen			Registrierung von Boden- und Schneetemperaturen
Ergänzungsausstattung ab Herbst 1973				
2	Schneelysimeter mit Schwimmpegeln (Fa. Ott, Kempten)	Eibelsfleck	1030	Leerungsmechanismus der Sammelgefäße mit Magnetventilen (24V Gleichstrom)
2	Hellmann'sche Regenschreiber (Fa. Lambrecht, Göttingen) 200 cm² Auffangfl.			propangasbeheizt, davon einer mit Windschutzschirm
6	Totalisatoren 200 cm² Auffangfl.			davon zwei mit Windschutzschirm
2	Meßanordnungen zum Energiehaushalt der Schneedecke: Widerstandsthermometer Pt 100 Haarhygrometer Strahlungsbilanzmesser n. Schulze Schalenanemometer			Registrierung mit Mehrfarbenpunktschreibern (12V oder 24V Gleichstrom) Registrierung auf automat. Wetterstation
Ergänzungsausstattung ab Herbst 1976				
2 2 1	Strahlungsbilanzmesser Sternpyranometer Schalenanemometer (alle Fa. Schenk, Wien)	Eibelsfleck	1030	Registrierung mit Kompensations-Mehrfarbenpunktschreibern (12V Gleichstrom)
6	Widerstandsthermometer Ni 100			Registrierung von Schneetemperaturen mit Mehrfarbenpunktschreiber (12V Gleichstrom)

Die drei Klimastationen mit Thermohygrographen in Wetterhütten und Niederschlagswaagen sind so lokalisiert, daß die Messungen das Niederschlagsgebiet horizontal und vertikal hinreichend abdecken. Durch Gradientbildung sind Umlegungen der Meßdaten auf die übrigen Höhenstufen möglich.

Die Meßwertgeber der Klimahauptstation Eibelsfleck in mittlerer Gebietshöhe (1030 m) sind bis auf die Niederschlagswaage an eine automatische Wetterstation angeschlossen, die in einem Raum der staatseigenen Forsthütte untergebracht ist. Da kein Netzanschluß vorhanden ist, erfolgt die Energieversorgung der Meßanlagen durch 6 12V-Akkumulatoren à 200 Ah, die wöchentlich mit einem benzinbetriebenen Stromerzeuger und einem leistungsfähigen Ladegerät nachgeladen werden müssen.

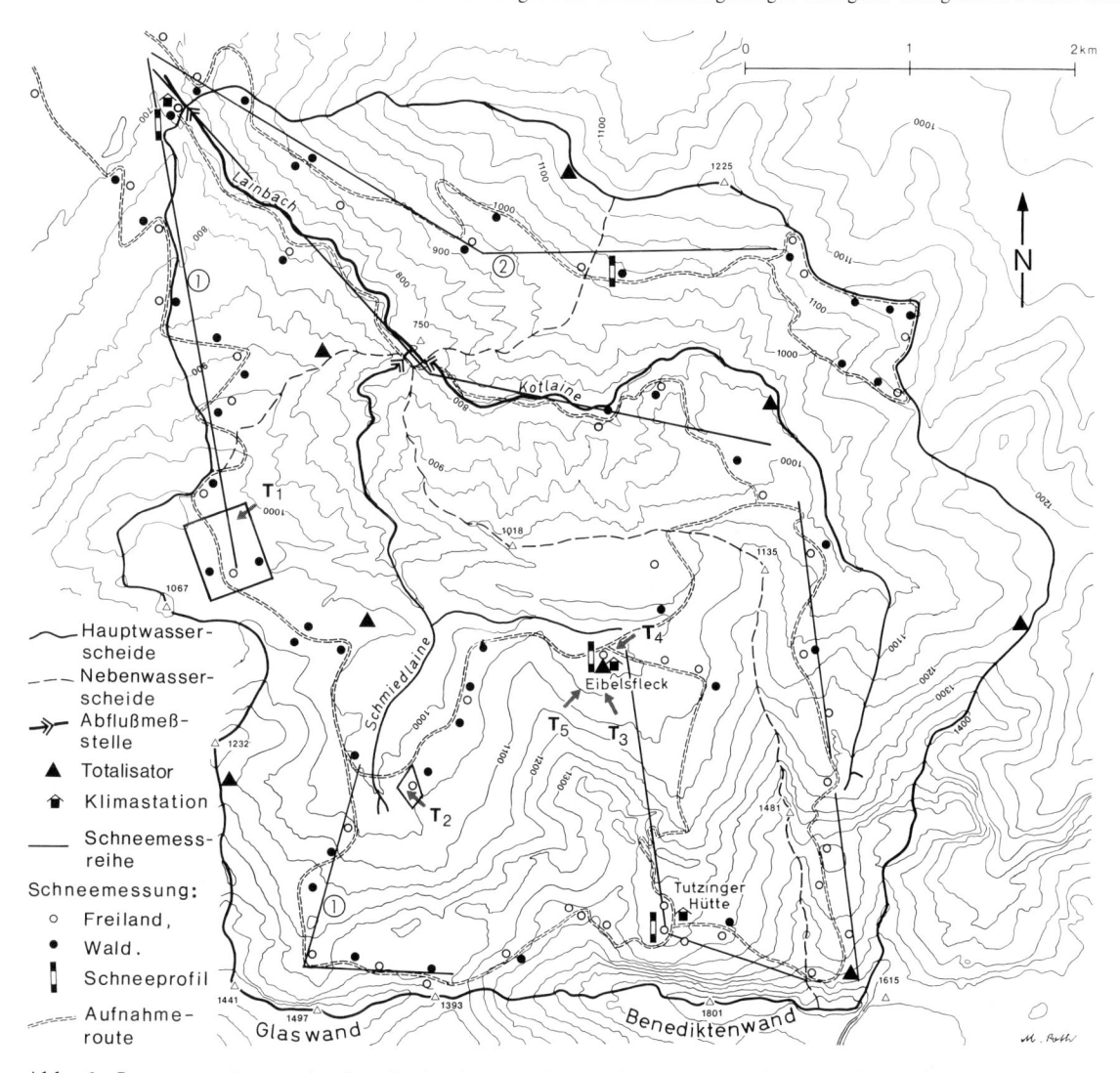

Abb. 6 Instrumentierung des Lainbachgebiets während der Schneedeckenperioden, Schneemeßstellen, Schneedeckentestflächen T und -testmeßreihen.

$T_{1\,2\,3}$ Verteilung der Wasserrücklagen in der Schneedecke
T_4 Schneelysimeter und Energiehaushalt im Freiland
T_5 Schneelysimeter und Energiehaushalt im Wald
① Nordexposition } Testmeßreihen
② Südexposition

Die meteorologischen Meßwertgeber der Grundausstattung sind ausnahmslos auf Freiflächen installiert. Windmessungen erfolgen 500 cm, die übrigen Messungen 200 cm über Grund.

Über die drei mit Pneumatikpegeln ausgerüsteten Abflußmeßstellen berichten HERRMANN et al. (1973). Ihre Lage resultiert aus der Abstimmung wissenschaftlicher Forderungen nach einer sinnvollen hydrologischen Unterteilung des Gebiets mit kostensparenden Einbauten der jeweils 10 m langen Meßgerinne.

Die Ergänzungsausstattungen (Tab. 3) dienen Meßeinrichtungen für Spezialuntersuchungen.

Seit 1973/74 wird bei der Klimahauptstation Eibelsfleck eine Versuchsanordnung betrieben, die es erlaubt, Schneedeckenabflüsse von einer 25 m² großen Freilandfläche durch eine Lysimeteranlage zu registrieren und außerdem durch die Energiebilanz der Schneedecke rechnerisch zu erfassen (T_4 in Abb. 6). 1974/75 wurde in einem benachbarten Fichtenstangenholz (T_5) eine identische Anlage in Betrieb genommen.

Während die Instrumentierung zur Energiehaushaltsmessung in Anlehnung an Erfahrungen von AMBACH (1965), WENDLER & ISHIKAWA (1973) und FÖHN (1973) erfolgen konnte, mußte für die Registrierung der Schneedeckenabflüsse erst eine geeignete Lysimeteranlage entwickelt werden.

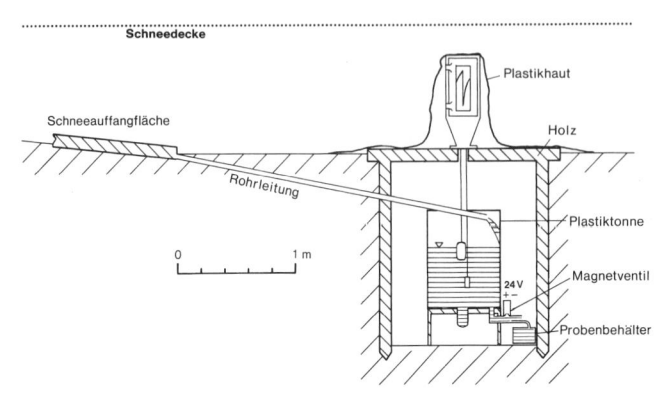

Abb. 7 Registrierendes Schneelysimeter.

Dazu werden die Schneedeckenabflüsse von einer randlich durch 10 cm hohe Holzbretter begrenzten 5 x 5 m großen Schneeauffangfläche, die mit einer 0,2 mm starken Polyäthylen-Folie ausgelegt ist und mit schwachem Gefälle gegen eine zentrale Ausflußöffnung abdacht, durch ein 50 mm weites PVC-Rohr in eine Plastiktonne von 250 l Fassungsvermögen geleitet. In der Tonne, die in eine Erdgrube eingelassen ist, schwimmt der Schwimmkörper eines Pegels (Abb. 7).

Das Wasser wird nach Erreichen der maximalen Schreibhöhe mittels eines Magnetventils aus der Tonne abgelassen. Das Ventil wird durch zwei mit einem Relais verbundene Kontaktgeber, die durch den Schreibarm des uhrwerkbetriebenen Vertikalschreibpegels betätigt werden, geöffnet und geschlossen. Der Kontaktmechanismus ist so ausgelegt, daß bei der verfügbaren Schreibhöhe von 25 cm und wahlweisen Aufzeichnungsmaßstäben von 1 : 1 bzw. 1 : 2 bei Erreichen von 25 bzw. 50 cm Wassersäule über Ventilöffnung 75 l Wasser ≙ 3 mm Wassersäule bzw. 150 l ≙ 6 mm bei 25 m² Einzugsgebiet abgelassen werden. Dafür werden knapp 1 bzw. 2 min benötigt. Vom auslaufenden Wasser wird über ein Röhrchen im Auslaufstutzen des Ventils ein Teil in einen Probenbehälter abgezweigt. Das Probenwasser dient u. a. der Bestimmung der Isotopengehalte der Schneedeckenabflüsse.

Die Erdgruben sind so dimensioniert, daß das in sie abgelassene Wasser bis zur nächsten Leerung in der Regel versickert. Allerdings können bei intensiver Frühjahrsschneeschmelze oder außergewöhnlich ergiebigen Regenfällen in die Schneedecke Wasserstaus auftreten. Während diese Wässer im Wald durch eine Rohrleitung zum nahegelegenen Vorfluter abgeleitet werden können, muß die Freilandgrube in diesen seltenen Fällen mit einer Elektropumpe geleert werden.

Die Lysimeteranlagen sind wartungsarm. Sind die Gruben mit isolierenden Schneedecken abgedeckt, erübrigt sich bei Grubentemperaturen um + 3 bis + 4 °C die Eingabe von $CaCl_2$ in die Tonnen. Dennoch wurden im Winter 1974/75 bei geringmächtiger Schneelage zumindest im Wald trotz $CaCl_2$-Zugabe mehrfach Eisdeckenbildung in der Tonne und eingefrorenes Magnetventil angetroffen. Dieser Zustand führt zwar zu mechanischen Störungen im Meßsystem, bei gleichzeitig aussetzenden Schneedeckenabflüssen aber nie zu Datenausfällen.

Es empfiehlt sich ferner, metallene Pegelhäuschen etwa mit Styropor zu isolieren. Dadurch können mechanische Behinderungen des Meßablaufs durch Auffrieren von Kondenswasser auf Seilen, Seilrollen u. ä. verhindert werden.

Die Energiehaushaltsgrößen Strahlung, fühlbare und latente Wärme (Kap. 5.3.2.1.) werden durch folgende Meßanordnung erfaßt:
Der Strahlungshaushalt der Schneedecke wird mit Strahlungsbilanzmessern n. Schulze (Lupolengeräte), ab 1976/77 mit Strahlungsbilanzmessern der Fa. Schenk, Wien, gemessen, die an Mehrfarbenpunktschreiber angeschlossen sind. Eine Trer.nung nach lang- und kurzwelligem Strahlungshaushalt ist erst seit 1976/77 mit dem Einsatz von Sternpyranometern möglich.

Die Lufttemperatur wird mit Widerstandsthermometern Pt 100 in Baumbach'schen Kugelhütten gemessen, die Luftfeuchte mit Haarhygrometern in Schutzhütten. Diese Meßwertgeber sind ebenfalls an Mehrfarbenpunktschreiber angeschlossen. Um möglichen Datenausfällen durch Zusammenbrechen der Energieversorgung vorzubeugen, sind zusätzlich noch konventionelle Thermohygrographen aufgestellt.

Die Windgeschwindigkeiten werden über Schalenanemometer registriert. Sicherheitshalber werden noch Anemometer mit Digitalanzeige eingesetzt. Die genannten Meßwertgeber sind auf in der Höhe verstellbaren Auslegern von Masten installiert.

Ab 1974/75 werden die Messungen nur noch in 200 cm über Schneeoberfläche durchgeführt, da seither der Berechnung der fühlbaren und latenten Wärmeströme von AMBACH (1972; s. Kap. 5.3.2.1.) vorgeschlagene vereinfachte numerische Beziehungen für Schneeoberflächen zugrundegelegt werden, die sich im Winter 1973/74 bewährt haben (HERRMANN 1974 c). Demgegenüber wurden bei der im gleichen Winter erprobten Meßanordnung aus ventilierten Psychrometern und Anemometern noch Vertikalprofile durch Messungen in 20 und 200 cm über Schneeoberfläche aufgenommen.

Um den zur Temperaturänderung der Schneedecke auf 0 °C erforderlichen Energiebedarf bestimmen zu können (s. Kap. 5.3.2.1.), werden die Schneetemperaturen je nach Schneelage im Freiland beispielsweise in 0, 10, 40, 60 und 100 cm, im Wald in 0, 10 und 30 cm über Grund, ferner Schneeoberflächentemperaturen mit Thermofühlern gemessen und registriert.

Bodentemperaturen werden aus 0, 5, 10, 20 und 40 cm Tiefe im Freiland und aus 0, 10 und 30 cm im Wald aufgezeichnet.

Seit dem Winter 1974/75 wird, soweit dieses Gerät betreut werden kann, mit einem Sonnenscheinautographen nach Campbell-Stokes die Sonnenscheindauer gemessen.

Im Rahmen der Energiehaushaltsuntersuchungen wird der freie Wassergehalt der Schneedecke nach der dielektrischen Methode ermittelt (UNESCO/IASH/WMO 1970). Dazu werden die Dielektrizitätskonstanten der Schneeproben mit einem tragbaren, batteriebetriebenen Plattenkondensator bestimmt, der nach Konstruktionsvorlagen bei HOWORKA (1964) gebaut wurde. Aufgrund der Gerätekonzeption kann es sich dabei immer nur um Einzelmessungen handeln.

Kenntnisse der Leerkapazität des Plattenkondensators und der Kapazitätsänderungen bei feuchten Schneeproben liefern die jeweiligen Dielektrizitätskonstanten. In Anlehnung an ein universelles, instrumentenunabhängiges Nomogramm bei AMBACH & DENOTH (1972), dem der in guter Näherung bestehende lineare Zusammenhang zwischen Schneedichte, freiem Wassergehalt und Dielektrizitätskonstante $\epsilon' - 1$ (ϵ extrapoliert für die Frequenz $f \rightarrow \infty$) zugrundeliegt, errechnet sich der freie Wassergehalt einer Schneeprobe aus ihrer Dielektrizitätskonstanten und Dichte. Die Gültigkeit dieses Zusammenhangs für diesen Plattenkondensator konnte durch das gefrierkalorimetrische Eichverfahren (HOWORKA 1964) bestätigt werden.

Schließlich eine Aufstellung von Meßgeräten, die für die Schneedeckenaufnahmen benötigt werden:
Das Wasseräquivalent der Schneedecke (ausgedrückt in mm Wassersäule) errechnet sich aus Schneehöhe (in cm) und Schneedichte (in g cm^{-3}), die mit Stechzylinder und Federwaage gravimetrisch bestimmt wird.

Bei geringen Schneehöhen bzw. Schneeprofilaufnahmen werden Leichtmetallzylinder vom Typ ‚Pesola' mit 25 cm² Ausstechfläche und 20 cm Höhe (ZINGG 1964) verwendet, bei großen nach Art der Schneesonde ‚Vogelsberg' (BRECHTEL 1969), deren Plexiglasmantel sich bei fester Schneedecke nicht bruchsicher erwies, eigens gefertigte 130 cm lange Aluzylinder mit Zahnkranz, Drehstab, Zentimeterteilung und 40 cm² Ausstechfläche.

Die Schneedeckenfestigkeit wird durch 1 m lange, beliebig verlängerbare Aluminiumrammsonden nach Haefeli (ZINGG 1964) erfaßt. Sie sind mit einer 60°-Kegelspitze von 4 cm Durchmesser versehen und werden mittels eines 1 kg schweren Fallgewichts in die Schneedecke getrieben.

Der Rammwiderstand der Schneedecke (in kp) errechnet sich aus dem Verhältnis des Produkts von Fallhöhe (bis 60 cm) und Schlagzahl des Fallgewichts zur Eindringtiefe der Sonde (UNESCO/IASH/WMO 1970).

Schneetemperaturprofile werden in Abständen von 10 cm mit Quecksilberthermometern mit 1/10°-Teilung aufgenommen. Ihr Skalenbereich ist halbseitig mit einem Messingmantel umgeben, der mit einer durchlöcherten Spitze versehen ist, um die Thermometer ca. 20 cm tief in die Profilwände treiben zu können.

2.3. Schneedeckenaufnahmen

Ausgehend von ca. 90 Schneemeßstellen im Winter 1971/72 (HERRMANN 1973 b, Abb. 1) werden ab 1972/73 je nach Schneelage noch auf bis zu 70 Repräsentativflächen mit Stechzylindern Schneehöhen und Schneegewichte gemessen, aus denen das Wasseräquivalent der Schneedecke berechnet wird. An 4 Punkten erfolgen Schneeprofilaufnahmen. Alle Schneemeßstellen sind in Abb. 6 verzeichnet.

Die bis dahin üblichen 14tägigen Aufnahmeabstände wurden ab 1974/75 auf eine Woche verkürzt. Die Schneemessungen erfolgen aus synoptischen Gründen jeweils an einem Tag.

Sie werden von drei Arbeitsgruppen à 2–3 Personen ausgeführt, die sich aus wissenschaftlichen Mitarbeitern, studentischen Hilfskräften und Teilnehmern eines Fortgeschrittenenpraktikums des Instituts für Geographie zusammensetzen.

Im ungünstigsten Fall ist nur noch die Kohlstatt (1020 m) im W des Lainbachtals (Abb. 2) mit dem Pkw zu erreichen. Die längste Ski-Aufnahmeroute beträgt dann immerhin 25 km, verbunden mit einem Anstieg von 600 m (Abb. 6).

Schneebrettgefahr in höheren Freilagen macht gelegentlich Einschränkungen des umfangreichen Meßprogramms erforderlich.

Außer Zeit- und Kräfteaufwand der Beobachter waren bei der Meßpunktwahl noch drei Kriterien zu berücksichtigen:

(i) Waldbestand
Das Niederschlagsgebiet ist zu 80 % bewaldet.

Unterschiedliche Schneehöhen in Wald und benachbartem Freiland wurden schon frühzeitig als landschaftsprägende Faktoren erkannt, so von RATZEL (1886), CHURCH (1913) und SCHUBERT (1914).

Der Einfluß des Waldes auf Schneerücklagen bildet einen wesentlichen Teilaspekt forsthydrologischer Forschung. Zahlreiche Arbeiten zur Schneeinterception – genannt seien MILLER (1962), HOOVER & LEAF (1967), BAUMGARTNER (1967), SATTERLUND & HAUPT (1967), JEFFREY (1970), MEIMAN (1970) und BRECHTEL (1970 b, 1971 a) – und Untersuchungen zum Wärmehaushalt der Schneedecke im Wald können durchaus als Vorstufen für gezielte forstliche Eingriffe (Einschläge, Bestandsartenwechsel u. a. m.) zwecks Manipulation von Schneerücklagen und Schmelzabflüssen angesehen werden. Über dieses ‚forest and watershed management' berichten u. a. ANDERSON & HOBBA (1959), GOODELL (1959), GOLDING (1972) und SWANSON (1972), zusammenfassend auch U.S. Army C. of Eng. (1956) und TOEBES & OURYVAEV (1970).

Nach Ansätzen bei WAGENHOFF (1949), DELFS et al. (1958) und BAUMGARTNER (1959) wird in jüngerer Zeit auch in Mittelgebirgen der Bundesrepublik Deutschland intensive Grundlagenforschung zum Einfluß des Waldes auf die Schneedeckenentwicklung betrieben (BRECHTEL et al. 1974, BRECHTEL & BALAZS 1976).

Am bayerischen Alpenrand konnte HERRMANN (1973 a, 1974 b) einige regelhafte Grundzüge der Wasservorratsdifferenzen zwischen Freiland- und Waldschneedecken aufzeigen. Sie gehen nicht allein auf Interceptionsverluste und unterschiedliche Abschmelz- und Verdunstungsraten zurück (BALDWIN 1957), sondern hängen mit HOOVER (1962), MILLER (1966) und McKAY (1970) auch mit überproportionaler Akkumulation und Schneeverdriftung von den Bäumen in Lichtungen zusammen, deren Schneefalleneffekt nach KUZMIN (1960) mit abnehmender Lichtungsgröße wächst.

Für die schneehydrologischen Untersuchungen im Lainbachtal galt es, eine gebietsspezifische Waldbestandsgliederung zu treffen, die aufnahmetechnische Forderungen nach aus synoptischen und personellen Gründen zeitsparender, zugleich hinreichend genauer Erfassung der Wasserrücklagen in der Schneedecke der Waldbestände des Niederschlagsgebiets erfüllt.

Die ausgegliederten Waldbestandsarten (Abb. 8) weisen in der Folge Dickung, Stangen-, Baum-, Altholz und Plenter – Schutzwald abnehmende Überschirmungsdichte bzw. zunehmende Lückigkeit aus. Sie setzen sich zu 80–90 % aus Nadelhölzern, vorwiegend Fichten, zusammen. Lediglich in den Mischwäldern unter Plenternutzung, die Art- und Altersmerkmale der übrigen Bestände einschließen, überwiegen Laubhölzer.
Als Freiflächen werden neben Almweiden, Wiesen und Kahlschlägen auch niederwuchsbestandene Moore, Jungaufforstungen, Pflanzungen und Latschenfelder eingestuft.

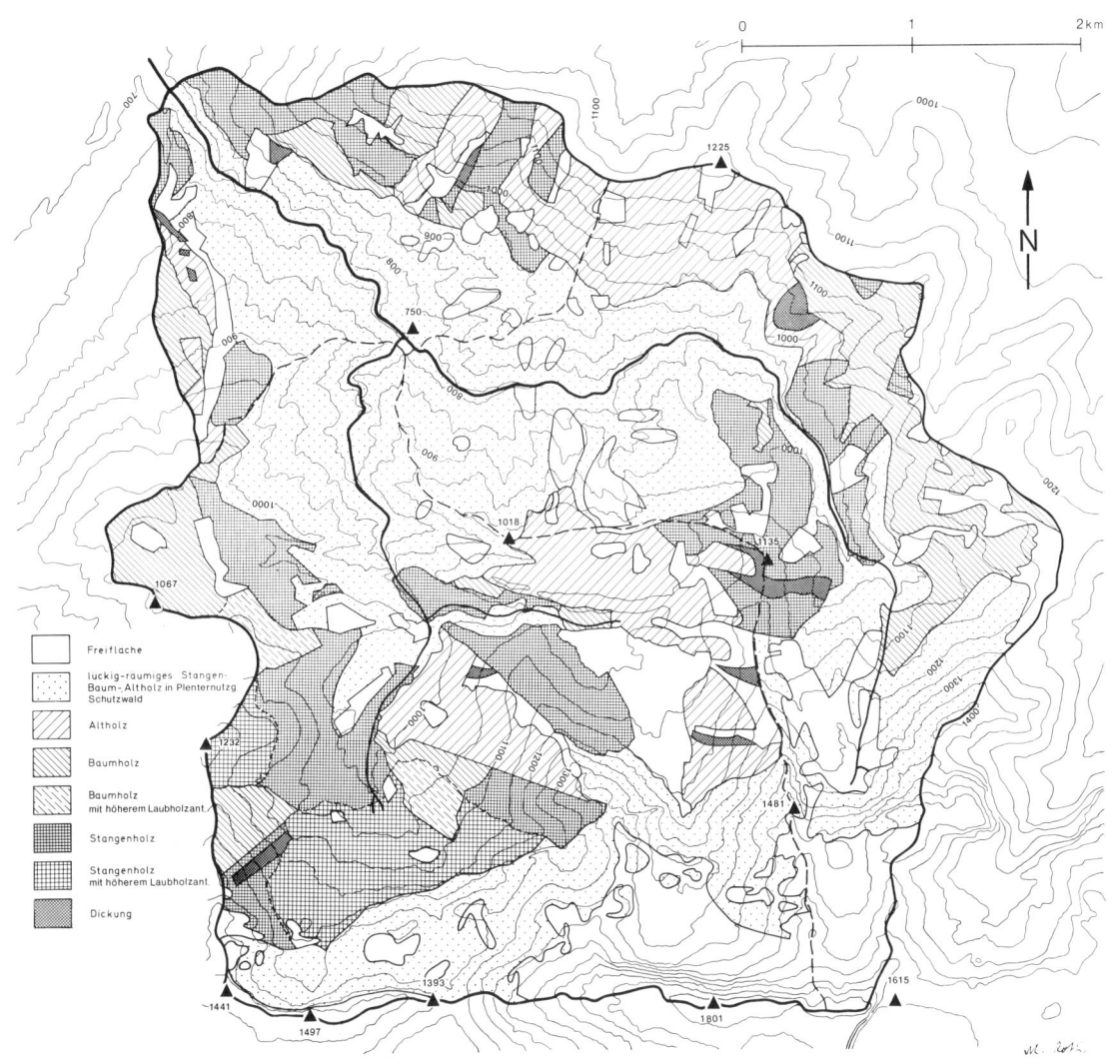

Abb. 8 Waldbestand, gegliedert nach schneehydrologischen Gesichtspunkten.
Grundlage: Forstkarte 1 : 10 000, Luftbilder und Geländebegehungen

Freiflächen nehmen 20 %, Schutz- und Mischwälder 40 % des Lainbachtals ein. Damit entfallen 60 % der Fläche auf für Schneeakkumulationen günstig zu wertende Frei- und lückige Waldlagen (Abb. 9). Letztere dominieren als Mischwälder, durchsetzt von Freiflächen, in den Reißen bis 1000 m, als Schutzwälder oberhalb 1250 m. Dazwischen liegt bei 850–1250 m staatsforstlicher Wirtschaftswald mit höchsten Kronendichten, aber auch mit Kahlschlägen.

Anthropogen bedingte Almweiden bis 1300 m, mehr noch die nordexponierten Freilagen in den Karen der Benediktenwand bei 1300–1600 m stellen die für Schneeansammlungen bedeutendsten Flächen (Kap. 5.2.1.). Sie werden von der baumlosen, wandartigen Felsregion überragt.

(ii) Höhe
Das Niederschlagsgebiet deckt ein Höhenintervall von 1130 m ab.

Wirksamste topographische Einflußgröße auf Schneeakkumulationen ist nach Faktorenanalysen von H. W. ANDERSON (1968) die Höhe, die einige andere topographische, vor allem meteorologische Effekte kombiniert.

Mit der Höhe nehmen Mächtigkeit und Wasseräquivalent der Schneedecke linear zu. Dieser Zusammenhang ist bei Korrelationskoeffizienten um 0.8–0.9 in der Regel statistisch signifikant und weltweit nachzuweisen. Dies belegen für Schneehöhen Zusammenstellungen bei U.S. Army C. of Eng. (1956), GARSTKA (1964) und MEIMAN (1970), ferner u. a. ALFORD (1967) aus der St. Elias Range (Yukon-Alaska) in 2280–4500 m, HIGASHI (1958) von Hokkaido in 300–1850 m, MARTINEC (1965) aus der CSSR in 1030–1520 m und GRASNICK (1968) von unteren Lagen des Harzes zwischen 300–600 m.

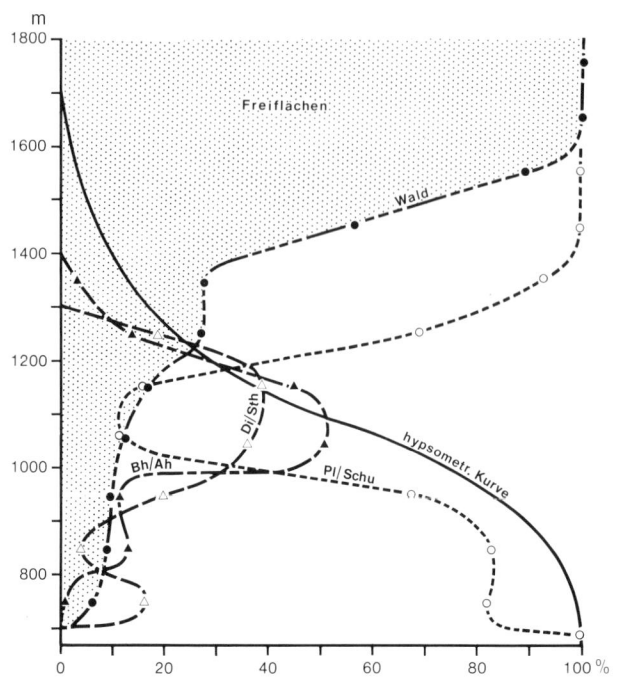

Abb. 9 Flächenverteilung der Waldbestandsarten im Lainbachtal nach Höhenstufen.
Di: Dickung, Sth: Stangenholz, Bh: Baumholz, Ah: Altholz, Pl: Mischwald in Plenternutzung, Schu: Schutzwald

Danach scheinen die statistischen Signifikanzen dieser Zusammenhänge nicht an bestimmte Höhenstufen und Regionen gebunden zu sein.

Am Alpennordrand hat erstmals HERRMANN (1972, 1973 a) in einer Vorstudie die Entwicklung des Höheneffekts auf Schneehöhen und das Wasseräquivalent der Schneedecke im Laufe einer Schneedeckenperiode verfolgen können.

Im Hirschbachtal bei Lenggries wurden zwischen 780–1590 m an 12 gleichmäßig über den Winter 1970/71 verteilten Beobachtungstagen infolge beachtlicher Schneedichtevariabilitäten häufiger signifikante lineare Zusammenhänge zwischen Schneehöhe als solche zwischen Wasseräquivalent und Höhe verzeichnet. Die Steigungen der Regressionsgeraden sind vom Witterungsverlauf abhängig. Sie versteilen sich mit Neuschneefällen, gleichbedeutend abnehmenden Gradienten, und werden im Verlauf nachfolgender Schneedeckensetzung und Ablation wieder flacher. Unabhängig von solchen kurzzeitigen Änderungen lassen die Steigungen gegen die Frühjahrsablation abflachende Tendenzen erkennen.

Solche auch im Lainbachtal anzutreffende, in guter Näherung lineare Zusammenhänge zwischen in Punktmessungen gewonnenem Wasseräquivalent der Schneedecke und Höhe üNN werden aus aufnahmetechnischen Gründen bei der Meßpunktwahl berücksichtigt; denn sie erlauben lineare Interpolationen über das durch Messungen abgedeckte Höhenintervall. Sie gelten auf Freilagen und in den verschiedenen Waldbestandsarten (Abb. 10).

Da die Rücklagengradienten als Abhängige des Witterungsverlaufs variieren, sind sie immer wieder durch Messungen über das jeweilige Höhenintervall zu überprüfen.

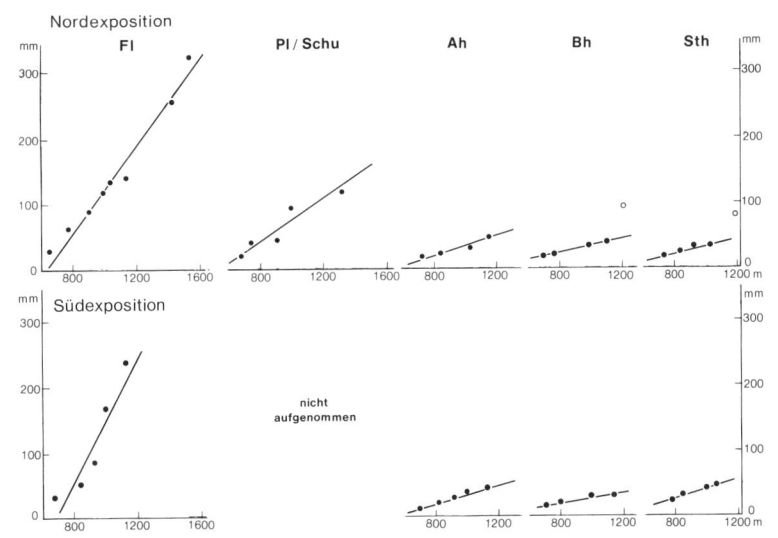

Abb. 10 Beziehungen zwischen Wasseräquivalent der Schneedecke (in mm) und Höhe üNN (in m) in Freilagen und verschiedenen Waldbestandsarten.
Grundlage: Daten der Profile ① (oben) und ② (unten) in Abb. 6 nach Neuschneefall am 22. 1. 1973

Neben zeitlichen sind räumliche Variationen der Schneerücklagen in die Meßstellenplanung einzubeziehen. Diese Tatsache verdeutlichen die Messungen im Bereich der beiden westlichen, nordexponierten Profile (Abb. 6) in Abb. 10.

Die Spannweiten der Höhenintervalle, in denen signifikante lineare Zusammenhänge gelten, sind nicht immer mit den verfügbaren identisch. Die Beziehungen können z. B. durch markante Geländestufen, die im S des Gebiets 100–200 m erreichen, beeinträchtigt werden. So weisen in unserem Beispiel die Schneedecken der Baum- und Stangenhölzer in der Schutzlage der Glaswand überdurchschnittliches Wasseräquivalent aus.

Derartigen sprunghaften Änderungen der Schneerücklagen muß durch Unterteilung des fraglichen Höhenintervalls in zwei oder sogar drei Meßabschnitte entsprochen werden.

(iii) Andere geländespezifische Faktoren

Zusätzliche Modifikationen erfahren Schneeakkumulationen durch Kammerung des Niederschlagsgebiets in Sonn- und Schatt- sowie Luv- und Leelagen, deren Einflüsse HERRMANN (1973 a) beschreibt. Erfahrungsgemäß ändert sich innerhalb solcher Typlokalitäten die lineare Höhenabhängigkeit der Schneerücklagen nicht, kann aber durch die Summe dieser Einflußfaktoren weitgehend verwischt werden.

Unter Beachtung der unter (i–iii) angeführten Einflußgrößen auf Schneerücklagen, die alle in irgendeiner Weise spezifische klimatologische Effekte kombinieren, und des Arbeitsaufwands – an einem einzigen Tag müssen gebietsdeckende Schneemessungen durchgeführt, Schneeprofile aufgenommen und Meßinstrumente gewartet werden – wurden die in Abb. 6 eingetragenen Schneemeßstellen ausgewählt.

Die Schneemessungen erfolgen auf Repräsentativflächen im Sinne von UNESCO/IASH/WMO (1970). Der Differenzierung des Niederschlagsgebiets entsprechend sind mehrere Profile (snow courses) ausgelegt, an denen sich die repräsentativen Frei- und Waldflächen aufreihen. Um die den Berechnungen der in der Gebietsschneedecke gebundenen Wasserrücklagen zugrundeliegenden Rücklagengradienten hinreichend sicher erfassen zu können, sind entlang den Aufnahmeprofilen mehrere gleichwertige Repräsentativflächen in verschiedener Höhenlage angeordnet.

Die Anzahl der Schneehöhen- und Schneedichtebestimmungen pro Repräsentativfläche muß aus Zeitgründen auf 2–3 beschränkt bleiben. Sie liegt deutlich unter dem für eine hohe statistische Erfassungsgenauigkeit erforderlichen Stichprobenumfang. So sind nach BRECHTEL (1970 a) immerhin 65 Stichproben pro Repräsentativfläche nötig, um bei Variationskoeffizienten von 20 % arithmetische Mittelwerte des Wasseräquivalents mit nur 5 % Fehler zu erhalten.

Immerhin vermag HERRMANN (1974 a) einen Weg aufzuzeigen – er wird in Kap. 5.1.2. ausführlich diskutiert –, wie zwangsläufig beschränkte Stichprobenumfänge auf den Repräsentativflächen optimal zu nutzen sind:

Abb. 36 zufolge lassen sich auf freien wie bewaldeten Repräsentativflächen (T_1 in Abb. 6) Lokalitäten isolieren, die um 10 % der Flächengrößen ausmachen und über die ganze Schneedeckenperiode jeweils die mittleren Rücklagenhöhen dieser Flächen vertreten. Darunter sind die ausgedehntesten zusammenhängenden Areale, die wenigstens 1500 m² ausweisen, für die als notwendig erachteten 2–3 in großer Näherung repräsentativen Schneemessungen pro Aufnahmetag ausreichend groß.

PREISS (1974) konnte für Lichtungsgrößen von 2,3 , 0,4 und 0,04 ha (T_1, T_2 und T_3 in Abb. 6) folgende leider unzureichend abgesicherte Faustregel erarbeiten:

Der gemeinsame repräsentative Ort für Schneehöhe, Schneedichte und Wasseräquivalent dieser Flächen liegt im Schnittpunkt der Winkelhalbierenden derjenigen Ecke, die den geringsten Schneehöhengradienten ausweist, mit der dieser Ecke nächstgelegenen, 1/3 der Lichtungsbreite trennenden Linie.

Derartige Aufnahmeverfahren sind durch wiederholte Kontrollmessungen zu prüfen und daher sehr arbeitsaufwendig. Deshalb dürften sie rationell nur in vieljährigen Forschungsvorhaben Anwendung finden. Denn erst auf lange Sicht versprechen sie bei gleicher statistischer Erfassungsgenauigkeit eine deutliche Verringerung der Geländearbeit.

Um unabhängig von statistischen Erhebungsfehlern die Vergleichbarkeit der Meßergebnisse zu wahren, werden die Schneemessungen auf den Repräsentativflächen in jedem Winter an derselben Lokalität vorgenommen.

Zusätzliche Fehlerquellen bei der Wasserrücklagenermittlung erwachsen aus der Umlage der Meßwerte von den Repräsentativ- auf die bis zu Zehner von Hektar großen Bezugsflächen, deren Schneebedeckungsgrad nicht gemessen, sondern nur grob abgeschätzt werden kann.

Über Möglichkeiten, aufgrund typischer Verteilungsmuster der in Schneedecken gespeicherten Gebietswasserrücklagen von den gegenwärtig bearbeiteten ca. 70 Schneemeßstellen weitere 40 % einzusparen, informiert Kap. 5.2.1.

Die seit 1971 ausgewiesenen Schneemeßstellen sind in Abb. 6 verzeichnet. Die tiefstgelegene befindet sich am Talausgang in 670 m, die höchste regelmäßig besuchte in 1630 m. Die Felsregion, die nur ca. 1 % der Gesamtfläche ausmacht, wurde bislang dreimal durch Meßreihen über den Benediktenwandgipfel erfaßt.

Berechnungen der in Schneedecken gebundenen Wasserrücklagen erfolgen getrennt für die Teilniederschlagsgebiete, Freilagen, Waldbestandsarten und 100 m-Höhenstufen. Dazu werden die jeweiligen Wasseräquivalente den linearen Regressionen entnommen, denen insgesamt knapp 400 Bezugsflächen zugeordnet sind.

An 4 Punkten des Niederschlagsgebiets werden seit Programmbeginn regelmäßig Profile der Freilandschneedecke aufgenommen (Abb. 6): An drei nordexponierten Lokalitäten am Lainbachpegel (670 m), bei der Eibelsfleckhütte (1030 m) und Tutzinger Hütte (1330 m), ferner auf der südexponierten Bauernalm (980 m). Da die Schneedecke im Wald nach Erfahrungen von HERRMANN (1973 a) typische Modifikationen der Freilandschneedecke ausweist, wurde bis zur Inbetriebnahme des Schneelysimeters im Fichtenbestand (T_5 in Abb. 6) 1974/75 aus Zeitgründen auf Schneeprofilaufnahmen im Wald verzichtet.

Die Aufnahmen der Schicht-, Temperatur- und Rammprofile erfolgen nach Anweisungen bei ZINGG (1964) und UNESCO/IASH/WMO (1970), ihre Darstellung im erstmals von HAEFELI et al. (1939) vorgestellten Zeitprofil mit den von UNESCO/IASH/WMO (1970) empfohlenen Klassifikationsmerkmalen und Signaturen (Kap. 4.1.).

3. Synoptisch-klimatologische Bedingungen, Schneedeckenentwicklung und Abflußgeschehen

Die im folgenden untersuchten winterlichen Zeitintervalle sind aufgrund der Witterungsvariabilität ungleich lang, ihre Grenzen fließend. Sie werden von Beginn bis Ende der Schneedeckenperioden in höheren Lagen oberhalb 1300 m gerechnet. Insofern werden auch die durch Regenfälle geprägten Übergangszeiten im Herbst und Frühjahr in die Betrachtung einbezogen.

3.1. Synoptisch-klimatologische Bedingungen

Auf die hydrometeorologischen Grundgrößen Niederschlag und Lufttemperatur als komplexer Informationsträger für Wärmehaushaltsprozesse (LANG 1974) wird soweit eingegangen, als es für das Verständnis gebietsspezifischer methodischer Ansätze und der Wasservorratsentwicklungen der Schneedecken, die den winterlichen Abflußgang des Lainbachs steuern, erforderlich ist. Außerdem sollen ergänzend zu den sommerlichen Niederschlagsstrukturen bei WILHELM (1975 b) auch einige winterliche skizziert werden.

Die Darstellung der Meßdaten erfolgt vorwiegend in Tageswerten. Sie dienen u. a. als Beleg der verwendeten Folgedaten. Zuordnungen zu Meßwerten umliegender Stationen des Deutschen Wetterdienstes sollen im wesentlichen umfassenderen Zeitreihenanalysen nach Abschluß des geplanten 10jährigen Meßzeitraums vorbehalten bleiben.

Typische Ganglinien anderer Größen wie Strahlung, Dampfdruck und Windgeschwindigkeit, die u. a. Verknüpfungen zwischen Wasser- und Wärmehaushalt verdeutlichen sollen, werden in Zusammenhang mit Föhnvorgängen (Kap. 3.1.3.) und Energiehaushalt bzw. Schneedeckenabflüssen (Kap. 5.3.2.2. bzw. Kap. 6.2.1.) beschrieben.

3.1.1. Niederschlag

Tages- und Halbmonatswerte des Freilandniederschlags in mittlerer Gebietshöhe sind nach Schnee-, Schneeregen- und Regenanteil in Abb. 11 dargestellt. Diese Unterscheidung wurde unter Verwertung eigener Beobachtungen, der Lufttemperaturen, der Lainbachabflüsse und seit 1973 der Lysimeterabflüsse auf dem Eibelsfleck getroffen. Die bisherigen Zeitreihen veranschaulichen das stochastische Verhalten dieses Klimaelments, dessen Variabilität, abgesehen von der räumlichen (Abb. 14), schon nach Zeit, Höhe bzw. Intensität und Aggregatzustand außerordentlich hoch ist.

Erste saisonale Schneefälle wurden frühestens Ende September (1974), spätestens zu Beginn der 3. Novemberdekade (1972) beobachtet, letzte zwischen Mitte April (1975) und Mitte der 1. Maidekade (1974).

Maximale Schneefallintensitäten belaufen sich auf 65,5 mm d^{-1} bzw. 8,5 mm h^{-1} (23. 2. 1974) pro Niederschlagsereignis, das mit WILHELM (1975 b) als Niederschlag definiert werden kann, der vom vorausgehenden und nachfolgenden durch eine niederschlagsfreie Zeit von mindestens 6 h Dauer getrennt ist. Die Definition gleicht in etwa dem ‚Gesamtregen' von REINHOLD (1937), der wie ANIOL (1970, 1971) als Einzelereignisse Niederschläge bezeichnet, die durch 10–30 min Unterbrechung voneinander getrennt sind. Diese kurzen Unterbrechungsintervalle sind bei 2 mm h^{-1} Papiervorschub der Niederschlagswaagen jedoch zeitlich kaum auflösbar.

Bevorzugte Schneefallmonate sind April und November mit durchschnittlich 19 % und 18 % der Schneeniederschläge. Oktober, Dezember, Januar und März unterscheiden sich mit Anteilen zwischen 11–14 % nur geringfügig.

Die starke Streuung der Einzelwerte veranschaulichen am augenfälligsten die Monate Oktober, dessen Schneebeitrag sich 1974/75 infolge der ungewöhnlich frühzeitig einsetzenden Schneefälle immerhin auf 26 % gegenüber durchschnittlich 11 % beläuft, und Dezember, der 1972 keine Schneefälle, doch 1974 immerhin 21 % ausweist.

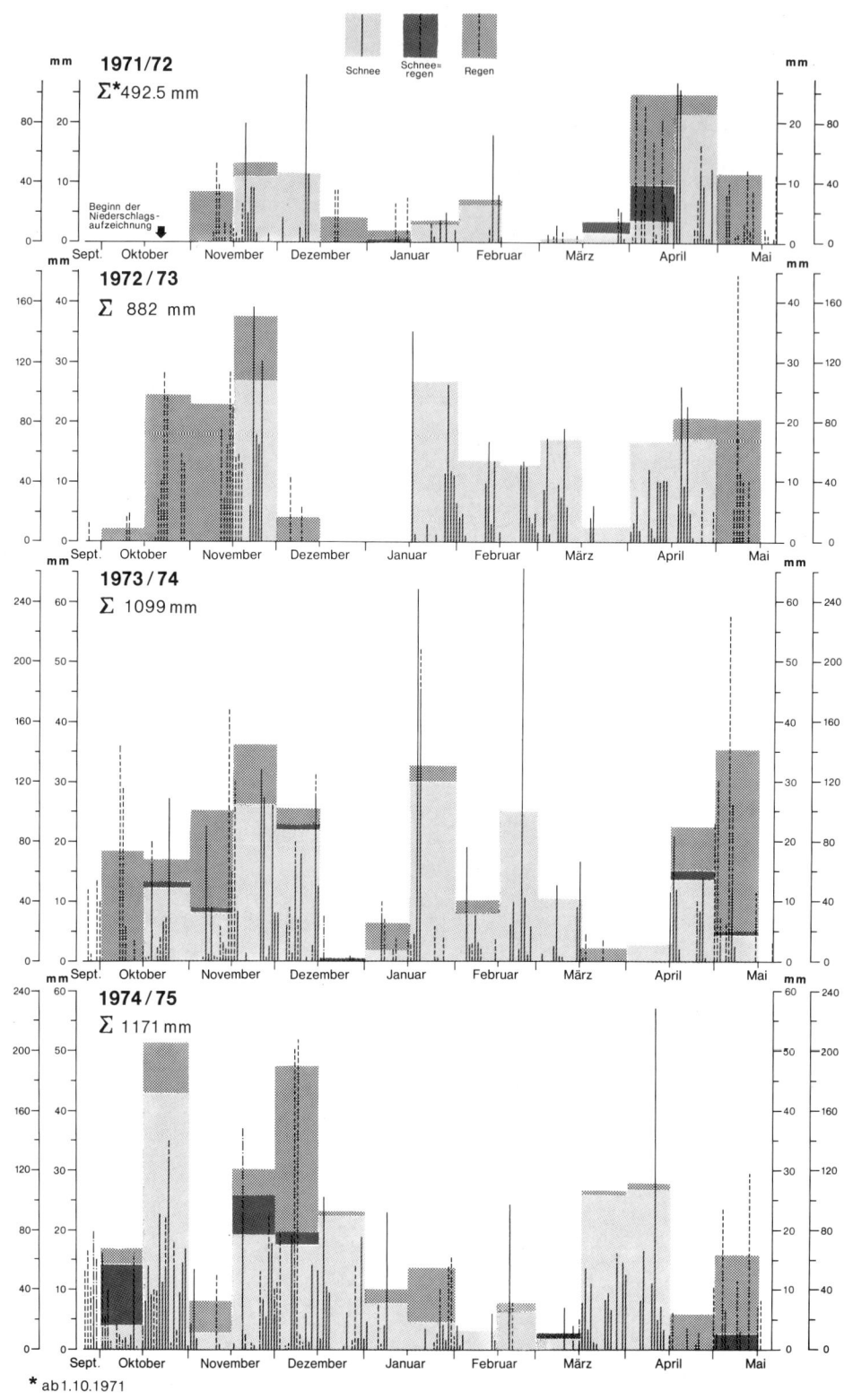

Abb. 11 Tages- und Halbmonatssummen der Freilandniederschläge in mittlerer Gebietshöhe (Station Eibelsfleck, 1030 m) während der winterlichen Beobachtungszeiträume 1971/72–1974/75 (vgl. Tab. 4).

Regenfälle sind auch in den Hochwintermonaten Januar–März keine Seltenheit. Allerdings liegen ihre Ergiebigkeiten in der Regel deutlich unter denjenigen früh- oder spätwinterlicher Regenereignisse. Als typische Regenperioden haben die meist um die Monatswende April/Mai einsetzenden, anfangs vielfach in eine noch geschlossene Schneedecke fallenden Frühjahrsregen zu gelten. Sie zeichnen sich durch vergleichsweise lange Andauer aus.

Tab. 4 Niederschlagssummen (in mm) der Monate Oktober–April in mittlerer Gebietshöhe (Station Eibelsfleck, 1030 m) (vgl. Abb. 11).

	Niederschlagstage	Schnee	Schneeregen	Regen	Gesamt
1971/72*	65	235,2	31,4	181,1	447,7
1972/73	75	535,3	0	265,2	800,5
1973/74	93	644,0	22,5	290,5	957,0
1974/75	120	748,0	79,5	279,0	1106,5
Gesamt	353	2162,5	133,4	1015,8	3311,7

*bis 20. Oktober rekonstruiert aus Messungen der Station Benediktbeuern des Deutschen Wetterdienstes

Schnee und Schneeregen   Regen

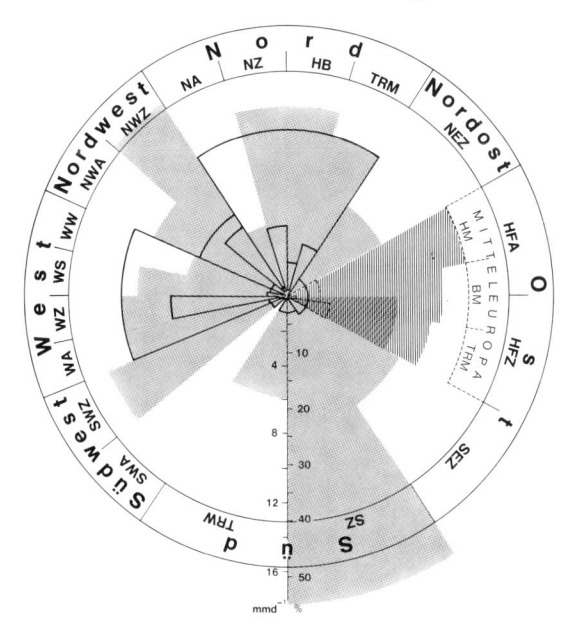

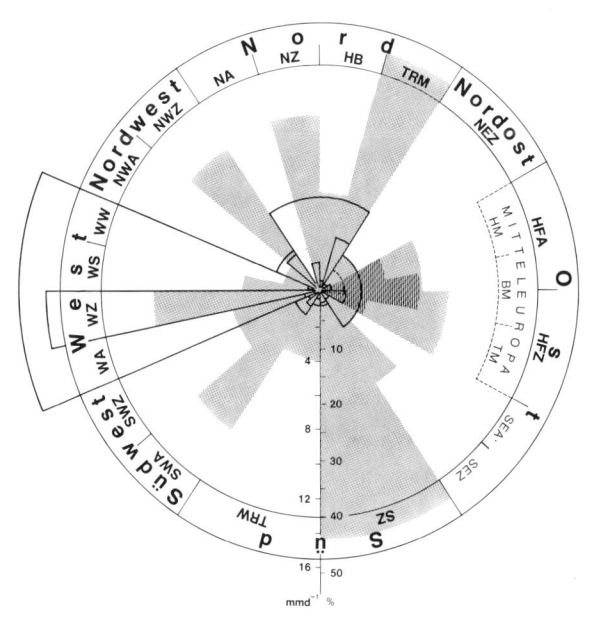

Großwettertyp	Großwetterlage	Symbol	Großwettertyp	Großwetterlage	Symbol
West	Westlage, antizyklonal	WA	Nord	Nordlage, antizyklonal	NA
	zyklonal	WZ		zyklonal	NZ
	südliche	WS		Hochdruck Britische Inseln	HB
	winkelförmige	WW		Trog Mitteleuropa	TRM
Südwest	Südwestlage, antizyklonal	SWA	Nordost	Nordostlage, zyklonal	NEZ
	zyklonal	SWZ	Ost	Hoch Fennoskand., antizykl.	HFA
Nordwest	Nordwestlage, antizyklonal	NWA		zyklonal	HFZ
	zyklonal	NWZ	Südost	Südostlage, antizyklonal	SEA
Hoch Mitteleuropa	Hoch über Mitteleuropa	HM		zyklonal	SEZ
	Hochdruckbrücke über Mitteleuropa	BM	Süd	Südlage, zyklonal	SZ
Tief Mitteleuropa		TM		Trog Westeuropa	TRW

Abb. 12 Niederschlagswirksame Großwetterlagen (n. HESS & BREZOWSKI 1969) während der Monate Oktober–April mit prozentualen Anteilen an der Niederschlagssumme (Linien) und Ergiebigkeiten in mm Niederschlagshöhe pro Niederschlagstag (Raster) im Mittel der Beobachtungszeiträume 1971/72–1974/75.
Bezugshöhe: 1030 m üNN

Tab. 4 verdeutlicht die Variabilität saisonaler Niederschlagshöhen, deren Spannweite von 447,7 mm bis 1106,5 mm reicht. Im niederschlagsärmsten Zeitraum 1971/72 werden nur 40 % der im niederschlagsreichsten gefallenen Niederschläge (1974/75) und 54 % der Niederschlagstage registriert.

Wirksamste schneebringende Wetterlagen, die hier nach dem Katalog der Großwetterlagen Europas von HESS & BREZOWSKI (1969), deren Wetterwirksamkeit FLOHN (1954, S. 58–93) beschreibt, klassifiziert sind, sind West- und Nordlagen (Abb. 12). Sie liefern im Mittel der Monate Oktober–April der Beobachtungsperioden 1971/72–1974/75 30,5 % und 29,3 % der schneeigen Niederschläge. Somit entfallen zusammen mit den 17,5 % im Zuge von Nordwestlagen 3/4 der schneeigen Niederschläge auf die Großwettertypen West, Nordwest und Nord, davon wiederum 2/3 in Verbindung mit deren zyklonalen Lagen, d. h. steuernden Zentraltiefs im Nordatlantik bzw. ausgedehnten Tiefdrucksystemen über Schottland, Skandinavien und dem Nordmeer bzw. über Skandinavien und Westrußland.

Die durchschnittlichen Schneefallintensitäten weisen ein recht gleichmäßig gestreutes Spektrum aus, aus dem lediglich die 18 mm d^{-1} zyklonaler Südlagen mit Zentraltief südlich Island und Hoch über Ostrußland herausragen, die mit 1,5 % an nur 3 Niederschlagstagen allerdings unwesentlich zur Gesamtschneemenge beitragen.

Flüssige Niederschläge, deren Anteil von durchschnittlich 31,5 % am Gesamtniederschlag, von denen wiederum 41 % auf die Monate Oktober und April entfallen, zwischen 27,5 % (1974/75) und 40,5 % (1971/72) schwankt, gehen zur Hälfte bei zyklonalen Westlagen nieder. Die Großwettertypen Nord und West liefern zusammen 2/3 der eingehenden Regenmengen. Größte Regenintensitäten sind mit 14,5 mm d^{-1} gleichermaßen mitteleuropäischen Troglagen und wie bei Schneefällen den seltenen, daher statistisch höchst variablen, für den Gesamtniederschlag unbedeutenden zyklonalen Südlagen zuzuordnen.

Die 1971/72–1974/75 in den Monaten Oktober–April auftretende mittlere Wetterlagenhäufigkeit stimmt überraschend gut mit der aus HESS & BREZOWSKI (1969) für dieselben Monate der Periode 1931–1960 ermittelten überein. Größte Abweichungen betreffen Westlagen mit 30,5 % gegenüber 25 % im langjährigen Mittel sowie den Großwettertyp Hoch Mitteleuropa bei 12,3 % gegenüber 16,5 %. Demgegenüber sind die Anteile der Nord-, Ost- bis Südostlagen und der Südlagen mit 18 % und 8,6 % identisch. Die übrigen Wetterlagenhäufigkeiten differieren um nicht mehr als ± 2 %.

Von 353 Niederschlagstagen der 849 Beobachtungstage entfallen 41 % auf Westlagen, davon wiederum 64 % auf zyklonale. Damit werden an 55 % der 260 Tage, an denen dieser Großwettertyp vorherrscht, Niederschläge verzeichnet.

Vergleichbare Größenordnung erreicht mit 62 % (von 118 Tagen) der Großwettertyp Nord, dessen zyklonale Lagen mit 93 % (29) und mitteleuropäische Troglagen mit 83 % (36) wie die Nordwestlagen (48) und mitteleuropäischen Tiefdrucklagen (27) mit 81 % extrem hohe Niederschlagsaktivitäten auszeichnen.

Nur ca. 20 % Niederschlagstage weisen Südwest- (60), Nordost- bis Südost- (153) und Südlagen (78), ferner der Großwettertyp Hoch Mitteleuropa (105) auf.

Bei folgenden Wetterlagen wurden bislang keine Niederschläge beobachtet:
Hoch Nordmeer-Island, antizyklonal und zyklonal; Nordostlage, antizyklonal; Hoch Nordmeer-Fennoskandien, zyklonal; Südlage, antizyklonal; Tief Britische Inseln.

In jüngster Zeit hat FLIRI (1974) die Bedeutung der Druckverteilung über Europa für die Niederschlagstätigkeit im Alpenraum und ihre Variabilität am Beispiel von Monats- und Jahreszeitenmitteln der Periode 1931–1960 herausgearbeitet, ohne dabei zwischen flüssigen und schneeigen Niederschlägen zu trennen. Demzufolge erweist sich dieser synoptische Ansatz einer Witterungscharakteristik eines Gebiets als so vielschichtig, daß eine umfassendere Ausführung den Rahmen dieser Untersuchung sprengen würde.

Zusammenhänge zwischen Wetterlagen und Niederschlagstätigkeit während der Schneedeckenperiode 1972/73 sind aus Abb. 11 in Verbindung mit Abb. 19 ersichtlich.

Die Häufigkeiten der Niederschlagsergiebigkeiten pro Niederschlagstag sind in Abb. 13 aufgetragen. Dabei ist die gegenüber Tab. 4 erhöhte Anzahl von Niederschlagstagen auf die Trennung nach Schnee- und Regenniederschlägen zurückzuführen.

Abweichend von der umfassenderen Darstellungsmöglichkeit der Strukturen sommerlicher Regenniederschläge durch WILHELM (1975 b), der auf Registrierungen durchweg störungsfrei arbeitender Hellmann'scher Regenschreiber mit bis zu 20 mm h^{-1} Papiervorschub zurückgreifen konnte, sind mit dem ausschließlichen Einsatz von Niederschlagswaagen in der kalten Jahreszeit Informationsverluste verbunden.

Diese sind einerseits in den geringen Papiervorschüben von 2 mm h^{-1} bzw. 1 mm h^{-1} bei 14tägigem Trommelumlauf begründet. Zum anderen verursachen Reibungen im Übertragungsmechanismus von der Waage auf den Schreibarm selten kurvige, sondern ruckhafte, treppenförmige Registrierungen, die meist gerade noch saubere Trennungen dicht aufeinanderfolgender Niederschlagsereignisse, doch kaum Intensitätsanalysen mit Zeitintervallen kleiner als Ereignisdauer gestatten. Aus diesem Grunde kann in der Regel nur mit Tag oder Ereignisdauer als kleinsten Zeiteinheiten operiert werden.

Den mechanischen Mängeln der im übrigen wartungsarmen Niederschlagswaagen wird ab 1975/76 im Rahmen einer Versuchsanordnung zur Gerätemessung von Schneeniederschlägen mit propangasbeheizten Hellmann'schen Regenmessern begegnet, die mit Bandschreiberwerken (20 mm h^{-1} Papiervorschub) ausgerüstet sind. Mit diesem Versuch sollen u. a. Erfahrungswerte über die Meßgenauigkeit dieses Gerätetyps bei schneeigen Niederschlägen gesammelt werden.

Die Häufigkeiten der Niederschlagshöhen, die bis zum Schwellenwert 8 mm mit denen einzelner Ereignisse nahezu identisch sind, zeigen bis auf den Schneeanteil 1973/74 durchweg zweigipfelige Verteilungen. Im Unterschied zu den sommerlichen Regenniederschlägen, deren ursprünglich ebenfalls zweigipfelige Häufigkeitsverteilungen WILHELM (1975 b) durch Vernachlässigung der Niederschlagshöhen < 1 mm, die mit der geringen Auflösung in diesem Bereich begründet wird, in eine angenähert log-normale überführen konnte, dürfte diese Tatsache auf echte Materialinhomogenitäten im Bereich < 4 mm infolge der erwähnten mechanischen Mängel der Niederschlagswaagen zurückzuführen sein.

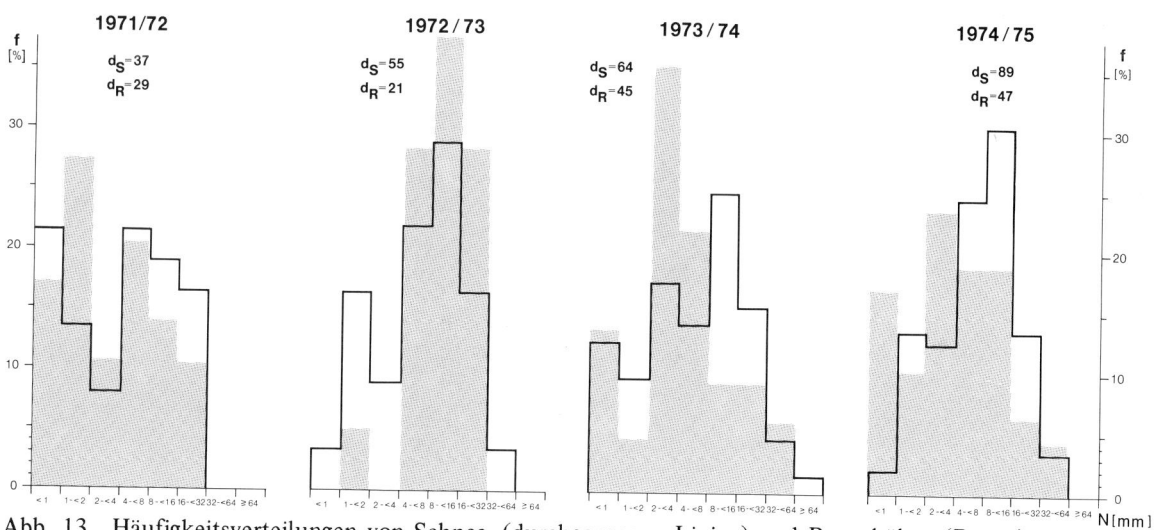

Abb. 13 Häufigkeitsverteilungen von Schnee- (durchgezogene Linien) und Regenhöhen (Raster) in mm Wassersäule pro Niederschlagstag für die Zeiträume Oktober–April 1971/72–1974/75.
  d_S Anzahl der Tage mit Schneefall
  d_R Anzahl der Tage mit Regen

Nach Abb. 13 treten häufiger große tägliche Schneefall- als große Regenhöhen auf. Hieraus allgemeingültige Schlüsse zu ziehen, ist unzulässig. Da der Aggregatzustand der Niederschläge temperaturabhängig ist, sind Regenfälle in der kalten Jahreszeit zwangsläufig seltener. Ferner gehen sie infolge Temperaturabfalls vielfach in Schnee über. Diesen Sachverhalt verdeutlicht der Beobachtungszeitraum 1972/73, in dem ab 2. Dezember bis Mitte der 3. Aprildekade in mittlerer Gebietshöhe kein Regen fällt, zugleich die ergiebigen Spätherbst- und Frühjahrsregen große winterliche Schneefallhöhen an Häufigkeit klar übertreffen (vgl. Abb. 11).

Das isolierte sekundäre Regenmaximum bei 1 – < 2 mm geht den Registrierstreifen zufolge auf eine Materialinhomogenität zurück.

Längste Schneefallereignisse im Sinne der oben gegebenen Definition dauern in mittlerer Gebietshöhe 1971/72 35 h (Gesamt- und maximale Tagesergiebigkeit: 60 mm und 26,5 mm Wasseräquivalent), 1972/73 32 h (59 mm; 39 mm), 1973/74 55 h (111 mm; 65,5 mm) und 1974/75 25 h (46,5 mm; 32,5 mm).

WILHELM (1975b) konnte für sommerliche Regenniederschläge teils beträchtliche Differenzen zwischen den nach den
Daten unmittelbar angrenzender Stationen des Deutschen Wetterdienstes und des eigenen Meßnetzes erarbeiteten Isohyetenführungen aufzeigen. Danach sinken die Differenzbeträge der jeweiligen Gebietsniederschlagshöhen in exponentieller Abhängigkeit von der Dauer des Niederschlags- bzw. Betrachtungszeitraums von 65 % bei 2stündigen auf 10 % bei 48stündigen
Regen und sogar 5 % bei monatlichen Niederschlagssummen.

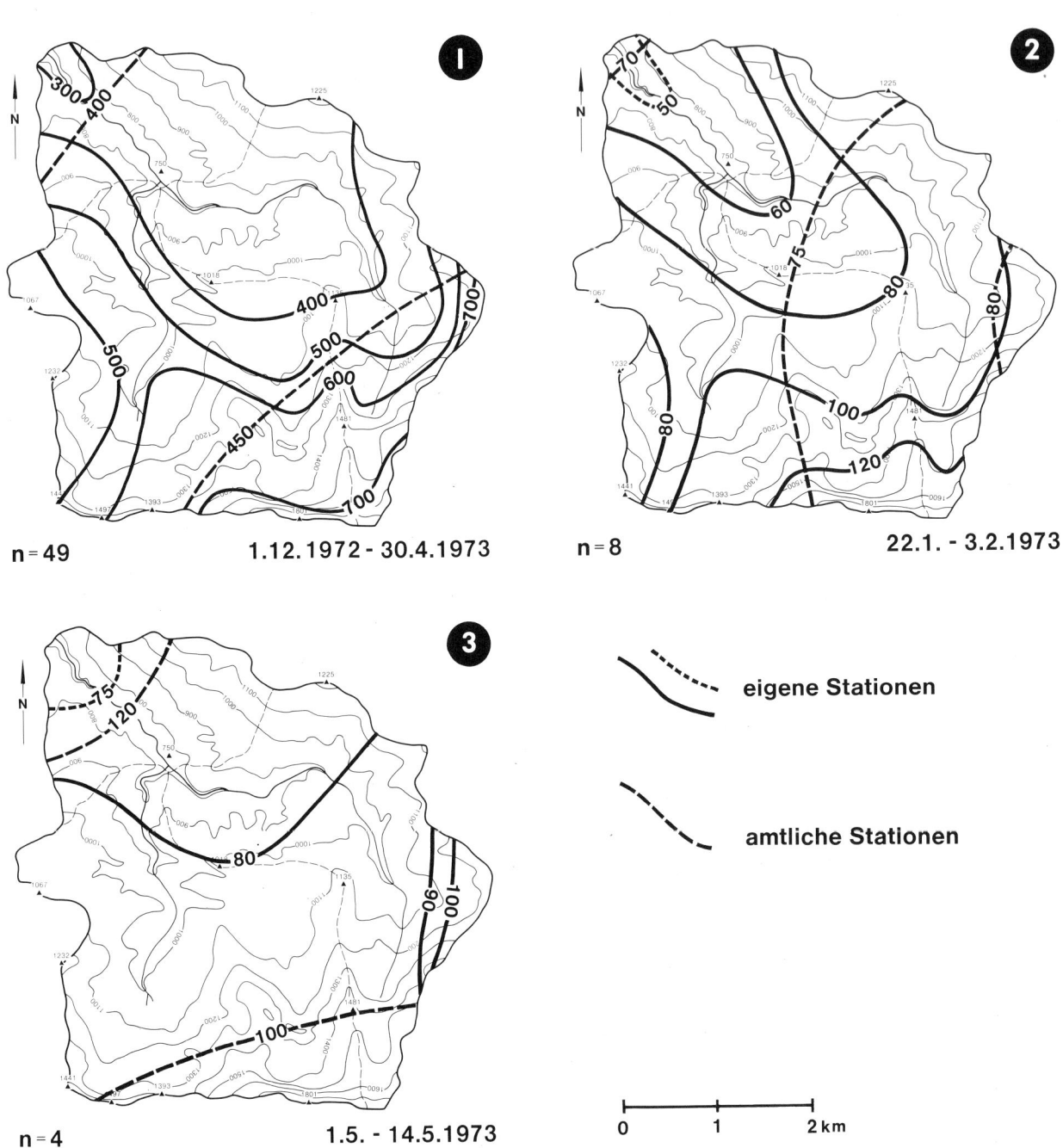

Abb. 14 Niederschlagssummen und -verteilung (in mm Wassersäule) nach Meßdaten des eigenen und des
amtlichen Stationsnetzes für schneeige Niederschläge einer Schneedeckenperiode (1) sowie für
Schneefälle (2) und Frühjahrsregen (3) in Zeiträumen zwischen zwei Schneedeckenaufnahmen.
n Anzahl der Niederschlagsereignisse

Trotz fast ausschließlich für die kalte Jahreszeit typischer advektiver Niederschläge, die gegenüber häufigeren sommerlichen Konvektivniederschlägen gleichförmigere räumliche Verteilungen erwarten lassen, wie WILHELM (1975 b, Fig. 14) durch Vergleiche sommerlicher Stark- und Landregenereignisse belegt, übertreffen die Differenzen zwischen nach den amtlichen und eigenen Niederschlagsdaten errechneten Gebietsniederschlägen auch längerfristig diejenigen sommerlicher Regen.

So weichen die aus den Isohyeten in Abb. 14 (1) ermittelten schneeigen Gebietsniederschläge nach amtlichen (432 mm) und eigenen Messungen (475 mm) stärker als die von WILHELM (1975 b) für die sommerliche Regensaison genannten ± 2,5 % voneinander ab. Dem Trend der Sommerregen folgend erhöhen sich die Differenzen relativ mit Verkürzung des Betrachtungszeitraums (Abb. 14, 2).

Die Isohyetenführungen nach eigenen Messungen resultieren aus den Daten der 4 Niederschlagswaagen und 8 Totalisatoren, deren Standorte in Tab. 3 und Abb. 6 verzeichnet sind. Der zeitlichen Auflösung der monatlichen Totalisatorenwerte liegen die Registrierungen der nächststehenden Niederschlagswaagen zugrunde.

Diese knappen Ausführungen zur Niederschlagsverteilung rechtfertigen die umfangreiche Instrumentierung des Gebiets mit Niederschlagsmeßgeräten. Denn während der schneeige Input wenigstens noch durch Schneedeckenmessungen überprüft werden kann, ist der flüssige nur durch Gerätemessung zu bestimmen. Vor allem die Zeiträume ergiebiger Frühjahrsregen (Abb. 14, 3), die die durch Schmelzwässer ohnehin erhöhten Abflüsse kritisch anwachsen lassen können (Abb. 24), erfordern im Interesse zu erstellender kurzfristiger hydrologischer Bilanzen und Niederschlag-Abfluß-Modelle ein vom amtlichen unabhängiges dichtes Niederschlagsmeßnetz.

Was die Problematik der Messung meteorologischer bzw. hydrologischer Niederschläge und von Gebietsniederschlägen in gebirgigem Relief im speziellen anbelangt, so sei auf die übersichtliche Zusammenstellung der wichtigsten Ergebnisse einer umfangreichen Literatur und eigener Erfahrungen von WILHELM (1975 b, S. 1–6, 69–75), ferner auf die umfassende Bibliographie bei FLIRI (1975 b) verwiesen.

Hier seien lediglich die auffälligsten meßtechnischen Schwierigkeiten genannt, die Schneeniederschläge zusätzlich aufwerfen.

Nach Berichten von HOINKES & LANG (1962) und eigenen Parallelmessungen wird im Hochgebirge infolge Verdriftung der gegenüber Regentropfen leichteren und dem Wind größere Angriffsflächen bietenden Schneeflocken von konventionellen Meßgeräten oft nur die Hälfte des hydrologischen Niederschlags erfaßt. So kann es bei Schneetreiben mit starker gerichteter Windtätigkeit passieren, daß der Schnee horizontal über der Eintrittsöffnung verdriftet wird.

Nach eigenen Beobachtungen friert unter bestimmten Voraussetzungen Schnee auf unterkühlten Metallflächen um die Eintrittsöffnung der Meßgeräte auf, um die sich dann bei anhaltendem Schneefall geschlossene Schneehauben aufbauen, so daß kein Schnee in den Auffangbehälter fällt. Bei entsprechender Schneefallergiebigkeit werden sogar die Windschutzschirme, deren Tragreifendurchmesser immerhin 84 cm beträgt, in die Schneehaubenbildung einbezogen.

Trotz meßtechnischer Unzulänglichkeiten, deren Kenntnis Voraussetzung für kritische Beurteilungen der Folgedaten ist, wird auf diese Gerätemessungen nie verzichtet werden können.

Eine Versuchsanordnung bei der Klimahauptstation Eibelsfleck soll ab 1975/76 den noch unbefriedigenden Kenntnisstand über Zusammenhänge zwischen Fläche der Eintrittsöffnung der Meßgeräte, Windgeschwindigkeit und möglichst Flockengröße auf der einen, meteorologischem und hydrologischem Schneeniederschlag auf der anderen Seite erweitern helfen. Dazu werden außer in verschiedenen Höhen über Schneeoberfläche ausgebrachten Schalenanemometern und Totalisatoren mit und ohne Windschutzschirm auch solche mit verschieden großer Eintrittsöffnung, Niederschlagswaagen und beheizte Hellmann'sche Regenschreiber eingesetzt.

Die Gebietsniederschläge $\overline{N}$ werden u. a. zur Berechnung der Massenverluste der Schneedecke zwischen den Schneedeckenaufnahmen benötigt. Ein möglicherweise gebietsspezifischer Glücksfall ist in der Tatsache zu sehen, daß durchweg enge lineare Zusammenhänge zwischen $\overline{N}$ und in mittlerer Gebietshöhe gemessenen $N_{\overline{H}}$ bestehen. Sie sind im Falle der in Abb. 15 aufgetragenen Schneeniederschläge der 14tägigen Zeitintervalle zwischen den Schneedeckenaufnahmen bei $r = 0,983$ (1972/73) und $r = 0,992$ (1973/74) hochsignifikant. Damit beschreiben $N_{\overline{H}}$-Halbmonatssummen mit großer Näherung auch $\overline{N}$.

Diese Erscheinung dürfte auf die Dominanz des advektiven Niederschlagstyps während der kalten Jahreszeit zurückzuführen sein, der u. a. folgende Effekte kombiniert:

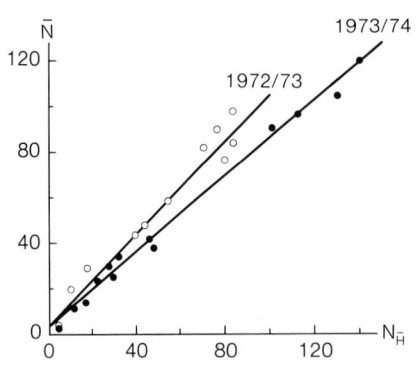

Abb. 15 Zusammenhänge zwischen Gebietsniederschlägen $\bar{N}$ und in mittlerer Gebietshöhe gemessenen Niederschlägen $N_{\bar{H}}$ (in mm Wassersäule) für 14tägige Zeitintervalle zwischen den Schneedeckenaufnahmen.

1. im Unterschied zu häufigen sommerlichen konvektiven Regenfällen gleichmäßigere Niederschlagsverteilung
2. Niederschlagszunahme bis in die Gipfelregion durch Anhebung und adiabatische Abkühlung der feuchten Luftmassen.

Dafür sprechen neben anderen (vgl. UTTINGER 1951, HASTENRATH 1968) auch diese lokalen Belege: Abweichungen der nach fast durchweg höheren eigenen und amtlichen Niederschlagssummen gezogenen Isohyeten sind in der kalten Jahreszeit größer (Abb. 14) als im Sommer (WILHELM 1975 b, Fig. 39); denn die umliegenden amtlichen Stationen liegen alle im Tal.

Das Wasseräquivalent von Neuschneedecken nimmt in allen Teilen des Niederschlagsgebiets immer linear mit der Höhe zu (Abb. 10).

Der winterliche Isohyetenverlauf paßt sich mit wachsenden Werten gegen die höheren Gebiete im S enger der Orographie an (Abb. 14, 1 u. 2) als der sommerliche, in dem sich auch längerfristig noch die Zellenstruktur konvektiver Starkregenniederschläge abbildet. So erklärt sich die Gesamtvariabilität der Regenhöhen nach WILHELM (1975 b, S. 65), der fremde und eigene Erfahrungen mit Änderungen der Niederschlagsmenge mit der Höhe ausführlich diskutiert, auch zu mehr als der Hälfte aus deren horizontalen und nur zu einem geringen Teil aus deren vertikalen Änderungen.

Dem komplexen, aus 8 Lagetypen zusammengesetzten horizontalen Lagefaktor WILHELMs (1975 b, Fig. 27 u. 35) ist während der kalten Jahreszeit nur untergeordnete Bedeutung beizumessen, wie u. a. Abb. 16 erkennen läßt. Dort sind Halbmonats- und Monatssummen des Niederschlags der nahezu auf einer Linie liegenden Stationen Lainbach (670 m), Eibelsfleck (1030 m) und Tutzinger Hütte (1340 m) gegen die Höhe aufgetragen. Nicht unerwartet fügen sich die Daten der abseits am nördlichen Gebietsrand gelegenen Station Bauernalm (985 m), die bei den Regressionsberechnungen unberücksichtigt blieben, recht gut in die meist signifikant lineare Höhenabhängigkeit der Niederschlagsmengen an den anderen Stationen ein.

Positive Korrelationen dominieren. Nur in drei Fällen, jeweils in der 1. Hälfte der Monate November, März und Mai dieses bisher ereignis- und niederschlagsreichsten winterlichen Zeitraums 1974/75, sinken die Korrelationskoeffizienten unter 0,95. Grundsätzlich besteht kein Zusammenhang zwischen hohen Korrelationen auf der einen, Anzahl oder Ergiebigkeit der Ereignisse bzw. Betrachtungszeiträume auf der anderen Seite. Sie sind vielmehr wetterlagenbedingt.

Abb. 17 verdeutlicht den hohen Anteil jener Ereignisse, die sich durch signifikant lineare Niederschlagszunahme mit der Höhe auszeichnen. Um der Gefahr materialbedingter Inhomogenitäten als Folge von Registrierfehlern zu begegnen, wurden nur diejenigen Ereignisse berücksichtigt, bei denen an mindestens einer Station wenigstens 1 mm Niederschlag registriert wurde.

Höchste Korrelationen mit $r \geqslant 0,99$, die allein 45 % der Fälle ausmachen, sind ausschließlich an die durchschnittlich häufigsten zyklonalen West-, Nordwest- und Nordwetterlagen sowie mitteleuropäische Troglagen gebunden. Korrelationskoeffizienten $\geqslant 0,9$ beschreiben immerhin noch 63 Ereignisse, entsprechend 72,5 %, bzw. 882 mm oder 75,6 % des $N_{\bar{H}}$ bzw. $\bar{N}$, die vorangehenden Ausführungen zufolge als nahezu identisch anzusehen sind. 1/6 der Ereignisse stellen übrige Fälle, die lediglich 7 % von $N_{\bar{H}}$ ausmachen, unter ihnen auch signifikante negative Korrelationen.

Vor allem Wetterlagen mit weit nach Süden vorgeschobenen Frontalzonen wie südliche West- und zyklonale Südwestlagen lassen entweder keine Höhenabhängigkeit der Niederschlagsmengen erkennen, oder ihnen sind die seltenen signifikanten negativen Korrelationen zuzuordnen. Diese Erscheinung wird auch bei zyklonal bestimmtem Mitteleuropa beobachtet.

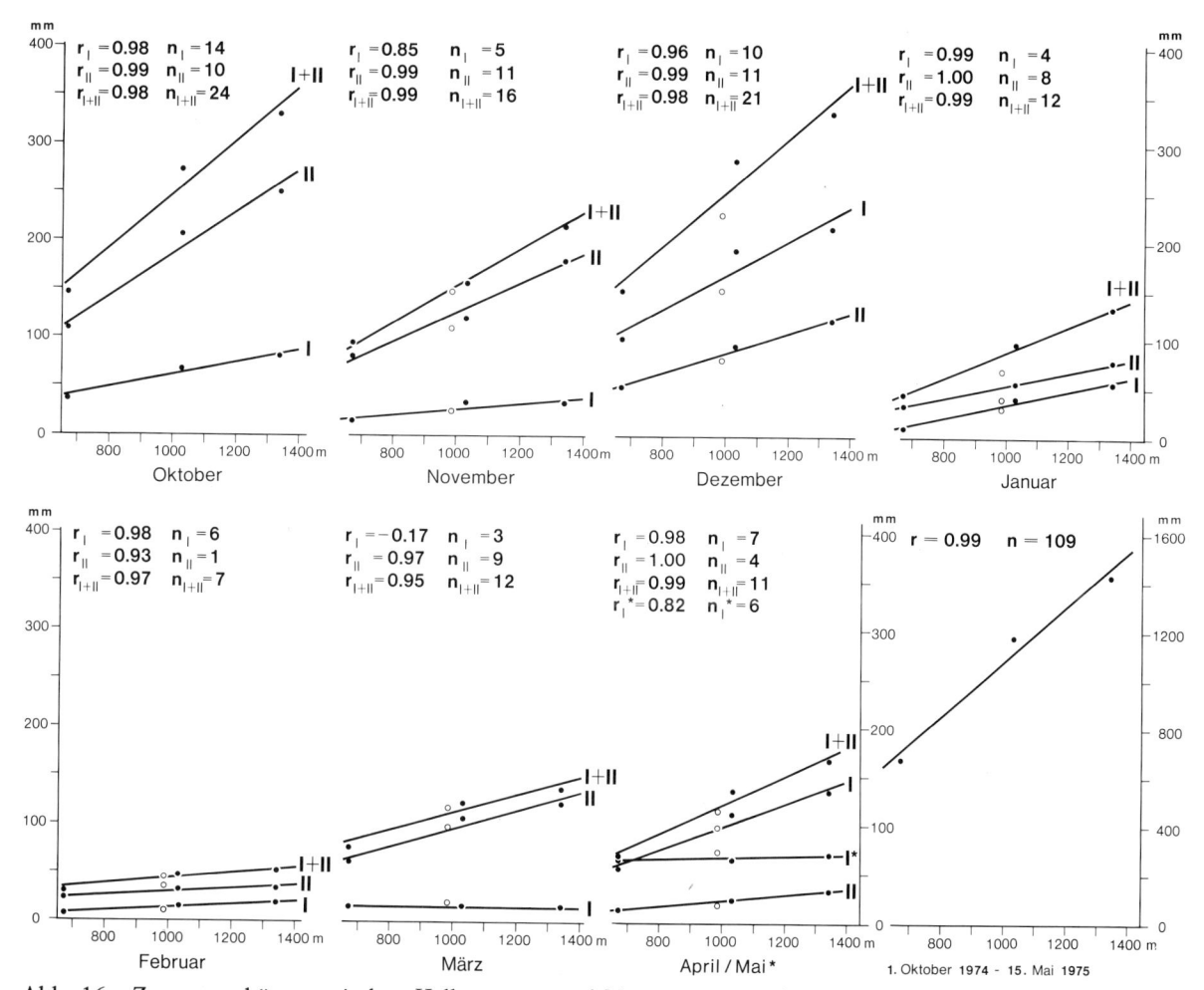

Abb. 16 Zusammenhänge zwischen Halbmonats- und Monatssummen der Niederschläge (in mm Wassersäule) und Höhe (in m) im Zeitraum 1.10.1974–15.5.1975.

I 1. Monatshälfte II 2. Monatshälfte n Anzahl der Niederschlagsereignisse

Grundlage: Niederschlagsmessungen an den Stationen Lainbach (670 m), Eibelsfleck (1030 m), Tutzinger Hütte (1340 m) und Bauernalm (985 m, offene Kreise, ab 1.11.1974)

Zusammenfassend bleibt festzuhalten, daß die Niederschläge der kalten Jahreszeit nach Ergiebigkeit bzw. Intensität, Aggregatzustand und zeitlich außerordentlich, räumlich wenig variabel sind. Die Großwettertypen West bis Nord liefern durchschnittlich 3/4 der schneeigen, West und Nord zusammen 2/3 der flüssigen Niederschläge. Als bevorzugte Schneefallmonate haben November und April, als typische Regenperioden die ab Mitte April zu erwartenden ergiebigen Frühjahrsregen zu gelten. Regenfälle sind auch in den Hochwintermonaten Januar–März keine Seltenheit.

Abweichungen der nach amtlichen und der aus eigenen Daten ermittelten Gebietsniederschläge, die sich mit zunehmender Dauer des Betrachtungszeitraums relativ verringern, rechtfertigen die umfangreiche Instrumentierung des Gebiets mit Niederschlagsmeßgeräten, deren Erfassungsgenauigkeit vor allem schneeiger Niederschläge allerdings nicht zweifelsfrei ist. Anders als bei häufigen sommerlichen konvektiven Niederschlagsereignissen wächst die Niederschlagsmenge bei vorherrschend advektivem Niederschlagstyp in ca. 2/3 der winterlichen signifikant linear mit der Höhe üNN. Folglich korrelieren wenigstens Halbmonatssummen der Gebietsniederschläge und in mittlerer Gebietshöhe gemessene Niederschläge hoch miteinander.

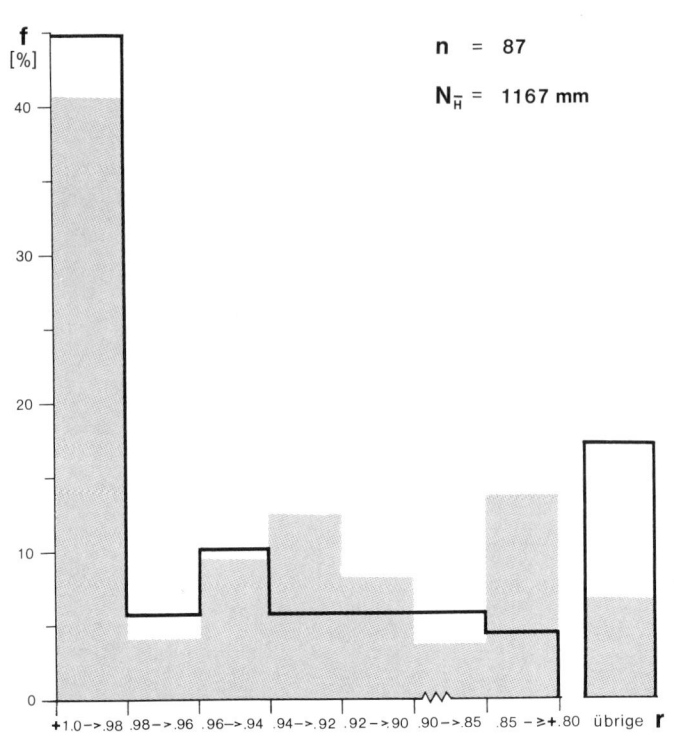

Abb. 17 Häufigkeitsverteilungen der Korrelationskoeffizienten r der Beziehungen zwischen Niederschlagshöhe und Höhe für Einzelereignisse zwischen 1. 10. 1974–15. 5. 1975 (Linien) sowie der zugehörigen Niederschlagshöhen in mittlerer Gebietshöhe $N_{\bar{H}}$ (Raster).

n Anzahl der Niederschlagsereignisse

Grundlage: Niederschlagsdaten der Stationen Lainbach (670 m), Eibelsfleck (1030 m) und Tutzinger Hütte (1340 m)

3.1.2. Lufttemperatur

Die Temperatur ist als integraler Informationsträger über Wärmehaushaltsprozesse als wichtige hydrologische Regelgröße im Sinne LANGs (1974) zu werten. Sie läßt als Indexgröße für den gesamten Wärmehaushalt allerdings nur beschränkt Kausalbezüge zu Wärmeprozessen am Boden zu. Dies gilt besonders für Schneedecken, deren Abbau bis zu 80 % durch Strahlungsenergie erfolgt (Kap. 5.3.2.2.).

Vor diesem Hintergrund sind Zusammenhänge zwischen Schneeschmelze und Lufttemperatur (Kap. 6.2.2.) und folgende Ausführungen über den winterlichen Temperaturgang mit Bezug auf synoptische Bedingungen und Schneedeckenentwicklungen (Abb. 22) zu sehen.

Abgesehen von den für Berechnungen der Energiehaushaltsgröße fühlbare Wärme benötigten Lufttemperaturen (Kap. 5.3.2.1.), die in 6minütigen Abständen von Fallbügelschreibern registriert und über die Zeit integriert werden, beruhen die im folgenden verwendeten Mitteltemperaturen auf arithmetischen Mitteln stündlicher Werte.

Der Temperaturgang stellt sich während der kalten Jahreszeit in mittlerer Gebietshöhe (Station Eibelsfleck, 1030 m) wie folgt dar (Abb. 18):
Negative Tagesmitteltemperaturen werden frühestens ab der 2. Oktoberhälfte beobachtet. Der zeitige Wintereinbruch 1974 läßt die Minimumtemperaturen schon im Oktober durchweg unter den Gefrierpunkt absinken. In Verbindung mit mäßig positiven, vereinzelt auch negativen Maximumtemperaturen wird die spätherbstliche Neuschneedecke daher zumindest ab höheren Lagen konserviert. In den übrigen Jahren treten in diesem Monat nur vereinzelt Nachtfröste auf.

Früheste ausgeprägte Frostperioden, in denen unter Polarluftzufuhr die Minimumtemperaturen unter $-10\ °C$, Anfang Dezember 1973 auf den bisherigen Tiefstwert von $-17\ °C$ sinken, fallen in der Regel auf die Monatswende November/Dezember. Unter ihrem Einfluß bleiben die noch nicht konsolidierten frühwinterlichen

Schneedecken nicht nur erhalten, sondern bilden darüber hinaus zumindest in höheren Lagen Kältespeicher, die Neuschneeaufträge vor einschneidendem Abbau während des Weihnachtstauwetters bewahren.

Dieses sog. Weihnachtstauwetter zählt zu den regelhaftesten thermischen Erscheinungen. Es fällt in den Zeitraum 3. Dezember- bis 1. Januardekade. Unter Zufuhr gemäßigter Tropikluft und häufigem Föhneinfluß steigen die Tagesmitteltemperaturen über den Gefrierpunkt bis maximal +12 °C. Untere und südexponierte Lagen apern meist aus, der Lainbach erfährt Abflußsteigerungen (Kap. 3.3.; Abb. 24), deren vornehmlich thermische Ursache nicht selten durch Regenwässer überlagert wird.

Die Hochwintermonate Januar und Februar zeichnet häufiger Wechsel positiver mit negativen Tagesmitteltemperaturen aus, hervorgerufen durch lebhafte Aufeinanderfolge von Föhnvorgängen und Zustrom gemäßigter maritimer und kalter Luftmassen polaren Ursprungs. Diese Monate sind bei maximalen ‚Kältesummen' (Monatssummen der Tagesmitteltemperaturen unter 0 °C) von −77 °C und −81 °C im Jahre 1973 bei gleichzeitigen ‚Wärmesummen' (Monatssummen der Tagesmitteltemperaturen über 0 °C) von nur +18 °C und +3 °C zugleich die kältesten. Doch gerade die Temperaturbilanz des Februar erweist sich als äußerst variabel. So wird beispielsweise im Februar 1972 die extreme hochwinterliche Wärmesumme von +82 °C bei nur −12 °C Kältesumme erreicht. Die Folge ist eine ungünstige hochwinterliche Schneelage, verstärkt durch ausbleibende Schneefälle.

Ab der 3. Märzdekade werden deutliche Temperaturanhebungen ausgemacht, die bei anhaltendem Föhneinfluß auch länger andauern. Als markantester hydrologischer Effekt dieser Temperaturentwicklung hat die ungewöhnlich frühe Schmelzperiode 1974 zu gelten, als sich die Lainbachabflüsse (Abb. 24) ähnlich den Extrem- und Mitteltemperaturen blockartig über die benachbarten Werte herausheben.

Nähere Angaben zu diesem Zeitraum, in dem mit +10,5 °C und +15,9 °C bzw. +11,7 °C die bislang höchsten Extrem- bzw. Tagesmitteltemperaturen des Monats März gemessen wurden, finden sich bei HERRMANN (1974 c), in Abb. 20 und 54 und in Kap. 5.3.2.2.

Ein ähnliches Temperaturbild erscheint bereits im März/April 1972.

Bisher hat nur das Frühjahr 1975, das sich durch allmählichen Temperaturanstieg von Mitte der 2. Märzhälfte bis Mitte Mai auszeichnet, neuerliche Einbrüche polarer Kaltluftmassen, die die Minimumtemperaturen noch Ende April auf −5 °C absinken lassen, abgeschwächt erfahren. Während der fortgeschrittenen Frühjahrsablation in der 1. Maihälfte liegen die Tagesmitteltemperaturen mit bis zu +16 °C wieder durchweg über dem Gefrierpunkt. Vereinzelt treten allerdings noch Nachtfröste auf.

Das hydrologische Winterhalbjahr 1972/73 ist mit −334 °C Kältesumme gegenüber nur +231 °C Wärmesumme (Bad Tölz im Isartal, 654 m üNN, 12,5 km Luftlinie: −229 °C und +373 °C) das bislang kälteste. Als wärmstes dürfte trotz unvollständiger Temperaturaufzeichnungen 1971/72 gelten, in dem sich die Kältesummen der Monate Januar–April auf −89 °C (1972/73: −248 °C), die Wärmesummen aber auf +444 °C (+117 °C) belaufen, gegenüber −71 °C und +465 °C (1972/73: −131 °C und +226 °C) in Bad Tölz.

Die Temperaturdifferenzen zwischen der Station Eibelsfleck und der nächstgelegenen Klimahauptstation des Deutschen Wetterdienstes, Bad Tölz, erklären sich nur unmaßgeblich aus den abweichenden Ermittlungspraktiken der Tagesmitteltemperaturen (Dt. Wetterdienst 1965). Sie gehen im wesentlichen auf Überlagerungen thermischer Effekte von Schneedecken auf die Umgebungstemperaturen mit dem Höhenunterschied von knapp 380 m zurück. So ist es in Bad Tölz bis auf den schneearmen Winter 1971/72, als im Lainbachtal nur weit oberhalb des Eibelsflecks eine Schneedecke liegt (HERRMANN 1973 b), folglich Kälte- wie Wärmesummen dieser Stationen in den Monaten Januar–April nahezu identisch sind, bei vergleichsweise selteneren Schneedecken im Mittel wärmer. Lediglich in einem einzigen Monat mit wiederholten Temperaturinversionen, im Dezember 1972 (Abb. 19), fällt bei gleicher Wärmesumme die Kältesumme in Bad Tölz mit −74 °C gegenüber −41 °C am Eibelsfleck höher aus. Ihr entsprechen an der mit 670 m fast gleich hoch gelegenen Station Lainbachpegel −76 °C bei üblicherweise geringerer Wärmesumme von +6,5 °C gegenüber +33 °C.

Für die diesbezüglich aufschlußreichste Schneedeckenperiode 1972/73 seien einige Aspekte des Höheneffekts auf den Temperaturgang unter Bezug auf synoptische Voraussetzungen genannt (Abb. 19).

Zwar dürften Überlagerungen des Höheneffekts durch Einflüsse horizontaler Lagefaktoren, z. B. der Schneebedeckung, auf die Temperaturverteilung gegeben, aufgrund der geringen Distanzen zwischen den nahezu auf einer Linie gelegenen Stationen

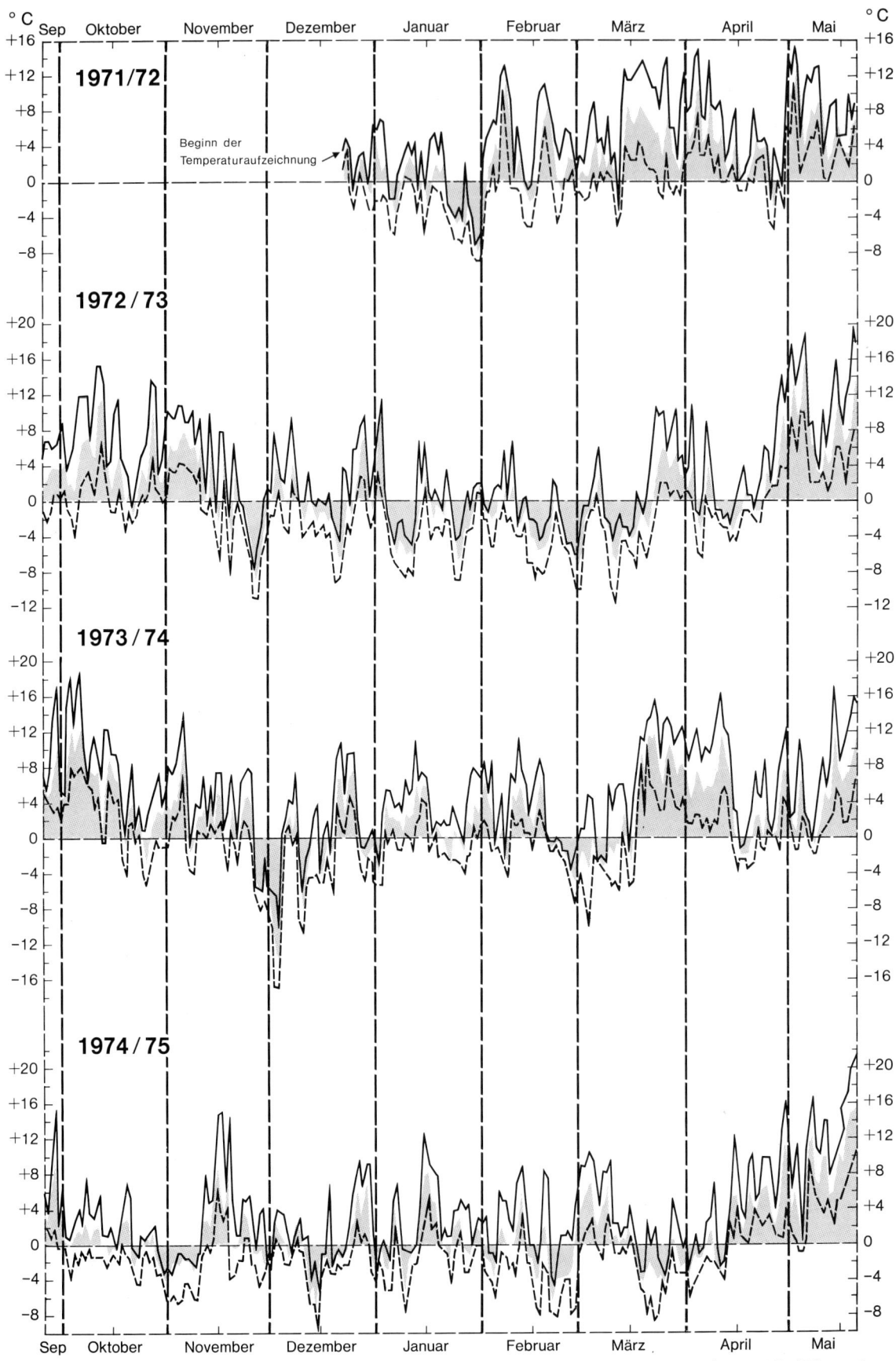

Abb. 18 Tägliche Extrem- und Mitteltemperaturen der Beobachtungsperioden 1971/72–1974/75 an der Klimahauptstation Eibelsfleck (1030 m).

Lainbach (670 m) → 4,43 km Eibelsfleck (1030 m) → 1,55 km Tutzinger Hütte (1340 m) aber als vernachlässigbar klein zu werten sein.

Die täglichen Maximumtemperaturen (T_{max}) weisen u. a. als Folge häufiger Föhnvorgänge von nur einigen Stunden Dauer größere Schwankungsbreiten auf als Minimum- (T_{min}) und Tagesmitteltemperaturen ($\bar{T}$). Dies gilt auch für Temperaturunterschiede zwischen den Stationen, die bei Inversionslagen und Föhneinfluß besonders hoch, dabei für T_{min} noch am geringsten ausfallen. Diese Tatsache wird auch ohne statistische Behandlung der Temperaturdaten, deren Darstellung den Rahmen dieser Untersuchung sprengen würde, aus Abb. 19 ersichtlich.

Föhnvorgänge (Kap. 3.1.3.) zeichnen sich durch sprunghaften Temperaturanstieg bei gleichzeitiger Versteilung der Gradienten (Temperaturabnahme mit der Höhe) ab. Diese Situation beschreibt T_{max} während der besonders föhnträchtigen zyklonalen Südwestlage Anfang Mai am treffendsten. Allerdings gilt diese Regel während der kalten Jahreszeit nur bedingt, wie auch großräumige Inversionslagen unter Föhneinfluß lokale Modifikationen erfahren. Anhaltend normale, d. h. nicht föhnverstärkte Temperaturabnahme mit der Höhe beschränkt sich auf den relativ kurzen Zeitraum Mitte 1. bis Ende 2. Märzdekade 1973.

1972/73 ist mit Abstand die inversionsreichste Schneedeckenperiode. Dabei führen Hochdruckwetterlagen über NW-, Mitteleuropa und den Alpen bei starker nächtlicher Ausstrahlung zur Ausbildung von Kaltluftpolstern. Während dieser frostigen, niederschlagsfreien Perioden liegen im Tal bis zu 800–900 m reichende Hochnebeldecken, die oben durch Temperaturinversionen begrenzt werden. In ihnen überschreitet auch T_{max} nur selten den Gefrierpunkt, und T_{min} sinkt z. B. 1971/72 über Wochen bis auf −20 °C.

In Abb. 19 wird zwischen Inversionen, die das gesamte Höhenintervall von 710 m zwischen den Stationen Lainbach und Tutzinger Hütte abdecken, und Teilinversionen unterschieden, die nur partiell auftreten.

Eindeutige Zusammenhänge zwischen Inversions- und Großwetterlagen sind einmal aus Gründen, die auch ähnliche Zuordnungen von Föhnvorgängen erschweren (Kap. 3.1.3.), zum anderen aufgrund lokaler Temperaturschichtungen als Folge der Schneebedeckung nicht auszumachen. Immerhin werden wenigstens von Ende November bis Ende der 2. Dezemberdekade mehrmals typische Bindungen an Hochdrucklagen (SCHULZ 1963) beobachtet, nicht aber an hochreichende Polarluft. Umgekehrt bleiben um Mitte März unter günstigen synoptischen Voraussetzungen Inversionslagen aus. Dennoch prägen bodennahe Temperaturinversionen entsprechend der statistischen Häufigkeit winterlicher Hochdrucklagen (HESS & BREZOWSKI 1969) vornehmlich die 1. Hälfte der kalten Jahreszeit, nicht zuletzt unter Einfluß der durch meist günstige früh- und hochwinterliche Schneedeckenverhältnisse geförderten Ausbildung von Kaltluftseen im Lainbachtal.

T_{max} reagiert mit dem stärksten Gradienten von 1,7 °C/100 m Mitte Dezember 1972 wiederum am empfindlichsten auf vertikale Temperaturänderungen. Zur gleichen Zeit belaufen sich die ausgeglicheneren Gradienten von T_{min} auf 0,65°, von $\bar{T}$ auf 0,8°/100 m. Höchste $\bar{T}$-Gradienten werden mit jeweils 0,93°/100 m Ende der 2. Novemberdekade 1972 und Anfang Januar 1973 beobachtet.

Partielle Inversionen erklären sich aus lokalen Temperatureffekten durch Wolkenbildung, Schattenwurf etc., zum anderen aus Föhnwirkungen.

Der beim Föhnvorgang durch trockenadiabatisches Absinken der Luftmassen erzeugte Temperaturanstieg setzt sich nicht immer bis zum Talgrund durch. So treffen diese warmen Luftmassen häufig auf durch Ausstrahlung von der Schneedecke erzeugte Kaltluftseen, ohne diese immer aus dieser abgeschlossenen Tallage verdrängen zu können. Die Folge sind durch den Föhneffekt versteilte Temperaturgradienten oberhalb der Sperrschichten dieser Kaltluftseen bei gleichzeitiger Temperaturinversion zwischen Talgrund und ihrer Obergrenze.

Zur Erläuterung dieser Situation eignet sich besonders T_{max}.

Bei Föhnvorgängen Anfang Mai 1973 und nur noch in höheren Lagen vorhandener Schneedecke werden mit bis zu 1,25°/100 m sogar überadiabatische Werte erreicht. Zugehörige inverse T_{min} sind auch bei fortgeschrittener Frühjahrsablation nicht auszuschließen.

Dagegen wird während des Weihnachtstauwetters um die Jahreswende 1972/73 oberhalb eines im Talgrund gelegenen Kaltluftsees durch Föhnwirkung verstärkte Temperaturabnahme mit der Höhe von 0,75–1,4°/100 m ausgemacht, dieselbe

Luftmassen

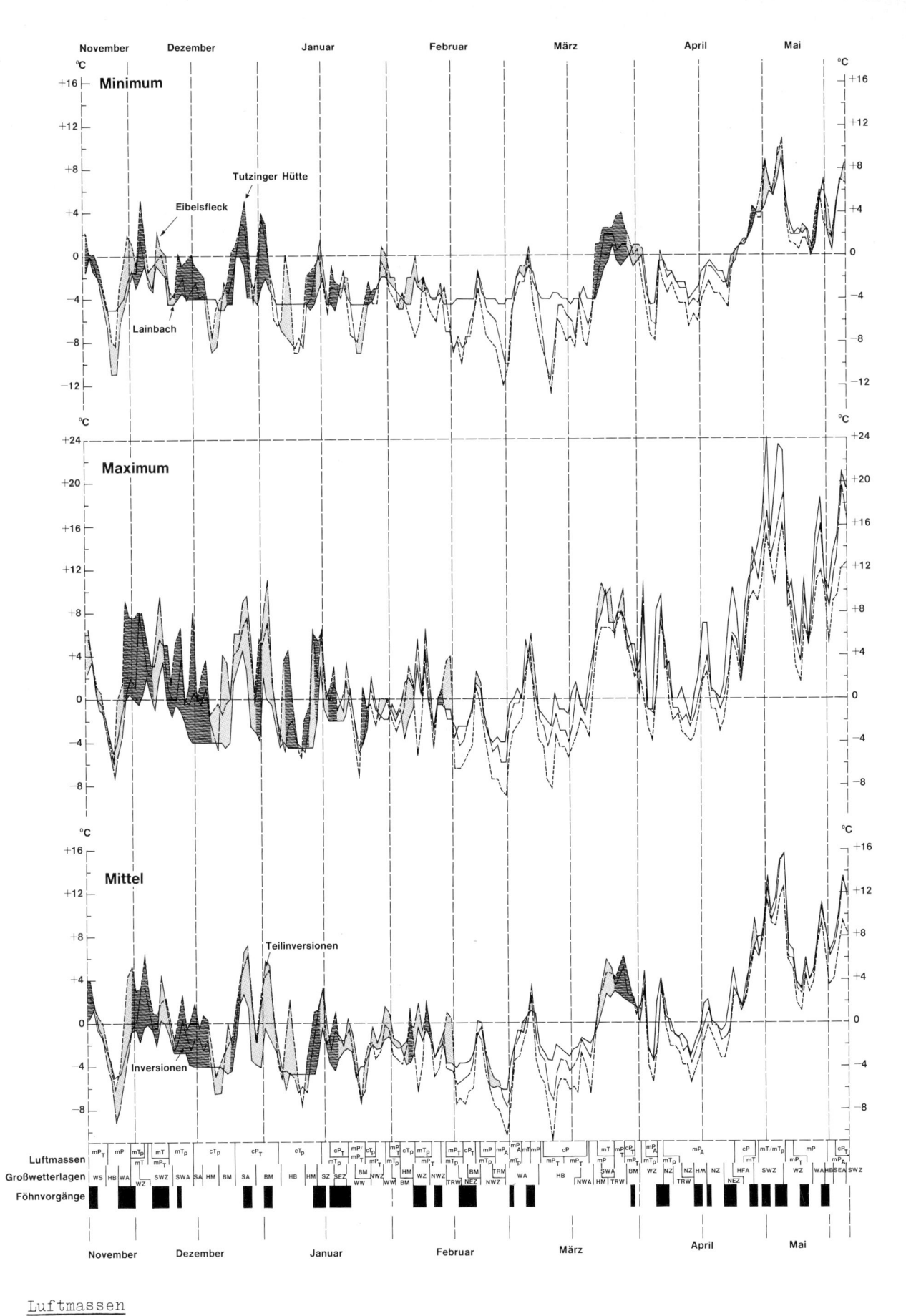

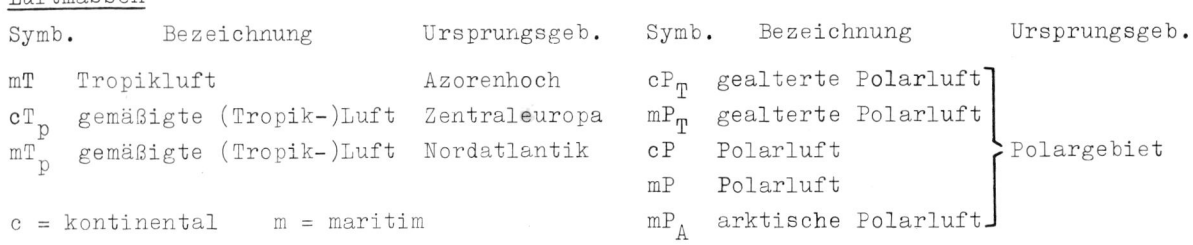

Symb.	Bezeichnung	Ursprungsgeb.	Symb.	Bezeichnung	Ursprungsgeb.
mT	Tropikluft	Azorenhoch	cP_T	gealterte Polarluft	
cT_p	gemäßigte (Tropik-)Luft	Zentraleuropa	mP_T	gealterte Polarluft	
mT_p	gemäßigte (Tropik-)Luft	Nordatlantik	cP	Polarluft	Polargebiet
			mP	Polarluft	
c = kontinental	m = maritim		mP_A	arktische Polarluft	

Erscheinung mit 1–1,5°/100 m aber auch zwischen mittlerer Gebietshöhe und Talausgang. Während sie sich bei $\bar{T}$ oberhalb des Eibelsflecks gerade noch abzeichnet, läßt T_{min} nicht unerwartet inverse Temperaturschichtung erkennen.

Grundsätzlich wird die von BÜRGER (1958) u. a. für München aufgrund langjähriger Beobachtungsreihen getroffene Aussage bestätigt, daß winterliche Kälteeinbrüche in erster Linie an die Großwetterlagen HFA, SEA, NA, HE HM und BM (Erläuterung s. Legende zu Abb. 12) gebunden sind.

Die komplexeren Zusammenhänge zwischen Wärmeeinbrüchen im randalpinen Raum und Großwetterlagen werden im folgenden Kapitel angeschnitten.

Vorstehenden Ausführungen zufolge läßt sich der winterliche Gang der Lufttemperatur, einer Indexgröße für Wärmehaushaltsprozesse, in typische Zeitabschnitte untergliedern, die mit den nach der Schneedeckenentwicklung (Kap. 3.2.2.) und dem Abflußgeschehen (Kap. 3.3.) ausgeschiedenen recht gut übereinstimmen.

Maximumtemperaturen reagieren am empfindlichsten auf vertikale Temperaturänderungen. Föhnvorgänge verstärken die normale Temperaturabnahme mit der Höhe, vermögen aber nicht immer die über Schneedecken im Talgrund ausgebildeten Kaltluftseen zu verdrängen. Die Folge sind häufige partielle Inversionen. Inversionen sind in der Regel an Hochdruckwetterlagen gebunden, bleiben aber selbst bei günstigen synoptischen Voraussetzungen aus.

Januar und Februar sind durchschnittlich die kältesten Monate. Das hydrologische Winterhalbjahr 1972/73 ist mit –334 °C Kältesumme bei +231 °C Wärmesumme das bislang kälteste, 1971/72 das wärmste.

3.1.3. Föhnvorgänge

Charakteristisches witterungsklimatologisches Element im alpinen Raum ist der Föhn, dessen Forschungsgeschichte zuletzt FLIRI (1973, 1975 a) zusammengefaßt hat.

Die Entstehung des Alpensüdföhns ist im wesentlichen an Troglagen über Westeuropa, Tiefdruck über den Britischen Inseln und vor allem an Süd- und Südwestlagen geknüpft. Als besonders föhnträchtig gilt die zyklonale Südlage mit Zentraltief über dem Ostatlantik, häufig südlich von Island, und stabilem Hoch über Ostrußland (HESS & BREZOWSKI 1969, S. 113/A53).

Nach FLIRI (1975 a), der hohen Anteil an der synoptisch-klimatologischen Auswertung der seit 1906 betriebenen Innsbrucker Föhnstatistik hat, sind Versuche, kausale Zusammenhänge zwischen Südföhn und Großwetterlage herzustellen, bislang wenig befriedigend ausgefallen. So gehen in Innsbruck beispielsweise nur 46 % der jährlichen Föhntage auf Strömungen aus dem Südsektor zurück, gegenüber 21 % sogar aus dem Nordsektor.

Die Vielschichtigkeit des Problems der Föhnentstehung vervollständigen Ausführungen von HOINKES (1950), wonach selbst bei Kaltlufttropfen ohne den typischen Isobarenverlauf auf der Bodenwetterkarte Südföhn auftritt.

Entsprechende Beobachtungen werden nach HAUER (1950), OBENLAND (1956) und Abb. 19 auch am bayerischen Alpenrand gemacht. Tageweise Klassifikation der Großwetterlagen in Verbindung mit in der bisherigen Praxis der großräumigen Wetterbeobachtung unberücksichtigten lokalen Druckverteilungen dürften zu den Ursachen zählen.

Abb. 19   Zeitliche und vertikale Entwicklungen der Lufttemperaturen während der Schneedeckenperiode 1972/73 mit Hinweisen auf Inversionslagen und synoptische Bedingungen.
Grundlage: Temperaturaufzeichnungen an den Stationen Lainbach (670 m), Eibelsfleck (1030 m) und Tutzinger Hütte (1340 m); Witterungsberichte des Dt. Wetterdienstes für Südbayern
Luftmassenklassifikation n. SCHERHAG (1948)
Großwetterlageneinteilung n. HESS & BREZOWSKI (1969):
   SA = Südlage, antizyklonal
   übrige Wetterlagen s. Legende zu Abb. 12

Zu Fragen der Föhndefinition, der Festlegung von Föhnterminen mit Hilfe statistischer Trennverfahren und der Föhnprognose sei auf die Beiträge von FREY (1957), WIDMER (1966) und GUTERMANN (1970) verwiesen. Die gegenwärtig praktikabelste Föhndiagnose bietet wohl immer noch die 3-Kriterien-Methode (CONRAD 1936), auf der auch folgende Betrachtungen basieren.

Die 3-Kriterien-Charakteristik stützt sich auf sprunghafte Anstiege der Lufttemperatur bei gleichzeitigem Absinken der Luftfeuchte (Abb. 20) unter böigen Winden aus südlichen Richtungen als Talföhnsymptome. Gerade über Schneedecken erweist sich diese Methode als nahezu zweifelsfreier Indikator von Föhnsituationen, wenn kalte, oft wasserdampfgesättigte Talluft durch warm-trockene Föhnluft ersetzt wird.

Im Unterschied zum antizyklonalen freien Föhn (FLOHN 1954, S. 49–51), der sich durch mäßigen Temperaturanstieg und allmähliches Absinken der Luftfeuchte auszeichnet, verursacht ausgeprägter, an gesteigerte Zyklonalität gebundener Alpensüdföhn schlagartigen Wetterumschwung.

Ausgeprägter Südföhn kündigt sich durch quellende Föhnmauern, die auch über dem Benediktenwandgipfel beobachtet werden, nördlich auflockernde Bewölkung in linsen- bis fischförmige, hellrandige Wolken (Altocumulus lenticularis), damit verbundene Luftreinheit und überdurchschnittliche Sichtweiten und durch mäßige bis starke, meist böige Winde aus südlichen Richtungen an.

Die in Abb. 20 aufgeführten Parameter lassen nach Talföhndurchbruch drei aufeinanderfolgende Föhnwellen mit Wechseln von Föhntätigkeiten und -pausen erkennen, in deren Verlauf die Föhnsituation in der Höhe andauert.

Bei nunmehr wolkenlosem Himmel werden starke bis stürmische, böige Winde aus südlichen Richtungen mit Spitzengeschwindigkeiten bis 20 m s^{-1} gemessen. Die Stundenmittel reichen immerhin noch an 5 m s^{-1} heran.

Stündliche Amplituden der Lufttemperatur von 10 °C, der Luftfeuchte von 40 % und des Dampfdrucks von 1,5 Torr sind bei abflauender Föhntätigkeit keine Seltenheit.

Bei Talföhndurchbruch erfolgen Änderungen dieser Parameter in der Regel weit weniger sprunghaft, da zunächst die über einer Schneedecke liegenden kalten und feuchten Luftmassen verdrängt werden müssen. Immerhin werden in Extremfällen innerhalb 5 h Temperaturanstiege bis zu 16 °C ($-2,5 \rightarrow +13,5$ °C) bei gleichzeitigem Absinken der Luftfeuchtigkeit von 86 % auf 18 % beobachtet (11. 2. 1974).

Fühlbare Wärmeströme wachsen infolge hoher Temperaturen und Windgeschwindigkeiten innerhalb weniger Stunden um mehrere Ly an. So werden z. B. vom 19. 3. 1974 18^{00} bis 21. 3. 11^{00} (Abb. 20) innerhalb 41 h 225 Ly, maximal 10 Ly h^{-1} zugeführt. Diese Wärmemenge entspricht fast 50 % des fühlbaren Wärmestroms der 2wöchigen Frühjahrshauptschmelze 1974. schmelze 1974.

Gleichzeitig gehen der Schneedecke 35 Ly latente Verdunstungswärme verloren.

Diesem Beispiel zufolge liegt die schneehydrologische Bedeutung des Föhns kaum in gesteigerten Verdunstungsraten, sondern vielmehr in beträchtlicher Zufuhr zum Schmelzen verwendeter fühlbarer Wärme. So stellen Föhnvorgänge angesichts der Tatsache, daß sie gerade im Frühjahr am häufigsten auftreten (OBENLAND 1956), im Lainbachtal in Hinblick auf den Massenhaushalt der Schneedecken und des Abflußgeschehens ein nicht zu unterschätzendes Witterungselement dar.

Dies ist umso beachtenswerter, als Föhntätigkeiten im Frühjahr meist mit 0 °C-isothermen Schneedecken zusammentreffen (Kap. 4.2.2.5.). Dadurch kann der Abschmelzvorgang beschleunigt, folglich der Schneeschmelzabfluß kräftig gesteigert werden. Ein treffliches Beispiel für diese Zusammenhänge liefert die von zahlreichen Föhnwellen betroffene, außerordentlich kurze Frühjahrshauptschmelzperiode 1974 (Kap. 5.3.2.2. und 6.2.3.).

OBENLAND (1956, Abb. 1–3) konnte durch föhnstatistische Untersuchungen im Raum Oberstdorf jahreszeitabhängige Tagesgänge der Föhnbeginne, Föhnbeendigungen bzw. Wahrscheinlichkeiten für Föhnfortdauer nachweisen. Sie scheinen sich im Lainbachtal den bisherigen Aufzeichnungen von Lufttemperatur, Luftfeuchte und Windrichtung zufolge in den Grundzügen zu bestätigen. Danach liegt die mitternächtliche Föhnhäufigkeit im Winter etwa 10mal so hoch wie im Sommer und doppelt so hoch wie im Frühjahr.

Die energetischen Auswirkungen nächtlicher Föhntätigkeiten verdeutlicht die Nacht vom 20. auf den 21. 3. 1974. Die bei Schmelzpunkttemperatur der Schneedeckenoberfläche registrierten −65 Ly Nettostrahlung wurden nur noch in den längeren Hochwinter-Strahlungsnächten überboten, etwa um −35 Ly, als die Schneeoberflächentemperatur −25°C betrug. Die durch-

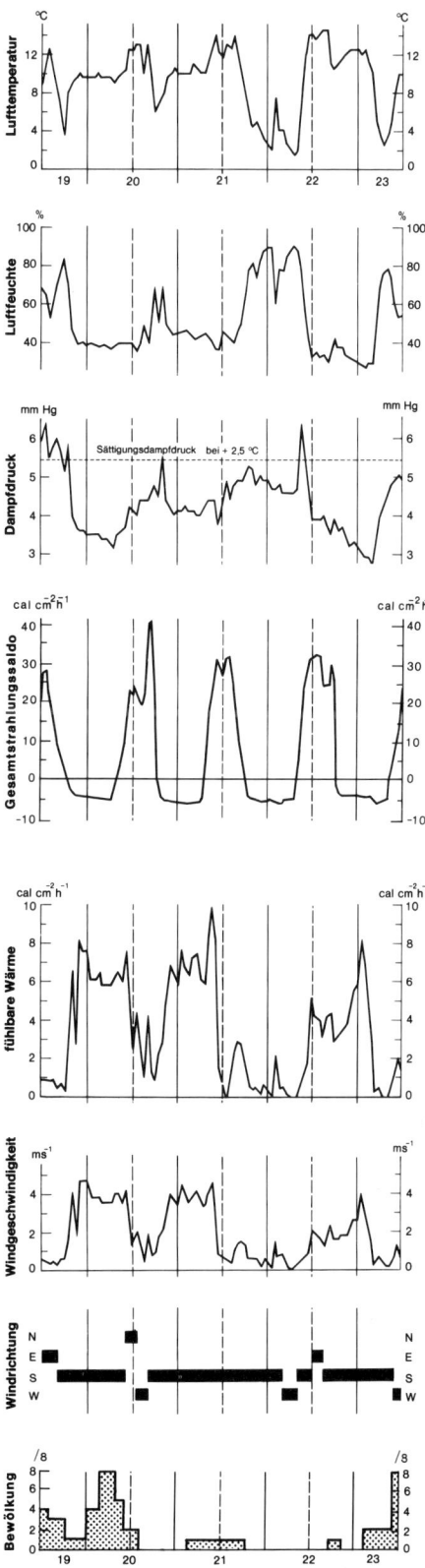

Abb. 20 Stündliche Mittelwerte von Lufttemperatur, Luftfeuchte, Dampfdruck, Nettostrahlung, Windgeschwindigkeit in 200 cm über Schneedecke, Terminwerte von Windrichtung und Bewölkung sowie Strom fühlbarer Wärme an der Schneeoberfläche während der Föhnperiode 19.–23. 3. 1974.

weg positiven Wärmebilanzen der Schneedecken in klaren Föhnnächten erklären sich daher aus der Überkompensierung der Strahlungsverluste durch fühlbare Wärme.

Bei nächtlichen Föhnvorgängen sind selbst im Hochwintermonat Februar Mitternachtstemperaturen von +12 °C über Schnee in mittlerer Gebietshöhe nicht ungewöhnlich. Der fühlbare Wärmestrom erzeugt dabei positive nächtliche Energiesalden der Schneedecke mit Stundenmitteln bis zu +8 Ly, gegenüber durchschnittlich $-3,5$ Ly h^{-1} unter normalen nächtlichen Ausstrahlungsbedingungen.

Das Frühjahr zeichnet sich durch überwiegende Föhnhäufigkeit um die Mittagszeit aus, in die nach OBENLAND (1956) im Winter immerhin noch 2/3, im Sommer nur 1/10 der Föhntätigkeiten fallen. Die Kombination aus Sonnenhöchststand und ungetrübter Atmosphäre führt dabei zu extrem hohen Einstrahlungswerten.

Die mittägliche Nettostrahlung der Schneedecke steigt in der 3. Märzdekade 1974 bis auf 35 Ly h^{-1}, gegenüber 15–20 Ly h^{-1} bei Nicht-Föhn. Bei Verrechnung aller atmosphärischen Energieströme werden der Schneedecke bis zu 45 Ly h^{-1} zugeführt, gegenüber rd. 20 Ly h^{-1} bei ‚normaler' Frühjahrsablation. Diese Energiemenge erzeugt bei 0 °C-isothermer Schneedecke immerhin 5,6 mm h^{-1} Schmelzwasseräquivalent.

Aspekte des Föhneffekts auf vertikale Temperaturverteilungen im Lainbachtal wurden bereits in Kap. 3.1.2. genannt.

In diesem Zusammenhang sollen neben der thermodynamischen Wirkung des Alpenföhns, der nach FLIRI (1975) die Jahresmitteltemperatur in Innsbruck um 0,9 °C, die winterliche nicht zuletzt durch Verdrängung der Kaltluftseen im Inntalgrund sogar um 1,7 °C anhebt, allgemein verbesserter Strahlungs- und Wärmehaushalt infolge Wolkenarmut, aber verschlechterter Wasserhaushalt aufgrund höherer Verdunstungsraten nicht unerwähnt bleiben. Veränderungen der durchschnittlichen jährlichen Niederschlagshöhen durch Föhneinfluß lassen sich nach FLIRI (1973) nicht nachweisen, wohl aber deren Verschiebung zugunsten des Frühjahrs.

Zusammengefaßt liegt die unmittelbare schneehydrologische Bedeutung des an verstärkte Zyklonalität gebundenen Alpensüdföhns, der häufig wellenförmig einfällt, in beträchtlich erhöhten Schmelzraten. Die Ursachen sind hohe Strahlungsgewinne der Schneedecken infolge ungetrübter Atmosphäre und gesteigerte fühlbare Wärmeströme. Demgegenüber erklärt Schneeverdunstung Massenverluste der Schneedecken bei Föhntätigkeit nur bruchteilhaft.

Häufige hochwinterliche und nächtliche Föhnvorgänge unterbinden Auskühlungen der Schneedecken bzw. temperieren sie wiederholt auf 0 °C.

Randalpine Talföhnwirkungen auf Energiebilanzen, Struktur, Konsistenz, Temperatur- und Abflußverhalten von Schneedecken sowie auf nival gesteuerte Gebietsabflüsse sind im übrigen Gegenstand einer Spezialuntersuchung von HERRMANN (1976 b).

3.2. Schneedeckenentwicklung

3.2.1. Schneedeckendauer

In Abhängigkeit vom Witterungsverlauf werden teils starke räumlich-zeitliche, aber durchaus regelhafte Unterschiede der Schneedeckenentwicklung im Niederschlagsgebiet beobachtet. Sichtbarer Ausdruck dieser Tatsache ist die Schneebedeckung.

Im Unterschied zu alpinen Hochlagen, in denen Luft- oder sogar Satellitenbilder als Informationsquellen für Schneebedeckungen in repräsentativen Einzugsgebieten dienen können (MARTINEC 1972, HAEFNER & SEIDEL 1974, MEIER 1975), muß die häufig rasch wechselnde Schneebedeckung im bewaldeten Lainbachtal durch Geländebeobachtungen unter Berücksichtigung der Niederschlagsaufzeichnungen aufgenommen werden.

Eine geschlossene Schneedecke liegt den Anweisungen des Deutschen Wetterdienstes (1965, S. 43) zufolge bei mindestens 1 cm starker, nicht durchbrochener Schneeauflage vor.

Beherrschende topographische Einflußgröße auf die Schneedeckendauer ist die Seehöhe (HERRMANN 1973 a, 1973 b, 1974 b). Modifizierungen des in Abb. 21 dargestellten nichtlinearen mittleren Höheneffekts erfolgen in erster Linie durch unterschiedliche Anteile von Freiflächen und Waldbestandsarten an den Höhenstufen (Abb. 9), ferner durch Expositionseinflüsse. So ist 1/3 der unterhalb 1200 m gelegenen Fläche, entsprechend 1/4 des Niederschlagsgebiets, gegen S oder SW exponiert.

Bei der in Abb. 21 gewählten Darstellungsweise der Schneedeckendauer sind alle Waldbestandsarten zusammengefaßt, wenngleich beispielsweise Stangenhölzer nach HERRMANN (1974a) unter sonst gleichen Bedingungen in der Regel längere Schneedeckendauer als Alt- oder Baumholzbestände verzeichnen.

Lokale Abweichungen vom Trend dieser Schneedeckendauerlinien wie in den einstrahlungsgeschützten Karen nördlich von Glas- und Benediktenwand in 1300–1500 m blieben unberücksichtigt.

Einzelbeschreibungen der Entwicklungen der Schneebedeckung während der Beobachtungsperioden 1971/72–1973/74 finden sich bei HERRMANN (1973b, 1974b, 1975a).

Die Dauer der Schneedeckenperioden wird durch die Zeitmarken erstmals permanent geschlossener Schneedecken bzw. einsetzender Schneefleckenbildung in nord- bis ostexponierten freien Hochlagen festgelegt.

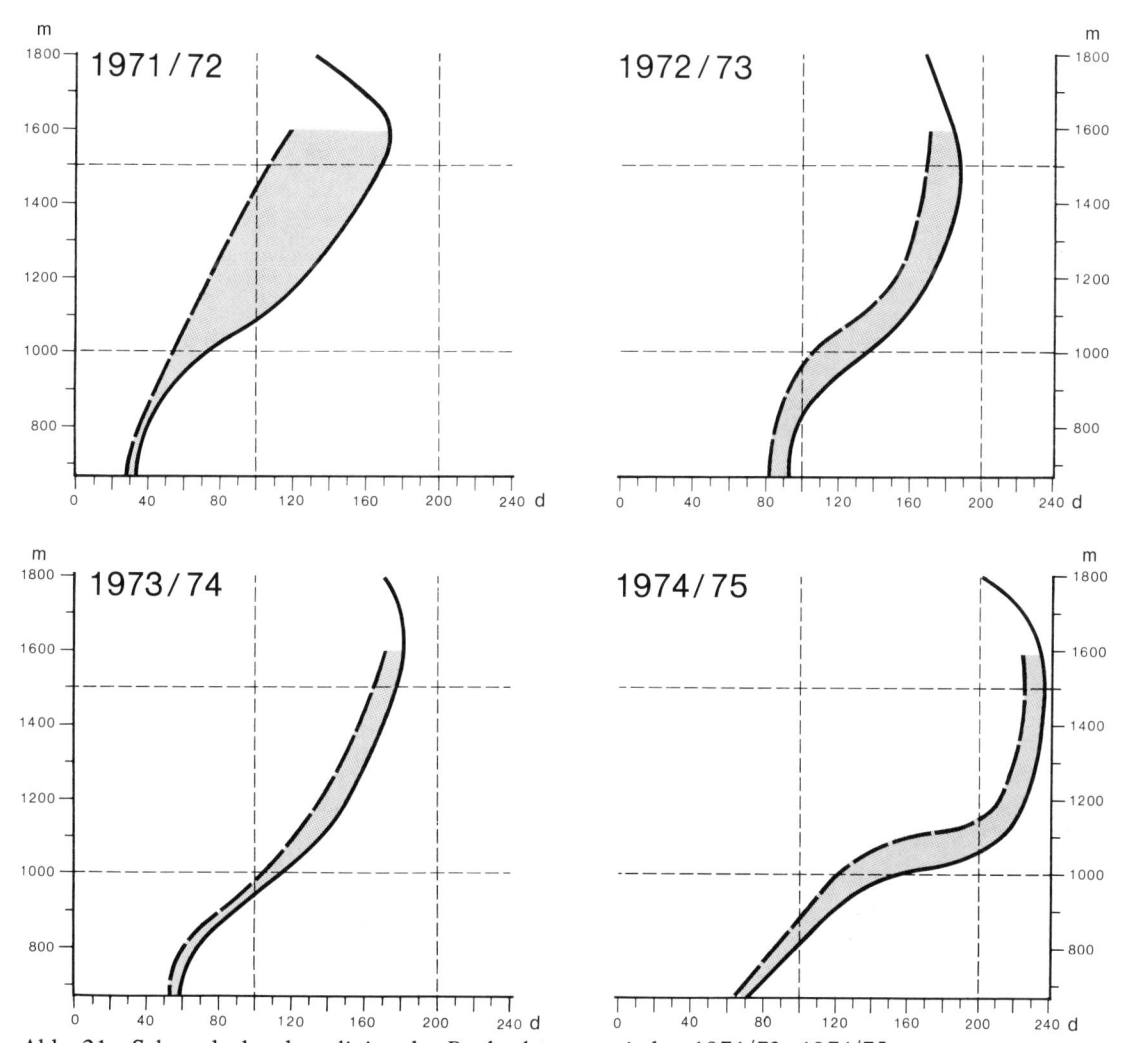

Abb. 21 Schneedeckendauerlinien der Beobachtungsperioden 1971/72–1974/75.
Freiland: durchgezogene Kurven
Wald: gerissene Kurven

Kürzeste Schneedeckendauer wird mit 170 Tagen im Winter 1971/72 verzeichnet, längste mit knapp 240 Tagen 1974/75, als in den Hochlagen ab Ende September eine geschlossene Schneedecke liegt. Spätestens Mitte der 3. Novemberdekade (1972) wird im ganzen Niederschlagsgebiet eine geschlossene Schneedecke angetroffen.

Im Laufe der Schneedeckenperioden apern Freiflächen bis durchschnittlich 1000 m, Wälder bis 1000–1100 m wiederholt aus. Diese Grenzsäume sind in südexponierten Lagen um etwa 100 m höher, in nordexponierten um 50 m tiefer anzusetzen. Die Ausaperungshäufigkeit wächst von mittleren gegen untere und von nord- nach südexponierten Lagen.

Die Hälfte der saisonalen Schneedeckentage wird im Freiland zwischen 910 m (1974/75) und 1040 m (1971/72), im Wald zwischen 950 m und 1060 m Höhe beobachtet. Im Mittel liegen die Zentralwerte der Schneedeckendauer nahe der mittleren Gebietshöhe von 1030 m.

Die Schneedeckendauer ist in mittleren Lagen im Wald um ca. 20, in höheren durchschnittlich um knapp 30 Tage kürzer anzusetzen als im Freiland.

Die Vorstellungen über das Verhältnis zwischen Schneedeckendauer im Freiland und in benachbarten Waldbeständen, über das auch aus Mitteleuropa widersprüchliche Angaben vorliegen, sind gegenwärtig physikalisch noch nicht ausreichend abgesichert.

So apern beispielsweise in deutschen Mittelgebirgslagen nach BRECHTEL (1970 b, 1971 a, 1971 b, 1972) Buchen- wie Fichtenbestände aller Altersklassen meist später aus als Freiflächen, von denen offensichtlich beträchtliche Schneemassen in die benachbarten Wälder verdriftet werden. Am Alpennordrand ist die Ausaperungsfolge nach den Beobachtungen von HERRMANN (1973 a, 1973 b, 1974 b) in der Regel umgekehrt.

HERRMANN (1974 a) zufolge bedarf es zur Klärung dieses Problems in erster Linie wiederholter Aufnahmen der kleinräumigen Differenzierung der Schneedecken ausgewählter Testflächen in Hektargröße, die bislang in der Literatur kaum Beachtung gefunden haben. So stehen gegenwärtig einer Vielzahl kleinmaßstäblicher regionaler bis kontinentdeckender Schneekarten (WILHELM 1975 a, S. 19–22, 106–114) nur wenige veröffentlichte Kartierungen im Großmaßstab gegenüber, die wie McKAY (1970) und HERRMANN (1974 a) auch unterschiedliche Schneedeckenverhältnisse in Frei- und Waldlagen berücksichtigen. Ihre Erklärung kann allerdings nur auf physikalischer Grundlage erfolgen. Hierzu liefern die Energiehaushaltsuntersuchungen auf dem Eibelsfleck (Kap. 5.3.2.2.) brauchbare Ansätze.

Der derzeitige Beobachtungsstand im Lainbachtal läßt sich folgendermaßen zusammenfassen:

Fichtenstangenholzbestände sind aufgrund ihrer hohen Überschirmungsdichte durch größte Interceptionsverluste gekennzeichnet (VOGT 1975). Bei Bestandsdichten von 3100–1800 Stämmen/ha, folglich vergleichsweise schlechter Durchlüftung, dadurch verminderter Zufuhr an fühlbarer Wärme sowie mäßigem direkten Strahlungseinfall werden unter sonst gleichen topographischen Bedingungen die Interceptionsverluste meist überkompensiert, so daß in diesen Beständen in der Regel größere Schneehöhen bzw. längere Schneedeckendauer als in Baum- und Althölzern mit 1200–400 Stämmen/ha anfallen.

Modifizierungen erfolgen in Hanglagen. Von ihnen fließen die über den Schneedecken stehenden Kaltluftseen ab und können durch wasserdampfgesättigte wärmere Luftmassen ersetzt werden.

Lokal sind gelegentlich Abweichungen vom Regelfall längster Schneedeckendauer im Freiland zu beobachten, der trotz höherer Einstrahlungswerte und Zufuhr von fühlbarer Wärme (Kap. 5.3.2.2.) als im benachbarten Wald aufgrund primär größerer Mächtigkeiten und höherer nächtlicher Strahlungsemission der Freilandschneedecken gilt.

So war im Zuge von Testmessungen auf der Kohlstatt (T_1 in Abb. 6) in einem Fichtenstangenholz bei gleicher Ausgangsschneehöhe von 50 cm Ende der Frühjahrsablation um 8 Tage längere Schneedeckendauer als auf der benachbarten, ebenfalls horizontalen Freilandfläche zu verzeichnen. Sie wurde mit einem permanenten Kaltluftsee in diesem Bestand erklärt (HERRMANN 1974 a), während gleichzeitig die Freilandschneedecke unter hohen Strahlungsgewinnen rasch abgebaut wurde.

Während der Frühjahrsschneeschmelze 1975 fiel auf dem Eibelsfleck die Schneedeckendauer im Fichtenstangenholz (T_5) um 2 Tage länger aus als im benachbarten Freiland (T_4). Die zugehörigen Energiehaushaltswerte werden in Kap. 5.3.2.2. diskutiert.

Diese wenigen Detailangaben unterstreichen die mikroklimatische Differenzierung dieses Niederschlagsgebiets, damit den Durchschnittscharakter der Schneedeckendauerlinien in Abb. 21.

3.2.2. Wasserrücklagen in der Schneedecke

Im folgenden werden Wasservorratsentwicklungen in den Winterschneedecken und Zeitverhältnisse von Schneedeckenaufbau zu -abbau charakterisiert, ferner zeitliche Gliederungen der Schneedeckenperioden und Beurteilungen der ‚Normalitäten' der Schneeverhältnisse 1971/72–1974/75 vorgenommen.

Zeitpunkt und Höhe der gemessenen Maximalrücklagen beschreiben eindrucksvoll die Variabilität der in Schneedecken gebundenen Wasservorräte (Abb. 22). Danach stehen $5,54 \cdot 10^6$ m^3 Wasser, entsprechend knapp 300 mm Wassersäule im schneereichsten Winter (1972/73) nur $0,92 \cdot 10^6$ m^3 oder knapp 50 mm im schneeärmsten (1971/72) gegenüber. Der Zeitpunkt der Maximalspeicherung, mit deren Erreichen der Schneedeckenaufbau abgeschlossen ist, variiert infolge des unter Föhneinfluß sehr frühzeitig einsetzenden Schneedeckenabbaus im Frühjahr 1974 innerhalb eines ausgedehnten 6wöchigen Intervalls zwischen Anfang März und Mitte April.

Bemerkenswert erscheinen mögliche Zeitdifferenzen zwischen maximalen Gebietsschneehöhen und Schneerücklagen von bis zu 4 Wochen. So wird 1972/73 die größte Gebietsschneehöhe mit 112 cm bereits Ende der 2. Märzdekade (Abb. 22 u. 44), die maximale Gebietswasserrücklage aber erst Mitte April gemessen. Inzwischen ist die mittlere Schneehöhe infolge Schneedeckensetzung, die auch durch neuerlichen Neuschneezuwachs nicht kompensiert werden kann, wieder um 11 cm niedriger.

Solche Differenzen wurden schon im Hirschbachtal bei Lenggries beobachtet (HERRMANN 1973 a). Ihnen kommt praktische Bedeutung zu, wenn es darum geht, Meßtermine zur Erfassung der tatsächlichen maximalen saisonalen Wasserrücklagen in Gebietsschneedecken festzulegen.

Das Verhältnis von Auf- zu Abbauperiode der Wasservorräte streut von 1:1 (1973/74) über 4:1 (1972/73, 1974/75), das 1970/71 auch im Hirschbachtal ausgemacht wurde (HERRMANN 1973 a), bis zu 10:1 (1971/72). Die Erfahrung mit 1971/72 unterstreicht, daß bei durchweg dünner Schneelage ein einziger Schneefall von 30–40 mm Ergiebigkeit ausreicht, um beispielsweise ein Verhältnis von 1:1 herzustellen.

Nach bisheriger Kenntnis dürfte in diesen randalpinen Tallagen ein mittleres Zeitverhältnis um 3:1 von Beginn einer geschlossenen Schneebedeckung höherer Freilagen bis zu deren Ausapern im folgenden Frühjahr bestehen.

Abb. 22 beschreibt außerdem die Variabilität der durchschnittlichen Gebietsspeicherhöhen. Die größte Differenz erreicht immerhin $2,87 \cdot 10^6$ m$^3 \triangleq$ 177 mm. Anders ausgedrückt: 1971/72 wird nur knapp 1/7 der Wasservorräte der folgenden Schneedeckenperiode in einer Schneedecke gespeichert.

Hinter derartigen Mittelwerten verbergen sich beträchtliche räumlich-zeitliche Rücklagendifferenzierungen. Sie besagen u. a., daß die Relationen der saisonalen Gebietsdurchschnitte (Abb. 22) durchaus nicht mit denjenigen der Schneevorräte einzelner Höhenstufen identisch sind.

So stimmen Abb. 23 zufolge beispielsweise 1972/73 und 1974/75 die Rücklagenhöhen in höheren bis Gipfellagen (1100–1800 m) im Mittel der Akkumulationsperioden nahezu überein. Im einzelnen weichen sie allerdings erheblich voneinander ab. So reicht das maximale Speichervolumen im April 1975 nur aufgrund einer soliden frühwinterlichen Schneedeckengrundlage, die Weihnachten 1974 um $1,1 \cdot 10^6$ m$^3 \triangleq$ 154 mm höher ausfällt als 1972 und bis zum schneefallreichen April nur mäßige Wasserverluste erfährt, annähernd an dasjenige von April 1973 heran.

Demgegenüber erfolgt der Schneedeckenaufbau 1972/73 ab Mitte Januar vergleichsweise kontinuierlich.

Andererseits übertrifft das Speichervolumen der Hoch- und Gipfellagen 1974/75 bis in den März hinein dasjenige der Akkumulationsperiode 1972/73 ständig, anfangs um bis zu $0,42 \cdot 10^6$ m$^3 \triangleq$ 300 mm.

Diesen Beispielen zufolge variieren die Gebietsspeicherhöhen nicht zuletzt unter Einfluß äußerst diskontinuierlicher Entwicklungen der witterungsanfälligen dünnen Schneedecken unterer und mittlerer Lagen, die ca. 60 % der Gesamtfläche einnehmen und im Laufe der Schneedeckenperioden mehrfach ausapern (Kap. 3.2.1.; Abb. 51).

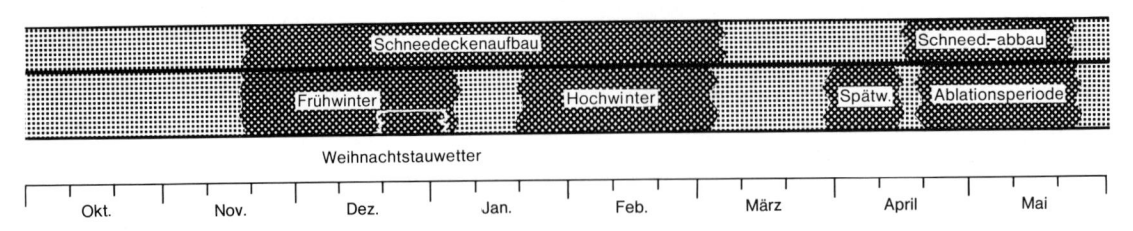

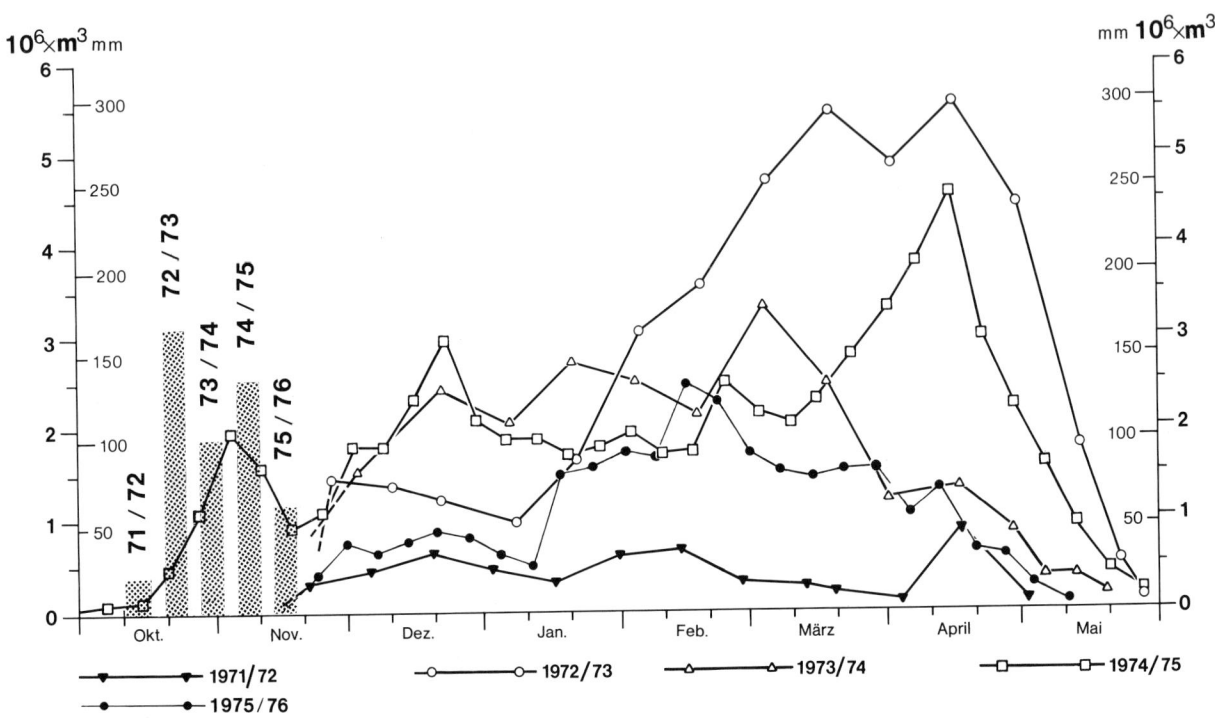

Abb. 22 Zeitliche Gliederung der winterlichen Schneedeckenperioden. Entwicklungen der in den Gebietsschneedecken gebundenen Wasserrücklagen mit Durchschnittswerten der Schneedeckenperioden (25. November–10. Mai).

Grundlage: Schneemessungen in 14tägigen, ab 1974/75 in wöchentlichen Abständen

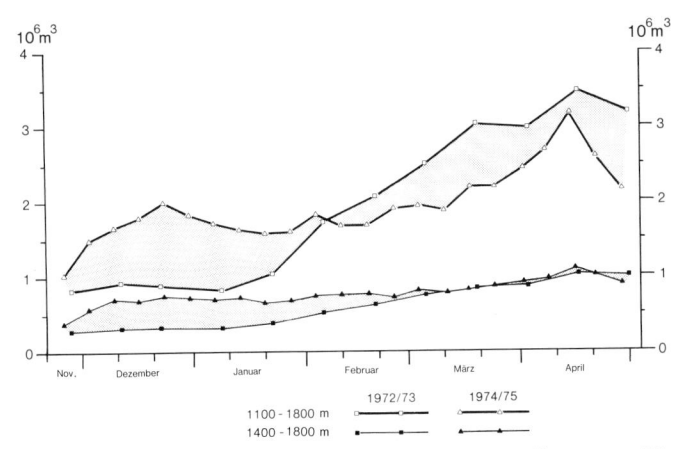

Abb. 23 Wasservorratsentwicklung in den Schneedecken höherer Tallagen im ‚Normalwinter' 1972/73 und 1974/75.

Der Abbau der winterlichen Schneevorräte gestaltet sich weniger variabel als ihr Aufbau. Denn er erfolgt unabhängig von Zeitverhältnissen zwischen Akkumulations- und Ablationsperioden, Speichervolumina und Ablationsraten zumindest ab mittleren Tallagen regelmäßig gemäß dem in Abb. 49 dargestellten Abbaumuster.

Unter Berücksichtigung der Witterungsverhältnisse und der Oberflächenabflüsse lassen sich die Schneedeckenperioden in mehrere Zeitabschnitte unterteilen, die von anderen Gliederungspraktiken abweichen.

So wird beispielsweise die Schneedeckenentwicklung in den Schweizeralpen durch das Eidgenössische Institut für Schnee- und Lawinenforschung (Eidg. Inst. SLF 1949ff) dreigeteilt:

Die frühwinterliche Phase ist durch Einschneien und Fundamentbildung gekennzeichnet. Diese Basisschichten erfahren im folgenden Hochwinter die stärkste Umkristallisation.

Unter Hochwinter wird die Periode des eigentlichen Schneedeckenaufbaus und der Schneekonservierung verstanden.

Mit Beginn der Schmelzprozesse setzt der Spätwinter ein, dem der Schneedeckenabbau bis zum Ausapern zugeschlagen wird.

Da hier nicht die Konsistenz von Schneedecken, sondern ihre hydrologische Wertigkeit im Vordergrund steht, d. h. auch die in jedem Wintermonat auftretenden Schmelzprozesse berücksichtigt werden müssen, wird nach folgender Zeiteinteilung mit fließenden Zeitgrenzen verfahren (vgl. Abb. 22):

1. Frühwinter

Der Frühwinter rechnet vom Beginn des Einschneiens höherer Lagen bis zu einem um die Monatswende Dezember/Januar auftretenden Schneevorratsminimum als Folge des sog. Weihnachtstauwetters. Dieses wurde seit 1970/71 regelmäßig beobachtet und setzt in der Regel im Laufe der 3. Dezemberdekade ein.

Hohe Abschmelzraten und/oder meist bis in höhere Lagen hinaufreichende Regenfälle bewirken die charakteristischen frühwinterlichen Schwankungen der Oberflächenabflüsse.

2. Hochwinter

Frostige Witterung, die bei entsprechender dünner Schneelage Schmelzverluste kurzfristig unterbindet, und neuerliche Schneefälle leiten meist in der 1. Januarhälfte den hochwinterlichen Schneedeckenaufbau ein, in dessen Verlauf sich in den Gerinnen die winterlichen Grundabflüsse einstellen.

3. Spätwinter

Wachsende Tageserwärmung, Abnahme der Nachtfröste und häufig wieder bis in höhere Lagen reichende Regenfälle markieren den Spätwinterbeginn. Der Schneedeckenaufbau wird erst im Spätwinter abgeschlossen. Infolge unbeständiger Witterung treten wieder bedeutende Schwankungen im Oberflächenabfluß mit ersten Ansätzen von Schmelzwasserhydrographs auf.

4. Ablationsperiode i.e.S. (Frühjahrsablation)

Den Zeitraum des Schneedeckenabbaus, aufgrund nahezu permanenter winterlicher Schmelzwasserproduktionen auch Ablationsperiode i. e. S. oder Frühjahrsablation genannt, kennzeichnen gesteigerte Setzung, Homogenisierung und Schmelzwasserverluste der Schneedecken bei Tagesmitteltemperaturen über dem Gefrierpunkt und Regenfällen, die bereits in der 2. Aprilhälfte wiederholt die Gipfellagen erreichen. Die Oberflächenabflüsse weisen typische Schneeschmelzganglinien aus, die unter Regeneinfluß modifiziert werden.

Eine Beurteilung der ‚Normalität' der Schneeverhältnisse 1971/72–1974/75 im Lainbachtal kann nur aufgrund der Erfahrungen benachbarter Klimahauptstationen des Deutschen Wetterdienstes erfolgen. Denn auch die jüngsten Karten der Schneehöhen im bayerischen Alpenraum (HERB 1973), die nach Daten von immerhin 54 Meßstationen des Amtlichen Bayerischen Lawinenwarndienstes und des Deutschen Wetterdienstes erstellt wurden, bieten abgesehen vom zu kurzen Bezugszeitraum von nur 5 Jahren keine Bemessungsgrundlage. Nach Beobachtungen in Bad Tölz (654 m), auf dem Hohenpeißenberg (977 m) und dem Wendelstein (1832 m) verhielten sich witterungsklimatologische Parameter und die Schneedeckengrößen Höhe, Dauer und Entwicklung im Winter 1972/73, der bereits bei HERRMANN (1974b) näher ausgeführt wurde, mit Einschränkungen ‚normal' zum langjährigen Mittel, etwa vergleichbar 1967/68.

Während im November 1972 mit ca. 200 % noch überdurchschnittliche Niederschlagsmengen mit annähernd normalem Schneeanteil fallen, Lufttemperatur und Sonnenscheindauer etwa dem langjährigen Mittel entsprechen, werden im Dezember und Januar 1973 stark unternormale Niederschläge (15–75 %), bis 4,5 °C zu hohe Lufttemperaturen, die sich erst im Laufe des Januars dem Mittel nähern, und bis 200 % der Sonnenscheindauer vermerkt. Folglich dürften die frühwinterlichen Schneerücklagen im Lainbachtal längstens bis Ende der 2. Dezemberdekade nahe dem Mittel einzuordnen sein.

Demgegenüber fallen hochwinterlicher Witterungsverlauf und Schneelage zwischen Mitte Januar und Mitte März annähernd normal aus. Überdurchschnittlich späte Frühjahrsschneefälle, die noch in der 3. Aprildekade eine bis ins Tal hinabreichende geschlossene Schneedecke erzeugen, bewirken bei zu tiefen Temperaturen und zu geringer Sonnenscheindauer allerdings eine vom Mittel abweichende Verlängerung dieser Schneedeckenperiode.

Gemessen am ‚Normalwinter' 1972/73 ist der Winter 1971/72 bei selteneren ergiebigen Schneefällen, höheren Mitteltemperaturen, häufigeren Föhnvorgängen, folglich dünnerer Schneelage, die weite Gebietsteile mehrfach ausapern läßt, als extrem' schneearmer ‚Minimalwinter' einzustufen.

Diese Wertungen entsprechen denjenigen von HERB (1973) und FROHNHOLZER (1975).

Die Schneedeckenperioden 1971/72, 1972/73 und 1974/75 erfahren ungewöhnliche Verlängerungen durch ergiebige spätwinterliche Schneefälle um Mitte April, während der Schneedeckenabbau im Frühjahr 1974 etwas verfrüht einsetzt und durch Föhneinfluß zumindest bis in höhere Tallagen zu rasch fortschreitet. 1974/75 dürfte aufgrund des frühen Wintereinbruchs Ende September nur hinsichtlich der mittleren Schneelage, 1973/74 bei insgesamt mäßiger Schneelage lediglich bezüglich des zeitlichen Ablaufs mehr oder weniger nahe dem Mittel anzusetzen sein.

3.3. Oberflächenabfluß

Der Lainbach ist ein typischer Wildbach, den u. a. ruckhafte Wasserführung mit schießenden Abflüssen (WILHELM 1972, S. 70) — es wurden mehrfach sprunghafte Wasserstandserhöhungen bis zu 80 cm innerhalb 5 min beobachtet —, periodische Überschüttungen der Talsohle mit Geschieben (WUNDT 1953, S. 27) und die für alpine Nebentäler charakteristische schwebstoffreiche Hochwasserführung mit bis zu 25 g l^{-1} bei Starkregen- oder Schneeschmelz- + Regenabflüssen auszeichnen.

Der Lainbach ist ab Höhe Sölneralm (Abb. 2) mit massiven Querwerken, an die sich Tosbecken anschließen, verbaut. Trotz der bis in die Anfänge dieses Jahrhunderts zurückreichenden wasserbaulichen Eingriffe in die Wildbachgebiete der Bayerischen Alpen liegen bis heute kaum wissenschaftlich aufbereitete quantitative Vorstellungen über deren Abflußverhalten vor. Dies ist umso bedauerlicher, als nach dem Pegelverzeichnis des Deutschen Gewässerkundlichen Jahrbuchs 1973 im Abflußjahr 1969 von den 153 im bayerischen Donaugebiet betriebenen registrierenden Pegeln immerhin 16 Niederschlagsgebiete < 50 km² erfassen. Davon entfallen 13 auf die Alpenregion. 6–7 dieser Gerinne haben Wildbachcharakter.

Pegeleichungen sind an Wildbächen erfahrungsgemäß besonders problemreich. Es ist daher nicht auszuschließen, daß die höchsten unten genannten Abflußmengen des Lainbachs nach weiteren Erfahrungen geringfügig nach oben oder unten zu korrigieren sind.

So können Meßflügel nur bis 25–30 cm Wasserstand eingesetzt werden. Bei höheren, vor allem wachsenden Wasserständen werden sie durch Geschiebetrieb, Äste oder sogar Baumstämme unweigerlich beschädigt. Außerdem kann das Gerinne nicht mehr gefahrlos betreten werden, so daß nun nach der Verdünnungsmethode verfahren wird (COLLINGE & SIMPSON 1964).

Während anfangs $CaCl_2$ und einige fluoreszierende Farbstoffe wie Uranin, Fluoreszin und Rhodamin (WILSON 1968) durch momentane Impfungen, die quasistationäres Verhalten des Fließgewässers voraussetzen und bei jeder Injektion immer nur das Durchflußäquivalent eines einzigen Wasserstands liefern, erfolgreich getestet wurden, wird ab 1974 kontinuierlich geimpft (CHURCH & KELLERHALS 1970).

Der Vorteil dieses Verfahrens liegt bekanntlich in seiner Anwendbarkeit bei instationären Abflußverhältnissen. Folglich können im Verlauf eines Impfdurchgangs mehrere Pegelstände geeicht werden.

Als Tracer wird der fluoreszierende Farbstoff Rhodamin B eingesetzt, der die durch eine Mariott'sche Flasche gesteuerte konstante Impfrate bei ausreichender Eingabekonzentration garantiert. Ab 1977 wird dazu eine Dosierpumpe verwendet.

Nachteile dieses Verfahrens liegen in bislang unzureichend erforschter Traceradsorption durch Schwebstoffe, so daß Fluorometeranalysen schwebstoffreicher Hochwässer möglicherweise zu hohe Durchflußäquivalente vortäuschen. Leider sind die weniger adsorptionsfähigen Sulforhodamine bzw. Rhodamin WT aus mehreren Gründen bisher nicht verwendbar. Weitere, weniger gravierende Fehlerquellen, die dieses Eichverfahren beinhaltet, sowie geeignete radioaktive Markierungsstoffe nennt BEHRENS (1971)*.

Die winterlichen Abflußganglinien des Lainbachs 1971/72–1974/75 sind in Abb. 24, die wichtigsten Abflußhauptzahlen in Tab. 5 und Tab. 6 aufgeführt.

---

* Herrn Dipl.-Ing. H. Behrens, Institut für Radiohydrometrie der Gesellschaft für Strahlen- und Umweltforschung mbH, München, sei an dieser Stelle für seine geduldige Einführung in die Tracermeßmethoden, die freundliche Bereitstellung von Meßgeräten und seine Auskunfts- und Diskussionsbereitschaft herzlich gedankt.

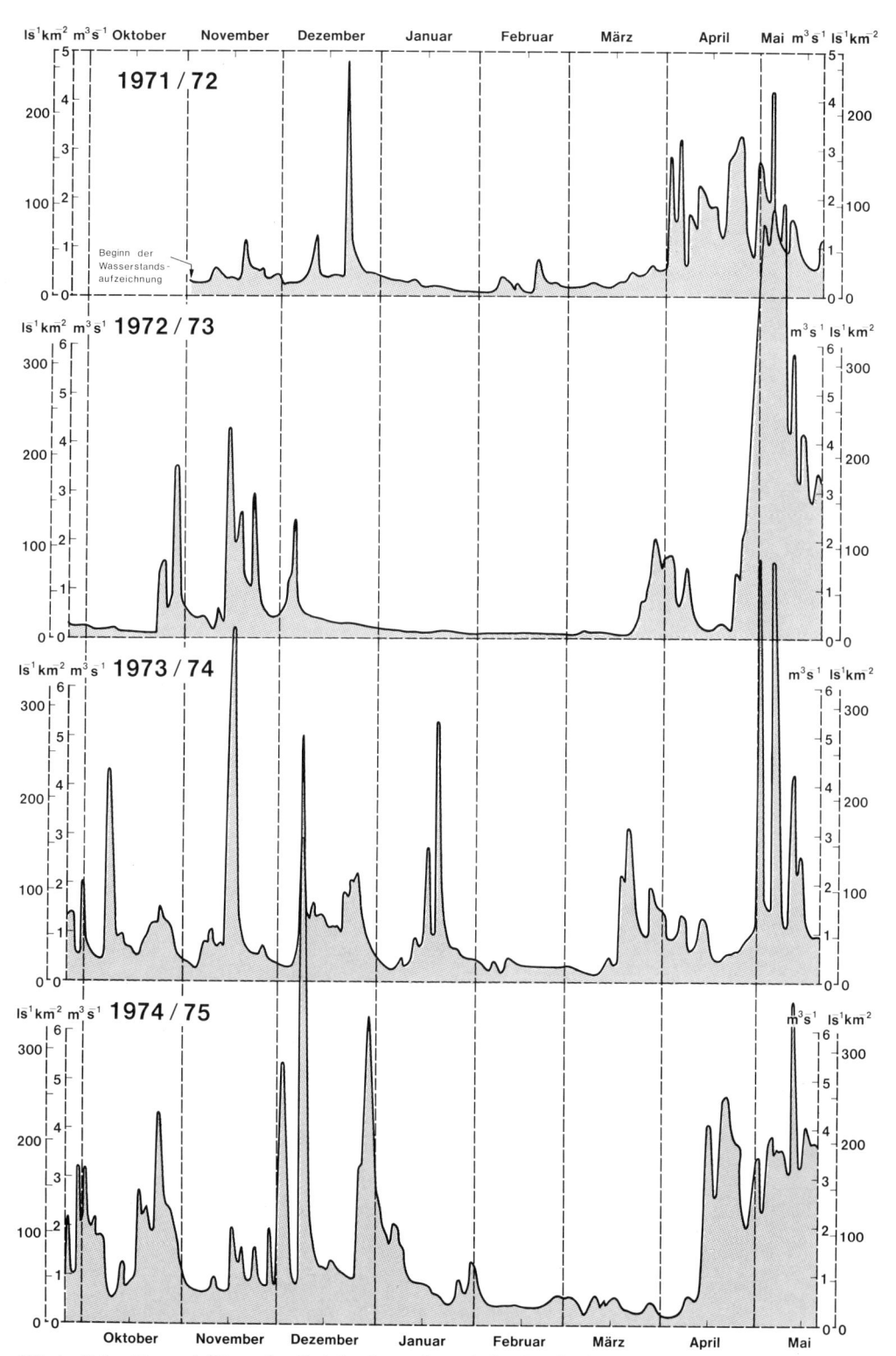

Abb. 24 Winterliche Tagesabflüsse des Lainbachs während der Beobachtungszeiträume 1971/72–1974/75.

Die Lainbachabflüsse lassen einige regelmäßige Schwankungen erkennen, deren Spannbreiten und Zeitpunkte allerdings beträchtlich variieren.

Frühwinterlichen, unter Regeneinfluß bis Ende Januar erhöhten Abflüssen folgt allmähliches Absinken auf die winterlichen Grundabflüsse, deren Andauer zwischen einer (1975) und 8 Wochen (1973) schwankt.

53

Diese Niedrigwasserzeiträume werden zwischen Mitte März und Mitte April durch sprunghafte Abflußanstiege beendet. Die Ganglinien der folgenden als Frühjahrshochwässer bezeichneten Abflüsse lassen zwei Typen erkennen:

1. Isolierte, von vorangehenden winterlichen Grundabflüssen bzw. nachfolgenden kräftigen Regen- + Schmelzabflüssen begrenzte Abflußgipfel mit breiter Basis kennzeichnen Schmelzabflüsse ohne nennenswerten Regeneinfluß. Diese Situation liegt am ausgeprägtesten ab der 3. Märzdekade bis Mitte April 1973, aber auch noch in der 2. Märzhälfte bis Mitte April 1974 vor.
2. Bei frühzeitig einsetzenden Frühjahrsregen fließen Schneeschmelz- zusammen mit Regenwässern en bloc aus, besonders eindrucksvoll im Frühjahr 1975, andeutungsweise auch 1972.

Solchen längerfristige Schwankungen beschreibenden Ganglinien sind in regelloser Folge und Höhe Abflußspitzen aufgesetzt, die fast ausnahmslos auf Regenfälle zurückgehen. So sind selbst in der 2. Januarhälfte (1974) noch Tagesabflüsse bis zu $283 \text{ l s}^{-1} \text{ km}^{-2} \triangleq 5{,}28 \text{ m}^3 \text{ s}^{-1}$ möglich. Sie nehmen sich allerdings gegenüber den durch Frühjahrshochwässer erzeugten längerfristig höchsten Durchschnittswerten von $428 \text{ l s}^{-1} \text{ km}^{-2} \triangleq 8{,}0 \text{ m}^3 \text{ s}^{-1}$ relativ bescheiden aus. Doch immerhin fällt die bislang markanteste Abflußspitze, die durch ergiebige Regenfälle in eine oberhalb 950 m geschlossene Schneedecke ausgelöst wird, sogar auf Mitte der 1. Dezemberdekade (1974). Ihr entspricht der außergewöhnlich hohe winterliche Tagesabfluß von $610 \text{ l s}^{-1} \text{ km}^{-2} \triangleq 11{,}4 \text{ m}^3 \text{ s}^{-1}$.

Charakteristischste regelhafte Abflußschwankungen liegen in den Tagesgängen der Schneeschmelzabflüsse vor, auf die in Kap. 6.2.1. gesondert eingegangen wird.

Die Abflußhäufigkeiten sind Abb. 25 zu entnehmen. Die Abflußdauerlinien lassen beachtliche Divergenzen im Bereich mittlerer bis höherer Abflüsse erkennen. Sie konvergieren gegen Niedrigst- und Hochwässer, abgesehen von HQ.

Die Abflußdauerlinien des Lainbachs stimmen den Angaben in den Hydrologischen Jahrbüchern zufolge in ihrem Verlauf recht gut mit denjenigen ähnlich großer und ausgestatteter Gebiete überein, so z. B. mit denen der ob. Rottach (Niederschlagsgebiet $F_N = 27 \text{ km}^2$). Sie unterscheiden sich erwartungsgemäß von denjenigen größerer Einzugsgebiete in dieser Region wie des der Loisach oberhalb Eschenlohe ($F_N = 467 \text{ km}^2$) oder der Weißen Traun oberhalb Siegsdorf ($F_N = 183 \text{ km}^2$) durch ihre ausgeprägten kurzen Steilanstiege im Bereich höherer Wasserstände, d. h. durch vergleichsweise geringe Abflußdaueranteile größer MQ.

Die Zeitspanne zwischen ZQ und MQ fällt bei diesen kleinen randalpinen Einzugsgebieten entsprechend hoch aus. Sie beträgt beim Lainbach wenigstens 37 Tage. Die wenig variable Überschreitungsdauer von MQ (Tab. 6) ist mit durchschnittlich 48,5 Tagen oder etwas mehr als 1/4 der Zeit entsprechend kurz.

Mq differiert bei $34 \text{ l s}^{-1} \text{ km}^{-2}$ (MQ: $0{,}63 \text{ m}^3 \text{ s}^{-1}$) im niederschlagsarmen Beobachtungszeitraum 1971/72 gegenüber $69{,}5 \text{ l s}^{-1} \text{ km}^{-2}$ ($1{,}3 \text{ m}^3 \text{ s}^{-1}$) im regenreichen und schneegünstigeren Winterhalbjahr 1974/75 bis zu 100 % (Tab. 5). Extreme Schwankungen der mittleren Monatsabflüsse fallen in die Monate Dezember und Januar, kleinste relative in den April, kleinste absolute von immerhin noch $19 \text{ l s}^{-1} \text{ km}^{-2}$ ($0{,}36 \text{ m}^3 \text{ s}^{-1}$) nicht unerwartet in den Hochwintermonat Februar.

Tab. 5 Mittlere winterliche Monatsabflüsse des Lainbachs im Zeitraum 1971/72–1974/75.

	Oktober		November		Dezember		Januar		Februar		März		April		Mai*	
	MQ	Mq	MQ	Mq	MQ	Mq	MQ	Mq	MQ	Mq	MQ	Mq	MQ	Mq	MQ	Mq
1971/72	–	–	.42	22.5	.68	36.5	.21	11	.23	12.5	.33	17.5	1.905	102	1.55	83
1972/73	.56	30	1.25	67	.49	26	.135	7	.11	6	.46	24.5	1.385	74	6.51	349
1973/74	1.05	56	1.23	66	1.21	65	.895	48	.32	17	1.01	54	.885	47.5	3.51	188
1974/75	1.83	98	.96	51.5	2.73	146	1.125	60.5	.47	25	.41	22	2.11	113	3.635	195
1971/72–1974/75	–	–	.965	51.8	1.27	68.5	.59	31.5	.28	15	.555	29.5	1.57	84	3.80	204

*1.–15. Mai

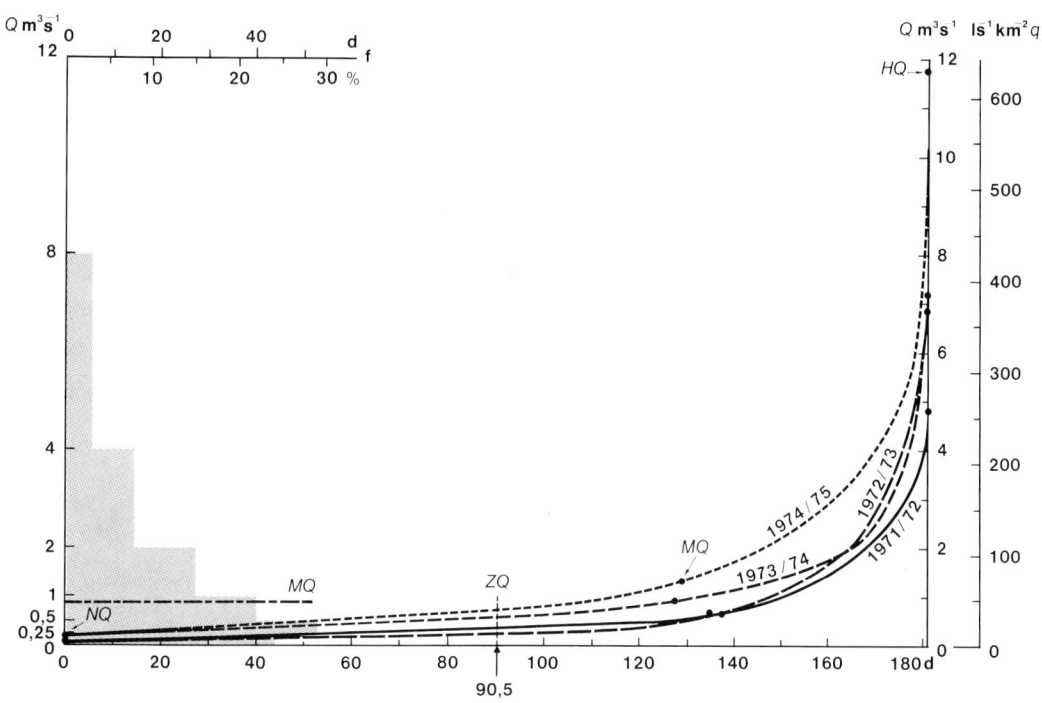

Abb. 25 Abflußdauerlinien und -hauptzahlen des Lainbachs in den Beobachtungszeiträumen 1. November–30. April 1971/72–1974/75 mit mittlerer Häufigkeitsverteilung der Abflüsse.

Der Februar ist durchschnittlich der abflußärmste Monat. In den rangnächsten Monaten Januar und März fließt bereits doppelt soviel ab. Gerade diese hochwinterlichen Grenzmonate (Abb. 22) verdeutlichen die hohe witterungsbedingte Variabilität des mittleren Abflußgangs, der durch Ereignisse wie späte ergiebige Regenfälle (Januar 1975) oder permanente Föhntätigkeiten, die bereits im März (1974) starken Schmelzwasseranfall erzeugen können, bemerkenswert hohe Durchschnittswerte erreicht.

Abflußreichster Wintermonat ist in der Regel der April. Niedrigste winterliche mittlere Monatsspenden verhalten sich zu den jeweiligen mittleren Aprilspenden wie 1 : 3 (1974) bis 1 : 12 (1973). Die Spende der 2. Aprilhälfte ist jedoch durchschnittlich immer noch halb so groß wie diejenige der regenreichen 1. Maihälfte.

Die mittleren winterlichen Abflußspenden des Lainbachgebiets liegen um einen Faktor 2–4 über den von WUNDT (1958) für die Abflußjahre 1921–1950 berechneten. Die Differenzen dürften auf die durch geringe Meßstellendichte bedingte kleinmaßstäbliche Darstellung bei Wundt zurückzuführen sein. Unabhängig davon erscheinen Überprüfungen der Wundt'schen Werte bei regionalen, zwingender noch bei lokalen wasserwirtschaftlichen Fragestellungen empfehlenswert. Denn selbst nach dem trockenen Herbst 1971, dem ein extrem niederschlagsarmer Winter folgt, in dem an den umliegenden Stationen des Deutschen Wetterdienstes meist weniger als 50 % des langjährigen Niederschlagsmittels beobachtet wird, fällt das winterliche Mq des Lainbachs noch doppelt so hoch aus.

Die Niedrigwasserspenden des Lainbachs schwanken zwischen 3,7 l s^{-1} km^{-2} (0,07 m^3 s^{-1}) im Winter 1971/72 und 10,5 l s^{-1} km^{-2} in der regenreichen Beobachtungsperiode 1974/75. Das derzeitige NNq von 3,7 l s^{-1} km^{-2} wird lediglich an 2 Tagen Mitte Februar 1972, das dauerhafteste von 4,8 l s^{-1} km^{-2} in der gesamten 2. Märzdekade 1973 registriert.

Die mittleren Niedrigwasserspenden des Lainbachs dürften letztlich tiefer ausfallen als die von WUNDT (1960) für einige alpine Flußoberläufe, darunter Iller, Isar und Traun gefundenen MNq um 10 l s^{-1} km^{-2}, deren NNq 5 l s^{-1} km^{-2} nicht oder nur knapp unterschreiten.

Diese Tatsache ist in erster Linie darauf zurückzuführen, daß dem Lainbachgebiet ein ausgedehnter Grundwasserleiter wie in den glazial übertieften, mit Pleistozänschottern aufgefüllten Talböden der den Wundt'schen Berechnungen zugrundeliegenden größeren alpinen Haupttäler fehlt. So ist bei entsprechendem Witterungsverlauf ein Absinken der Niedrigstspenden des Lainbachs unter 3–2 l s^{-1} km^{-2} durchaus denkbar.

Diese Spenden entsprechen den winterlichen Abflußminima einiger zu mehr als 50 % vergletscherter alpiner Einzugsgebiete, die etwa aus den Schweizeralpen u. a. von HESS (1906), LÜTSCHG (1950) und LANG (1971), aus den Österreichischen Alpen z. B. von LANSER (1959), RUDOLPH (1962) und LANG (1966) berichtet werden.

Die winterlichen Höchstabflüsse des Lainbachs weisen angesichts der extremen Tagesspenden von 610 l s^{-1} km^{-2} (*HQ:* 11,4 m^3 s^{-1}) (1974/75) und nur 259 l s^{-1} km^{-2} (4,8 m^3 s^{-1}) (1971/72) beachtliche Schwankungsbreiten aus. Immerhin liegen die gleichfalls unter Regenwirkung erzeugten maximalen Tagesspenden der Winterhalbjahre 1972/73 und 1973/74 mit 368 bzw. 386 l s^{-1} km^{-2} eng beieinander.

Der durch Schmelzwässer allein erzeugte höchste Tagesabfluß erreicht dagegen nur 168 l s^{-1} km^{-2} und wird in der 2. Märzhälfte 1974 beobachtet.

Tab. 6   Abflußhauptzahlen des Lainbachs in den Zeiträumen 1. November–30. April mit Überschreitungsdauer von *MQ*.

	NQ	Nq	MQ	Mq	HQ	Hq	Überschreitung von MQ d	%
1971/72	.07	3.7	.63	34	4.825	259	46	25.5
1972/73	.09	4.8	.64	34.5	6.865	358	43	23.8
1973/74	.165	8.8	.925	49.5	7.20	386	53.5	29.5
1974/75	.195	10.5	1.30	69.5	11.375	609	51.5	28.5
1971/72–1974/75	.13	7.0	.875	47	7.565	405.5	48.5	26.8

Lediglich die durch ergiebige Regenfälle in eine 0°-isotherme, ab mittleren Lagen geschlossene Schneedecke erzeugte maximale Tagesspende von 610 l s^{-1} km^{-2} reicht an die Obergrenze reiner Gletschereisschmelzabflüsse heran, die nach LANG (1974) für einen mittelgroßen alpinen Talgletscher oberhalb 2200 m bei etwa 640 l s^{-1} km^{-2} anzusetzen ist.

Erst unter Zugrundelegung kleinerer Abflußflächen verschieben sich die Relationen etwas zugunsten unserer randalpinen Tallage: bis zu 445 l s^{-1} km^{-2} reine Schmelzwässer von der 1,5 km^2 großen Freilandschneedecke zwischen 900–1200 m (HERRMANN 1975a) gegenüber 1100 l s^{-1} km^{-2} von aperen Gletscherzungen (LANG 1974).

Schon diese wenigen Zeitreihen dürften die Größenordnung abstecken, in der winterliche Hochwasserabflüsse am häufigsten zu erwarten sind. Sie bestätigen die von MARTINEC (1972b) für höhere alpine Lagen getroffene, durch Ergebnisse von AMBACH (1972) untermauerte und von HERRMANN (1975a) auch auf untere alpine Lagen ausgedehnte Ansicht, daß kritische Hochwasserführungen nicht durch Schneeschmelze allein, sondern nur durch Zusammenwirken von Schmelz- und Regenabflüssen zu erwarten sind, und dann auch nur unter bestimmten Voraussetzungen (Kap. 6.3.).

Weitere Informationen über das winterliche Abflußverhalten des Lainbachs gibt Kap. 6.

4. Schneedeckenprofile

4.1. Profilparameter

Entsprechend den von der International Commission of Snow and Ice (ICSI) vorgeschlagenen vereinheitlichten Aufnahmepraktiken (UNESCO/IASH/WMO 1970) werden an den Schneedecken Schicht-, Temperatur- und Rammprofile aufgenommen. Dabei werden folgende Parameter angesprochen (Aufnahmegeräte vgl. Kap. 2.2.):

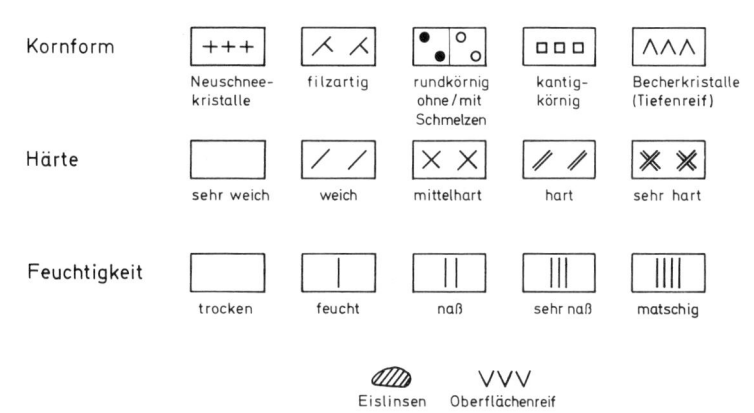

Abb. 26   Signaturen für Schneeschichtprofile.
(nach UNESCO/IASH/WMO 1970)

1. Schichtprofil (Signaturengebung s. Abb. 26)

   a. Schichtmächtigkeit (cm)

   b. Schichtdichte (g cm^{-3})

   Hierzu wird i. U. zu den Praktiken der Lawinenwarndienste jeweils die gesamte Schichthöhe mit dem Schneestechzylinder vertikal abgestochen.

   c. Schichtwasseräquivalent (mm)

   d. Kornform

   Die Klassifikation reicht von Neuschneekristallen über Schneefilz, feine runde Schneekörner (0,5–1,5 mm ϕ) der abbauenden, kantige, facettierte grobkristalline Körner (1,5–3 mm) der aufbauenden Metamorphose bis zu Becherkristallen des Tiefenreifs (Schwimmschnee; 2–4 mm). Ferner werden Oberflächenreif und Eislagen ausgeschieden, die als ehemalige Harschoberflächen durchgehende Eishorizonte, als in unterkühlten tieferen Schichten wiedergefrorenes Schmelzwasser meist isolierte Eislinsen bilden.

   e. Korngröße (mm)

   Die Größe der Schneekörner wird visuell durch größte Ausdehnung der vorherrschenden Korngrößenfraktion festgelegt.

   f. Schichthärte oder -festigkeit (kp)

   Qualitative Zuordnungen der Schichthärten zu fünf Härteklassen erfolgen durch Handtest. Sie sind durch Eindringen der Faust (~ 2 kp) über 4 Finger, 2 Finger und Bleistift bis zu dem einer Messerklinge (~ 100 kp) unterschieden. Diesen Werten sollen Scherkräfte zwischen 10–500 p cm^{-2} entsprechen.

   Die Schneedeckenhärte läßt sich durch Rammsondenmessungen quantifizieren (s. 2.).

   g. Schneefeuchtigkeit bzw. freies Wasser (Vol%)

   Unter freiem Wasser wird flüssiges hygroskopisches, kapillares oder gravitatives Wasser verstanden.
   Als qualitatives Bestimmungsverfahren wird Schneeballformen mit behandschuhten Händen praktiziert, das fünf vom trockenen Schnee bis zu Schneematsch reichende Feuchtigkeitsklassen unterscheiden läßt.

   Die quantitative Bestimmung des freien Wassergehalts erfolgt durch Dielektrizitätsmessungen mit einem Plattenkondensator (vgl. Kap. 2.2.).

2. Rammprofil

Die Rammsondenmessungen (vgl. Kap. 2.2.) werden LLIBOUTRY (1964, S. 253) zufolge u. a. durch folgende Einflüsse beeinträchtigt:

Obere Schichten setzen dem Sondenkegel bis zu dreimal geringeren Widerstand entgegen, da hier der Schnee leichter verdrängt wird.

In manchen Fällen lassen einige starke Schläge des Fallgewichts Eislagen leichter brechen, die Sonde also eher eindringen als viele kurze.

In der Regel wird nach jeweils 5 cm Sondenvorschub die Fallzahl des Rammgewichts notiert, das innerhalb dieses Intervalls immer aus derselben Höhe betrieben wird. Die gewählten Fallhöhen richten sich nach der momentanen Schneedeckenhärte.

3. Temperaturprofil

Zum Strahlungsschutz der Thermometer weisen die Profilwände in die der Sonne abgekehrte Richtung. Die Vertikalabstände der Temperaturmessungen betragen 10 cm.

Für die Aufnahme einer 2 m hohen Profilwand benötigen zwei Bearbeiter einschließlich der Anlage der Schneegrube je nach Schichtzahl 45–60 min.

Die Darstellung der Profilmessungen in erstmals von HAEFELI et al. (1939) vorgestellten Zeitprofilen (Abb. 28 u. 29) mit der von UNESCO/IASH/WMO (1970) empfohlenen Signaturengebung (Abb. 26) erlaubt rasche und umfassende Informationen über Schneedeckenentwicklungen an einem Ort.

4.2. Entwicklung der temperierten Schneedecke im Zeitprofil

4.2.1. Profilentwicklung temperierter Schneedecken und hydrologische Bedeutung von Schneeprofilaufnahmen

Den Bedürfnissen der Lawinenforschung und nationalen Lawinenwarndienste entsprechend werden Schneeprofile zwecks gezielter Einsichten in die mechanischen Eigenschaften von Schneedecken vornehmlich in höheren Freilagen lawinengefährdeter besiedelter Täler oder Skigebiete aufgenommen. Das dokumentarisch wertvollste und umfassendste Material wird alljährlich vom gegenwärtig dichtesten nationalen Schneemeßnetz aus der Schweiz publiziert (Eidg. Inst. SLF 1949 ff).

Angeregt durch den Informationsgehalt dieser Zeitprofile hat erstmals HERRMANN (1973 a) am Beispiel von 22 Profilorten im 12 km^2 großen Niederschlagsgebiet des Hirschbachs (710–1607 m) bei Lenggries die stratigraphische Entwicklung einer temperierten randalpinen Schneedecke durch 14tägige Profilaufnahmen verfolgt. Dabei konnten u. a. folgende Unterschiede zur kalten Winterschneedecke alpiner Hochlagen herausgearbeitet werden (vgl. Abb. 27):

Von nord- über südexponierte Freiflächen gegen untere Tallagen bzw. Waldbestände abnehmende Schneedeckenmächtigkeiten, häufigere 0°-Isothermien und verringerte Temperaturgradienten in der Schneedecke bedingen in diese Richtung laufende typische Differenzierungen der Schneeprofile.

So gehen Schichtidentitäten durch Homogenisierung der meist feuchten Schneedecke bei andauernder 0°-Isothermie und durch Regenfälle innerhalb weniger Wochen verloren. Dagegen lassen sich die Primärstraten hochalpiner Schneedecken noch nach Monaten identifizieren.

Die konsolidierte Schneedecke setzt sich fast ausschließlich aus runden Körnern der abbauenden Metamorphose (equitemperature metamorphism n. SOMMERFELD & LA CHAPELLE 1970), meist deren Schmelzform, zusammen. Nur in höheren nordexponierten Freilagen werden gelegentlich kantige, facettierte Körner der aufbauenden Metamorphose (temperature-gradient metamorphism) angetroffen. Dauer und Stärke der Temperaturgradienten in der Schneedecke reichen aber nicht aus, die für alpine Hochlagen typischen Becherkristalle des Tiefenreifs auszubilden.

Folglich wird die mechanische Stabilität dieser randalpinen Schneedecken, deren Rammwiderstände sich örtlich mit zunehmender Häufigkeit von 0°-Isothermien verringert, kaum durch derartige kohäsionsarme Schneelagen gefährdet. Durch wiederholte Regelationsvorgänge kann der mittlere Rammwiderstand dünner temperierter Winterschneedecken weit höher als an hochalpinen ausfallen.

Außer solchen regionalspezifischen Aspekten wurde auch die hydrologische Bedeutung von Schneeprofilaufnahmen mehrfach formuliert (HERRMANN 1973 a, 1973 b, 1974 b). Sie tragen dazu bei, Wasservorratsentwicklungen in Schneedecken und das daraus resultierende winterliche Abflußgeschehen in Einzugsgebieten zu verstehen bzw. wenigstens qualitativ zu prognostizieren. In diesem Zusammenhang liefern u. a. die experimentellen Ergebnisse von ERBEL (1969) eine wichtige Bewertungsgrundlage.

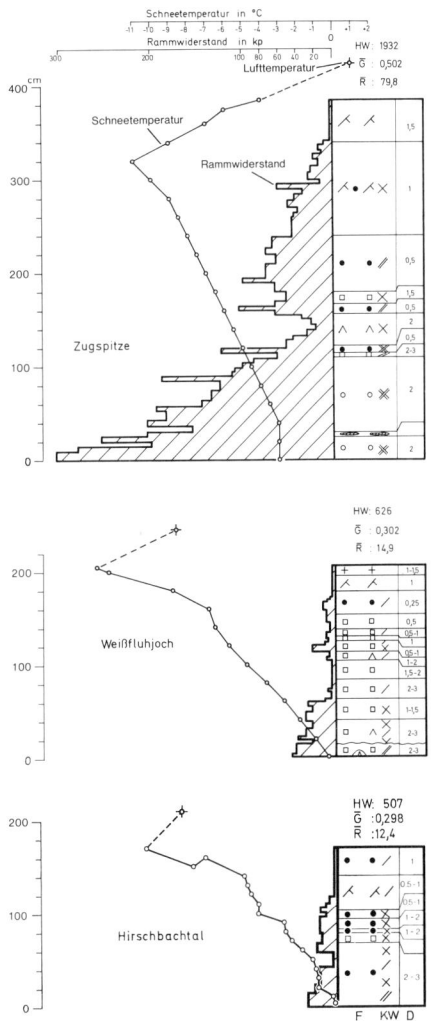

Abb. 27 Synoptische Schneeprofile hoher und mittlerer alpiner Freilagen: Zugspitzplatt* (2600 m, aufgenommen am 15. 3. 1971), Weißfluhjoch ob Davos* (2540 m, 17. 3. 1971) und Hirschbachtal bei Lenggries (1268 m, 8. 3. 1971).

F   Kornform
K   Schichthärte   Signaturen s. Abb. 26
W Feuchtigkeit
D   Korngröße (mm)
HW Wasseräquivalent (mm)
$\overline{G}$ mittl. Schneedichte (g cm^{-3})
$\overline{R}$ mittl. Rammwiderstand (kp)

* Die Schneeprofilaufnahmen wurden freundlicherweise vom Amtl. Bayer. Lawinenwarndienst bzw. vom Eidg. Institut für SLF zur Verfügung gestellt.

Im Unterschied zum kalten Schnee alpiner Hochregionen (u. a. AMBACH 1965, MARTINEC 1974) erfährt die temperierte Schneedecke dieser unteren Lagen in jedem Wintermonat Schmelzverluste (HERRMANN 1974c, 1975a; Kap. 6), die sich nur selten unmittelbar, sondern erst nach Abbau des winterlichen Bodenwasserdefizits in deutlich gesteigerten Oberflächenabflüssen niederschlagen.

Unabhängig vom Nachweis dieser Massenverluste durch Schneesonden-, Lysimeter- oder Energiehaushaltsmessungen geben Profilaufnahmen Auskunft über die Abflußbereitschaft der Schneedecke. So läßt sich aus der Temperaturverteilung in der Schneedecke und bekannten Schichtmächtigkeiten und -dichten ihr Frostinhalt (HOECK 1952; Kap. 5.3.2.1., Gleichung (3)) errechnen, der bis zum Grund abgebaut sein muß, ehe Schneedeckenabfluß einsetzen kann. Häufige winterliche 0°-Isothermien weisen in Verbindung mit dem freien Wasser in den randalpinen Schneedecken auf ihre relativ hohe Abflußbereitschaft.

Die Schneedeckenabflüsse können durch zwischengeschaltete Eislagen oder stark verfestigte Schneeschichten, die als Wasserstauer wirken, verzögert oder gestoppt werden. Ihre Ausdehnung und Tiefe läßt sich durch Rammsondenmessungen festlegen.

Schließlich seien die für Beurteilungen des Abflußgeschehens bei bekannten Regenniederschlägen in Schneedecken benötigten Schneeprofilparameter (Kap. 6.3.) genannt.

Die Profilentwicklungen der Freilandschneedecken im Hirschbachtal (HERRMANN 1973 a) bestätigen grundsätzlich die Beobachtungen im Lainbachtal.

Grundzüge räumlich-zeitlicher Variabilitäten lassen sich am deutlichsten an der günstigen Schneelage 1972/73 aufzeigen (Abb. 28 u. 29), unterschiedliche Ausbildungen während der einzelnen Schneedeckenperioden am Beispiel der schneereichen Typlokalität des Karbodens bei der Tutzinger Hütte (Abb. 29).

4.2.2. Räumlich-zeitliche Differenzierung der Schneeprofilentwicklung

4.2.2.1. Schichtumsatz

Der Zunahme von Schneedeckendauer, Schneehöhe und Wasseräquivalent von tiefen gegen höhere, süd- gegen nordexponierte Lagen entsprechen gleichermaßen wachsende Anzahl und Erhaltungsdauer der am Profilaufbau beteiligten Schichten (Abb. 28 u. 29). Während bei der Tutzinger Hütte Einzelschichten oft noch nach 10 Wochen eindeutig identifiziert werden können, sind die Schichtgrenzen an den übrigen Profilorten durch Schmelzvorgänge oder Regenfälle längst beseitigt.

Derartige Schneedeckenhomogenisierungen durch perkolierendes Schmelz- und/oder Regenwasser lassen sich u. a. auch durch Isotopengehaltsmessungen nachweisen (ARNASON et al. 1972, HERRMANN & STICHLER 1976).

Vergleichsweise langer Erhaltungszustand der Schneedecken und geringe winterliche Homogenisierungstendenzen, Konservierung ehemaliger Harstoberflächen, häufige früh- und spätwinterliche Schichtneubildungen durch gefrierendes Schmelzwasser in unterkühlten Liegendschichten oder durch Neuschneefälle, die gegen tiefere Tallagen in Regen übergehen, lassen am Fuße der Benediktenwand gleichzeitig bis zu 21 Einzelschichten (Anfang April 1973) auftreten. Solche Schichtzahlen übertreffen vielfach diejenigen alpiner Hochlagenschneedecken (vgl. Eidg. Inst. SLF 1949ff).

Den hochwinterlichen Situationen an den übrigen Profilorten vergleichbare Schichtarmut und Schichtdezimierung durch Abschmelzen und Homogenisierungsprozesse werden bei der Tutzinger Hütte nur am Beginn der Schneedeckenperioden und während der Frühjahrsablation beobachtet.

Vergleichsweise geringe räumlich-zeitliche Differenzierungen der Schneedeckenstratifizierung sind in erster Linie bei allgemein dünner Schneelage zu erwarten. Diese Situation deutet die Profilentwicklung bei der Tutzinger Hütte im Winter 1971/72 an.

4.2.2.2. Kornformen

Regionale Unterschiede der am Profilaufbau beteiligten Kristallformen können erst bei Schneekörnern auftreten; denn verschiedengestaltige Neuschneekristalle (UNESCO/IASH/WMO 1970, WILHELM 1975a, S. 10–12), Schneefilz, deren erstes Abbauprodukt, und Eislagen treten überall auf, wenn auch in unterschiedlicher Schichtmächtigkeit und -zahl und zuweilen zu verschiedenen Zeiten.

Vorherrschende metamorphe Kristallform ist die durch Umkristallisation bei der abbauenden Metamorphose hervorgegangene kugelig-körnige Gestalt (LA CHAPELLE 1969). Sie liegt bei vorherrschend 0°-isothermer Schneedecke meist als Schmelzform vor.

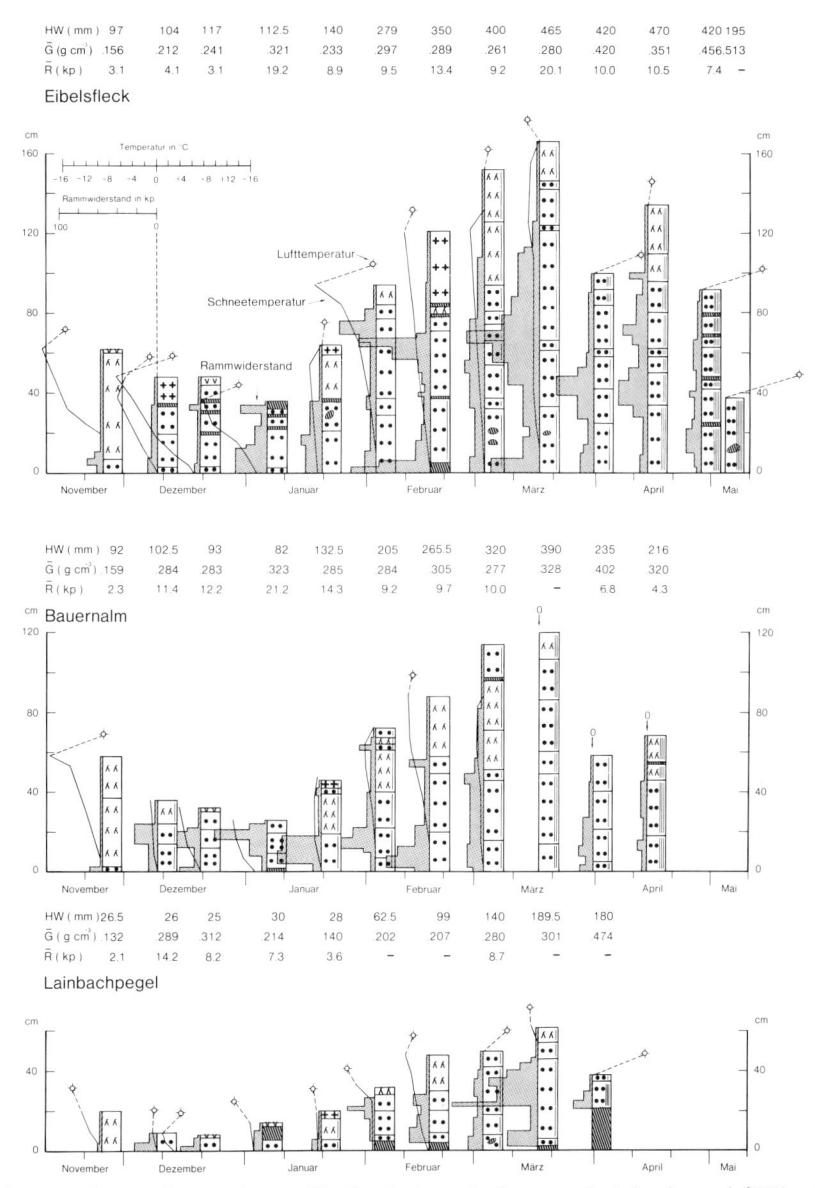

Abb. 28 Entwicklungen der nordexponierten Freilandschneedecken am Lainbachpegel (670 m) und auf dem Eibelsfleck (1030 m) sowie der südexponierten auf der Bauernalm (980 m) während der Schneedeckenperiode 1972/73 im Zeitprofil.
HW, $\bar{G}$, $\bar{R}$: s. Erläuterung zu Abb. 27
Schichtsignaturen s. Abb. 26 (Schneekörner mit/ohne Schmelzen sind nicht unterschieden)

Facettierte, kantig-grobkristalline Kornformen der aufbauenden Metamorphose, die durch Anlagerung von Wasserdampf aus Bereichen höherer Temperaturen erwachsen (SOMMERFELD & LA CHAPELLE 1970), treten mangels dauerhaft steiler Temperaturgradienten in der Schneedecke selten, und auch dann nur bei der Tutzinger Hütte auf. Becherförmige oder stengelige Kristalle fortgeschrittener aufbauender Metamorphose wurden selbst in knapp 1600 m im Hirschbachtal nicht nachgewiesen.

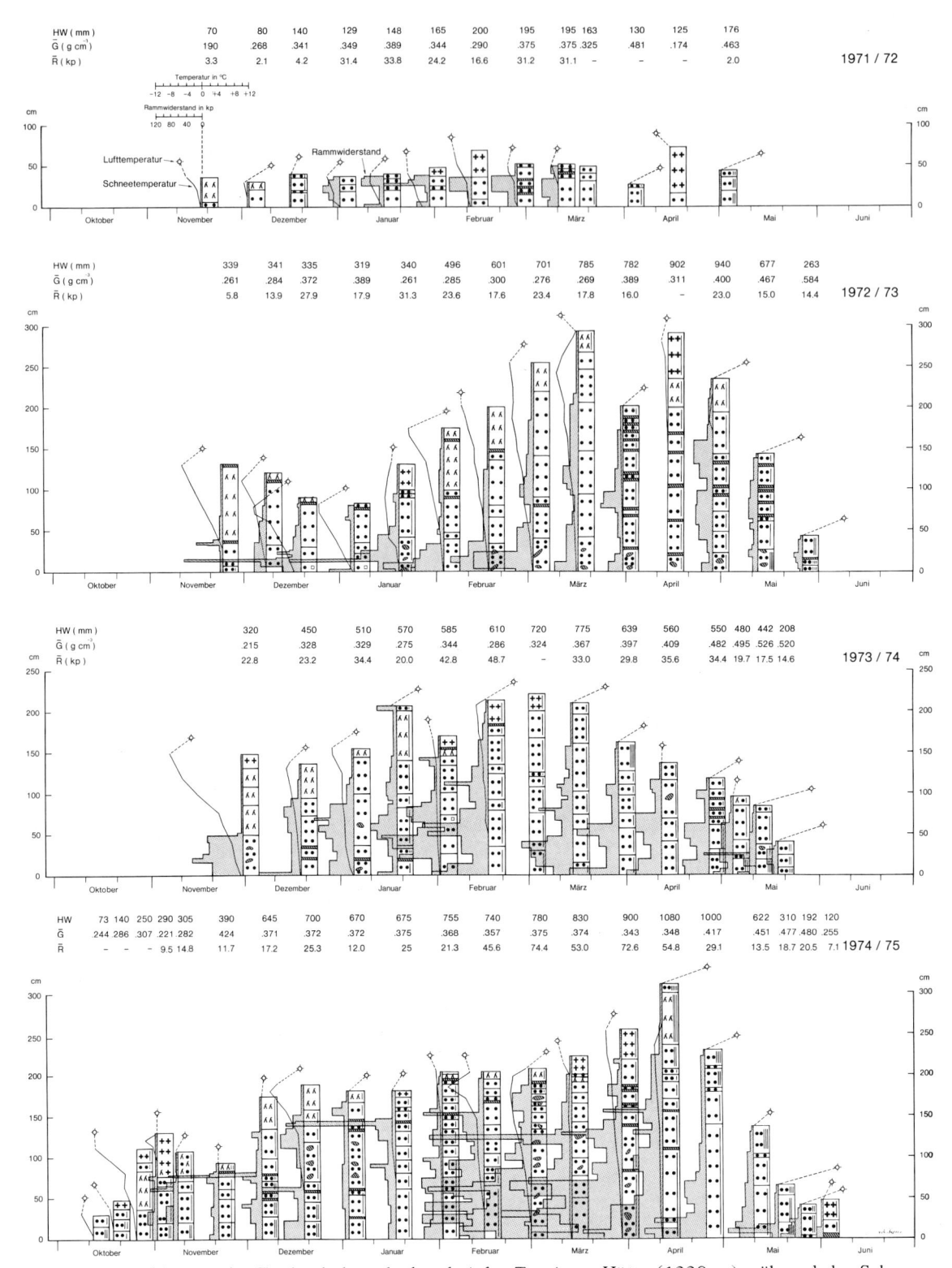

Abb. 29 Entwicklungen der Freilandschneedecken bei der Tutzinger Hütte (1330 m) während der Schneedeckenperioden 1971/72–1974/75 in Zeitprofilen.

HW, $\bar{G}$, $\bar{R}$: s. Erläuterung zu Abb. 27

Schichtsignaturen s. Abb. 26 (Schneekörner mit/ohne Schmelzen sind nicht unterschieden)

4.2.2.3. Freies Wasser

Qualitative Ansprachen des Feuchtigkeitszustands der Schneedecken (vgl. Kap. 4.1. unter 1g) lassen nur grobe Grundzüge seiner regionalen Entwicklung aufzeigen.

Lediglich die höhergelegenen nordexponierten Freilandschneedecken können ähnlich wie kalter hochalpiner Winterschnee über Monate keine nachweisbaren freien Wassergehalte ausweisen. Ansonsten werden selbst in den Hochwintermonaten kräftige Durchfeuchtungen beobachtet. Bodennahe und über Schmelzwasserstauern liegende Schneestraten sind vor allem im Frühwinter und während der Frühjahrsablation örtlich sehr naß bis matschig.

Den seit 1973/74 vorliegenden Dielektrizitätsmessungen auf dem Eibelsfleck zufolge übersteigt der Gehalt an freiem Wasser auch bei starker thermisch bedingter Durchfeuchtung 10 Vol% Schneedeckendurchschnitt kaum. Diese Beobachtung deckt sich mit denjenigen von HOWORKA (1964), AMBACH (1965) und AMBACH & HOWORKA (1966) an einer 1980 m hoch gelegenen Schneedecke in Obergurgl/Ötztaler Alpen.

In eine 0°-isotherme Schneedecke fallender Regen läßt entsprechend ihrem Retentionsvermögen den Anteil freien Wassers kurzzeitig auf bis zu 12–15 Vol% anwachsen.

Außer langzeitigen Variabilitäten der Schneedeckenfeuchtigkeit werden in Abhängigkeit vom Sonnenstand und durch Regelation auch regelhafte tageszeitliche Schwankungen beobachtet (Abb. 30).

Tagesgänge des freien Wassers erscheinen gegenüber den Ganglinien des Wärmedargebots vormittags um 1–2 h, nachmittags um 2–3 h verzögert. Sprunghafte Feuchtigkeitsänderungen der Schneedecke beschränken sich auf eine wenige cm starke Oberflächenschicht, in der bei entsprechenden Strahlungsverhältnissen Tagesamplituden von 10 Vol% nicht ungewöhnlich sind, und auf Schneestraten über Wasserstauern (Abb. 30, 12. 3. 18^{00}). Demgegenüber ändert sich der mittlere freie Wassergehalt der Schneedecken bei Tagesamplituden unter 1 Vol% ausschließlich thermisch bedingt kurzfristig nur geringfügig.

Die jeweiligen Tageshöchstwerte werden am späten Nachmittag gegen 18^{00}, die Tiefstwerte in den frühen Morgenstunden gegen $6^{00}-7^{00}$ erreicht.

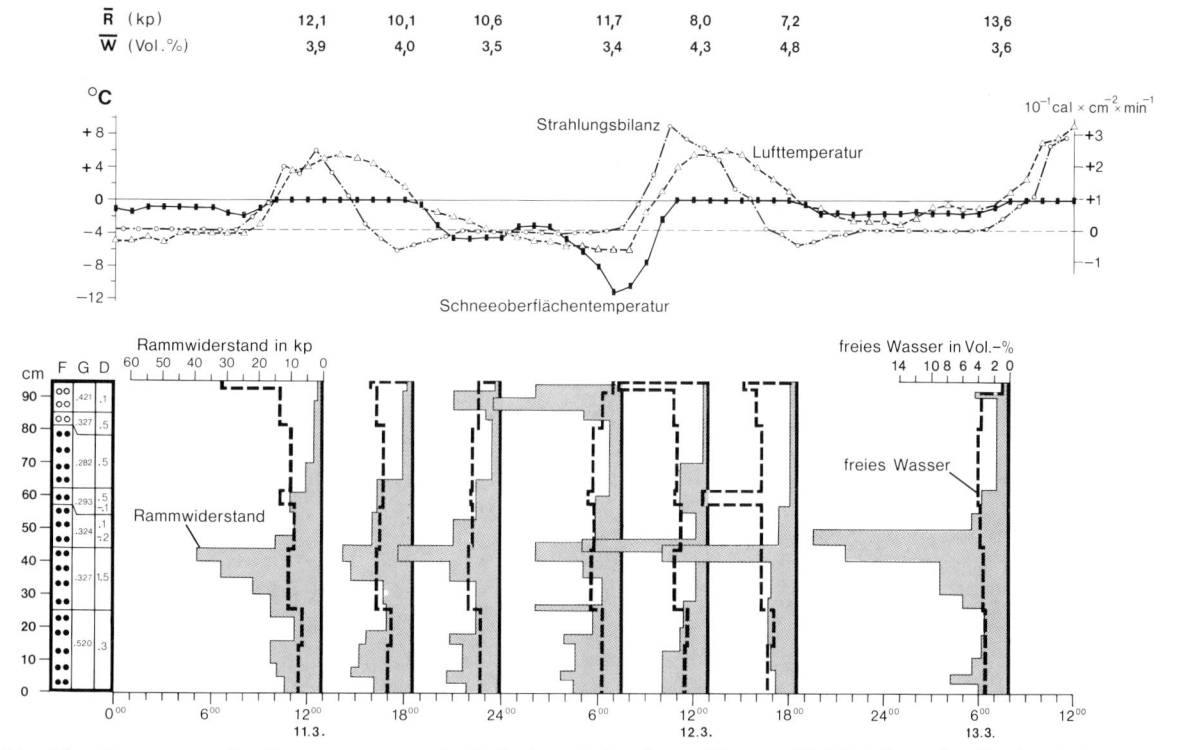

Abb. 30 Tagesgänge des Rammwiderstands R (kp) und des freien Wassers W (Vol%) in der Freilandschneedecke auf dem Eibelsfleck (1030 m) vom 11.–13. März 1974 in Abhängigkeit vom Gang der Nettostrahlung, Luft- und Schneeoberflächentemperatur.

F Kornform (Signaturen s. Abb. 26), G Schneedichte (g cm^{-3}), D Korngröße (mm)

Abb. 30 vermittelt einen Eindruck vom wärmedargebotsabhängigen Tagesgang des Rammwiderstands.

Außer derartigen regelhaften tagesperiodischen Feuchtigkeitsschwankungen werden unregelmäßige durch Föhn- oder Regenwirkung verzeichnet, die den freien Wassergehalt nahe der Schneedeckenoberfläche auch nachts auf 15 Vol% ansteigen läßt.

4.2.2.4. Härte (Rammwiderstand)

Die Vergleichsgröße mittlerer Profilrammwiderstand $\bar{R}$ läßt nur mit Einschränkung die Schneedeckenstabilität beurteilen. Denn bereits einige dünne Eislagen genügen, $\bar{R}$ kräftig anzuheben. Andererseits reichen schon geringmächtige Schwimmschneelagen aus, eine Schneedecke trotz hoher $\bar{R}$ auf geneigter Unterlage instabil werden zu lassen (vgl. Abb. 27, Zugspitze).

Zwar fördern Gefrierpunkttemperaturen in der Schneedecke deren Setzung, bedingen bei gleichzeitiger Durchnässung aber auch lockeren, d. h. kohäsionsarmen Schichtaufbau. Darauf und nicht auf Anreicherungen kohäsionsarmer Schneekörner der aufbauenden Metamorphose sind häufige sprunghafte bodennahe Einbrüche des Rammwiderstands zurückzuführen.

Durchschnittlich stärkste Schneedeckenverfestigung durch Zusammenwirken von hohen Überlagerungsdrucken, Windpressung und tiefen Schneetemperaturen wird daher im Karboden bei der Tutzinger Hütte beobachtet.

Gelegentlich treten in tieferen, bevorzugt in südexponierten Lagen durch wiederholte Regelationsvorgänge in dünnen Schneedecken größere Profilwiderstände auf als in höheren nordexponierten. Aus gleichem Grunde übertrifft der mittlere Rammwiderstand am Profilort Tutzinger Hütte vielfach denjenigen weitaus mächtigerer alpiner Hochlagenschneedecken.

Tagsüber weicht die Schneedecke von der Oberfläche her auf. Gegen 18^{00}, wenn auch der Tageshöchstwert des Gehalts an freiem Wasser in der Schneedecke verzeichnet wird, weist sie den geringsten Profilwiderstand aus. Da infolge nächtlicher Strahlungsemission der Schneedecke ein Teil dieses Wassers wiedergefriert, wird in den frühen Morgenstunden die stärkste Schneedeckenverfestigung beobachtet, am augenfälligsten an der nun verharschten Oberfläche.

$\bar{R}$ erfährt Tagesamplituden bis zu 3–4 kp. Ausgeprägter als beim freien Wasser treten nicht nur oberflächennah, sondern auch in der Schneedecke selbst innerhalb weniger Stunden auffällige Veränderungen ein.

Unregelmäßige Härteänderungen der Schneedecke gehen auf Regen oder gesteigerte Wärmezufuhr bei Föhnvorgängen zurück.

4.2.2.5. Temperatur

Auch die Schneedecken unterer und mittlerer alpiner Lagen mit vorherrschenden Temperaturen im oder nahe dem Gefrierpunkt weisen kalte Phasen aus (Abb. 31), die aber im Unterschied zur alpinen Hochregion räumlich und zeitlich deutlich eingeschränkt sind.

Nach HERRMANN (1973a, Abb. 14) werden im Hirschbachtal bei Lenggries unterhalb eines markanten Grenzsaums bei 1000 m mittlere Profiltemperaturen tiefer $0°$ bis $-0,5\ °C$ nur in Ausnahmefällen, so bei ausgeprägten Ausstrahlungs- bzw. Inversionslagen, aber ohne Unterschied nach Exposition, Frei- oder Waldlagen erreicht oder unterschritten. Oberhalb dieses Grenzbereichs liegen die hochwinterlichen Profiltemperaturen in Nordexposition und auf Freiflächen um durchschnittlich $1-2\ °C$ tiefer als in Südexposition und im Wald.

Die Häufigkeiten von $0°$-Isothermien wachsen im allgemeinen von höheren nach tieferen, nord- nach südexponierten sowie Frei- nach Waldlagen. Genaue Zahlenverhältnisse können mangels kontinuierlicher Temperaturmessungen nicht angegeben werden.

Diese Erfahrungen werden im Lainbachtal grundsätzlich bestätigt, wie die Temperaturprofile in Abb. 28 und 29 andeuten.

Es ist allerdings zu berücksichtigen, daß der Temperaturgang in der Schneedecke durch 14tägige Messungen nur unzulänglich beschrieben wird. So werden beispielsweise hydrologisch wirksame hochwinterliche $0°$-Isothermien in den geringmächtigen

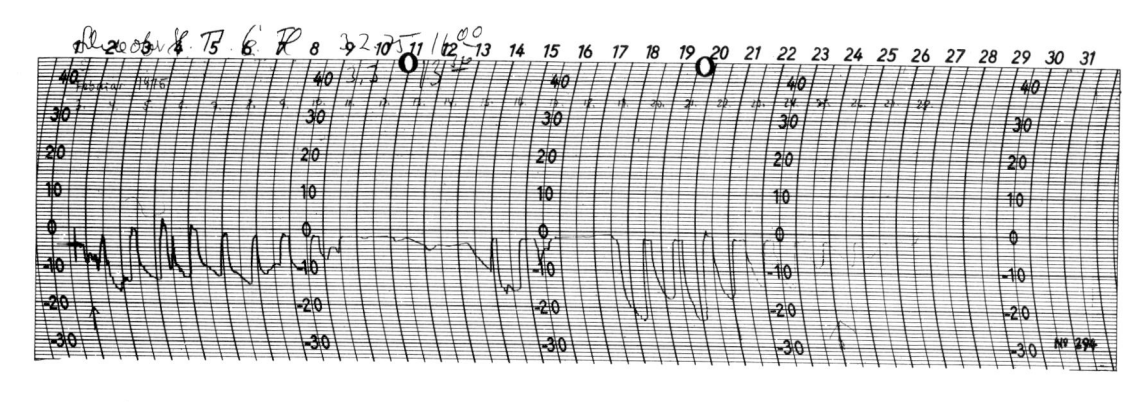

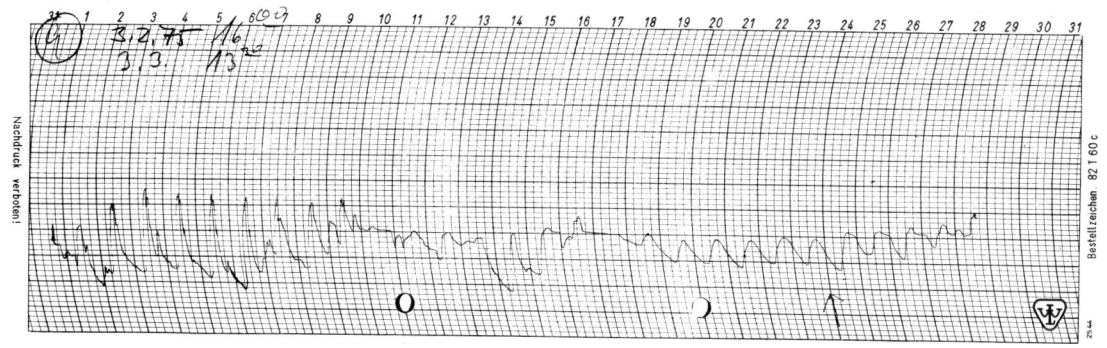

Abb. 31 Aufzeichnungen der Schneetemperaturen (°C) von der Schneedeckenoberfläche (oben) und aus 30 cm über Grund (unten) vom 3. 2.–3. 3. 1975 an der Freilandschneedecke auf dem Eibelsfleck bei 30–50 cm Schneehöhe.

Gangwerkverzögerungen machen eine lineare Entzerrung der Registrierung von der Schneeoberfläche um 2 Tage erforderlich.

Positive Temperaturen auf dem unteren Registrierstreifen sind auf mangelhaften Strahlungsschutz des Thermofühlers bei Schneehöhen um 30 cm zurückzuführen.

Schneedecken unterer bis mittlerer, vor allem südexponierter Lagen (Abb. 28, Bauernalm), die zwischenzeitlichen Schmelzwasserverlusten zufolge aufgetreten sein mußten, häufig nicht messend erfaßt.

Günstigere Voraussetzungen bieten bereits die wöchentlichen Messungen an der Schneedecke bei der Tutzinger Hütte (1330 m) im Winter 1974/75 (Abb. 32), zumal kurzfristig hohe Temperaturänderungen innerhalb dieser mächtigen Schneedecke bis in größere Tiefen auszuschließen sind.

Die Gründe sind zum einen in der geringen Wärmeleitfähigkeit des Schnees zu suchen, die hier bei durchschnittlichen Schneedichten von 0,3–0,4 g cm^{-3} nach de QUERVAIN (1948) bei $0,7 \cdot 10^{-3} - 1,0 \cdot 10^{-3}$ cal cm^{-1} s^{-1} grd^{-1} liegt. Außerdem findet aufgrund des geringen winterlichen Regen- und Schmelzwasseranfalls nur unbedeutender zusätzlicher Wärmetransport in die Tiefe statt.

Zum anderen trifft bis Mitte März durch orographisch bedingten Schattenwurf keine direkte Sonnenstrahlung auf diesen Profilort. Unter Berücksichtigung der nächtlichen Auskühlung der Schneedecke dürfte die durchschnittliche Tagesamplitude der Schneetemperatur nach den Erfahrungen in Abb. 31 10 cm unter der Schneedeckenoberfläche 5–6 °C kaum überschreiten und bereits in 50–60 cm gegen Null gehen. Durchgreifende Temperaturänderungen bis zum Grund einer 250 cm mächtigen Schneedecke dürften ohne Regeneinfluß demnach etwa 6–8 Tage beanspruchen.

Der Temperaturverlauf in diesen höheren Freilagenschneedecken zeichnet sich durch Vorherrschen von Gefrierpunkttemperaturen oder knapp darunter aus (Abb. 32). Anders als beim kalten Schnee hoher Breiten (WILHELM 1975a, Fig. 18) oder alpiner Hochlagen (WILHELM 1975a, Fig. 17; Eidg. Inst. SLF 1949ff) dominiert die vertikale Anordnung der Temperatur-Isoplethen, gleichbedeutend mehrfachen tiefgreifenden Temperaturwechseln im Verlauf einer Schneedeckenperiode bis hin zu anhaltenden Gefrierpunkttemperaturen im gesamten Schneepaket.

Die 0°-Isothermien sind nicht zuletzt eine Folge der zahlreichen winterlichen Föhneinbrüche. Schneetemperaturen tiefer −2 °C beschränken sich im wesentlichen auf die oberen 50 cm der Schneedecke, an deren Grund die Gefrierpunkttemperaturen nur gelegentlich knapp unterschritten werden.

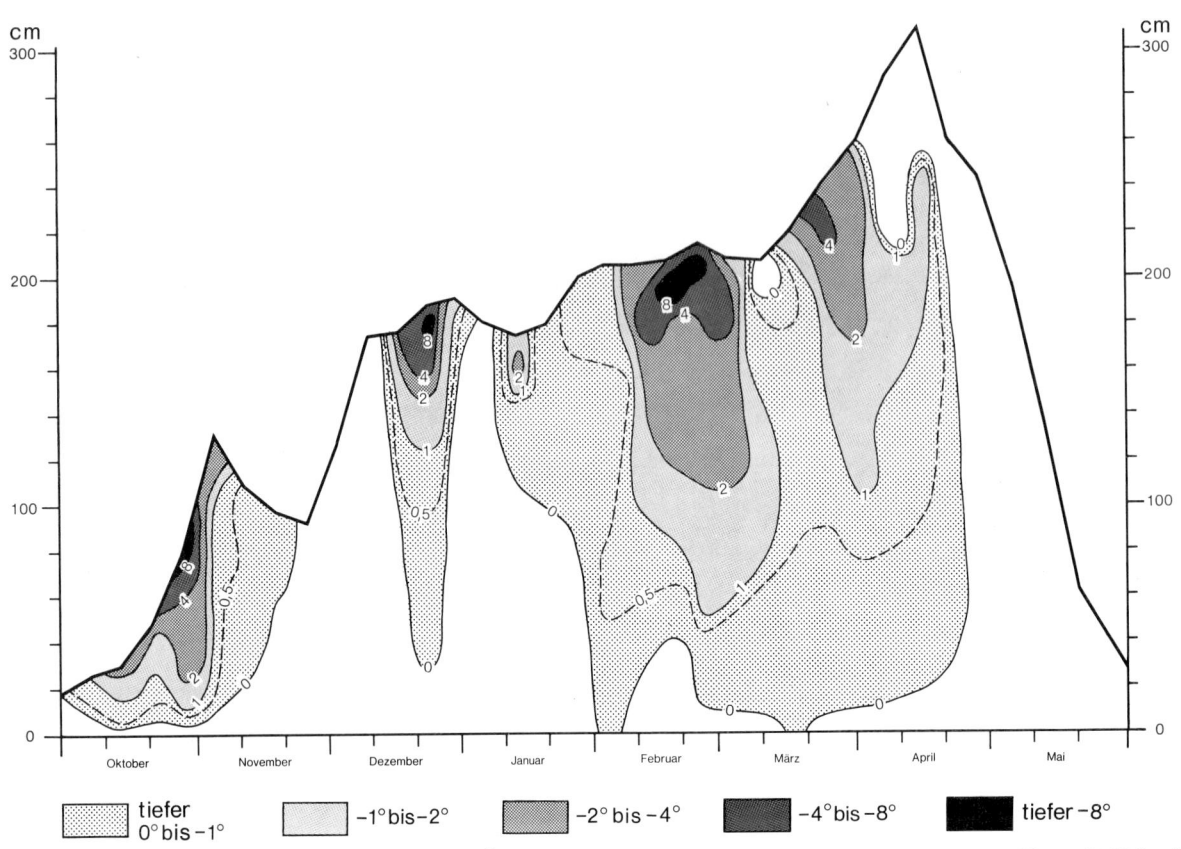

Abb. 32 Entwicklung der Temperaturen (−°C) in der Freilandschneedecke bei der Tutzinger Hütte (1330 m) während der Schneedeckenperiode 1974/75.

Grundlage: Temperaturmessungen in wöchentlichen Abständen zwischen 11⁰⁰ – 12⁰⁰.

Die Oberflächentemperaturen der Schneedecken schwanken erwartungsgemäß stark. Nach Abb. 30 können sie nachts manchmal höher ausfallen als die Temperaturen der umgebenden Luft. Am Tage liegen sie in der Regel um einige Grade tiefer. Die Differenzen können selbst im Hochwinter bei hohen Lufttemperaturen, beispielsweise unter Föhnwirkung, auf 10 °C und mehr anwachsen.

Die seit 1973/74 auf dem Eibelsfleck (1030 m) tiefste registrierte Schneeoberflächentemperatur beläuft sich im Freiland auf −25 °C (Abb. 31), im benachbarten Fichtenstangenholz aufgrund geringerer Strahlungsemission bei gleichzeitiger Wärmerückstrahlung von den Bäumen zum gleichen Zeitpunkt nur auf −8 °C. Da sich die Schneedeckenoberfläche auch ohne direkte Sonneneinstrahlung am Tage in der Regel bis nahe 0 °C erwärmt, überschreiten die Tagesamplituden der Oberflächentemperaturen im Freiland in Frostperioden 10 °C mehrfach, im Wald dagegen 2 °C nur selten.

Die Temperaturamplituden werden infolge der geringen Wärmeleitfähigkeit des Schnees und der Strahlungsabsorption — die in die Schneedecke eindringende kurzwellige Strahlung verringert sich nach der Tiefe exponentiell, so daß in 10 cm bereits 50 %, in 50 cm Tiefe 99 % der einfallenden Strahlung absorbiert sind (de QUERVAIN 1948, WILHELM 1975 a, S. 39) — in Richtung Grund exponentiell zunehmend gedämpft, wie u. a. aus Abb. 33 hervorgeht.

Tagesamplituden der Schneetemperatur sind an der Schneedeckenoberfläche, über die der Energieumsatz erfolgt, nach Abb. 31 am größten. Dort übertreffen sie die Amplituden der Lufttemperatur deutlich, im bisher auf dem Eibelsfleck beobachteten Extremfall um 12 °C. Doch bereits in 10 cm Schneetiefe sind sie kleiner als die Lufttemperaturamplituden.

Die vorliegenden Registrierungen der Schneetemperaturen mit Hilfe der 1976 in der Freilandschneedecke auf dem Eibelsfleck ausgebrachten Widerstandsthermometer (vgl. Tab. 3) lassen in hoher zeitlicher Auflösung weiterführende Aufschlüsse über das Temperaturverhalten randalpiner Schneedecken erwarten.

Je nach Lokalität, Tageszeit und winterlichem Zeitabschnitt werden charakteristische Temperaturprofile beobachtet, deren Grundtypen in Abb. 33 zusammengestellt sind.

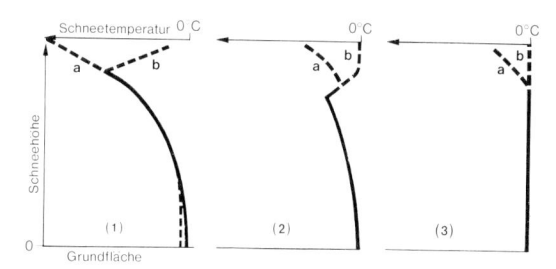

Abb. 33 Temperaturverteilungen in Schneedecken (schematisch).
Erläuterung s. Text

Bei Ausstrahlungswetter, damit verbunden hohen nächtlichen Energieverlusten der Schneedecken, stellt sich ein Temperaturgefälle vom Grund zur Schneedeckenoberfläche ein, gegen die die Temperaturgradienten exponentiell, nahe der Oberfläche meist linear anwachsen (1a). So betragen sie oberflächennah nicht selten 10–12 °C/10 cm, während sie sich gegen den Grund je nach Schneedeckenmächtigkeit bis auf 1 °C/10 cm und weniger verringern.

Tagsüber und am Ende von Frostperioden bewirken Energiegewinne Erwärmungen der Schneedecken von der Oberfläche her, die oberflächennah inverse Temperaturgradienten bedingen (1b).

Temperaturprofil (2) beschreibt mit seinen Varianten (2a nachts, 2b tags) Situationen fortgeschrittenen Abbaus der Frostinhalte der Schneedecken. Die Temperaturgradienten liegen unterhalb einer oberflächennahen Schicht nun unter 0,5 °C/10 cm. Temperaturverteilungen dieser Art finden sich überwiegend in tieferen Lagen und Waldbeständen, und zwar zu Zeiten, in denen in höheren Freilagen noch Profile des Typs (1) angetroffen werden.

Die räumlich wie zeitlich dominante Schneedeckentemperatur beschreibt (3). 0°-Isothermien werden nur unter günstigen nächtlichen Ausstrahlungsbedingungen bei Temperaturgradienten bis 5–7 °C/10 cm oberflächennah abgebaut (3a), tags wieder hergestellt. Bei fortschreitender Auskühlung der Schneedecke kann sich allmählich ein bis zum Grund reichendes Temperaturgefälle nach Profiltyp (1) einstellen.

5. Grundzüge der Wasservorratsverteilung und -entwicklung in der Schneedecke

5.1. Lokale Verteilungsmuster der in Schneedecken gebundenen Wasserrücklagen

5.1.1. Bedeutung lokaler Verteilungsgrundmuster

Die aus Schneemessungen (vgl. Kap. 2.3.) gewonnenen gebietsspezifischen Verteilungsmuster der in Schneedecken gebundenen Wasserrücklagen sollen soweit charakterisiert werden, als es das Verständnis der Massenhaushaltsbilanzen der Schneedecken im Niederschlagsgebiet und des hydrologischen Geschehens während der Schneedeckenperioden unbedingt erfordert.

Einige regelhafte Grundmuster lassen sich zweifellos auch auf zahlreiche ähnlich geartete Gebiete am Alpennordrand übertragen. Sie sind ferner unverzichtbare Grundlage für gezielte Schneedeckenmessungen, rationelle Aufnahmetechniken und vernünftige Terminwahl.

Da sich die Wirkungen der Einflußfaktoren auf Schneerücklagen, darunter Wärmehaushaltskomponenten der Schneedecke, Interception, kaum kalkulierbare mechanische Einflüsse des Winds, der beim Schneefall und durch Verdriftung bereits abgelagerten Schnees wirkt, die zudem alle durch topographische Effekte modifiziert werden, ohne entsprechende Meßanordnungen einem unmittelbaren Zugriff entziehen, können Erfassung und Deutung solcher Rücklagenmuster nur empirisch erfolgen. Ansätze dazu finden sich bereits bei HERRMANN (1974a, 1974b).

In Erweiterung der Ausführungen in Kap. 2.3. werden an drei lokalen Beispielen typische Grundmuster der Rücklagenverteilung in der Schneedecke vorgestellt. Sie sind so gewählt, daß sie auch Eindrücke von der räumlich-zeitlichen Variabilität von Schneehöhe und -dichte vermitteln können, auf die ansonsten nicht näher eingegangen wird, andererseits kritische Bewertungen der in Kap. 5.2. vorgestellten Rücklagenmuster im Gesamtgebiet zulassen.

5.1.2. Flächig-zeitliche Variabilitäten auf kleinen Testflächen

Die kleinräumige Differenzierung der Schneedecke hat in der Literatur bisher noch kaum Eingang gefunden. So stehen einer Vielzahl kleinmaßstäblicher Schneekarten vergleichsweise wenige veröffentlichte Kartierungen im Großmaßstab z. B. durch FRIEDEL (1961, 1965) mit Aufnahmen von Ausaperungsmustern an der alpinen Baumgrenze oder durch McKAY (1970) gegenüber.

1972/73 wurden im Bereich der sog. Kohlstattwiese (T_1 in Abb. 6) in 1020 m Untersuchungen zur flächig-zeitlichen Variabilität der Schneedeckenparameter Höhe, Dichte und Wasseräquivalent durchgeführt. Sie sollten u. a. die Voraussetzungen für eine gezielte Meßpunktwahl auf Repräsentativflächen prüfen, deren mittlere Schneerücklagen gesucht werden.

Das 6,1 ha große Testgebiet, dessen Grundriß Abb. 34 zu entnehmen ist, weist eine Freifläche (Fl) und zwei Fichtenbestände, Stangen- (Sth) und Baumholz (Bh), aus.

Mit maximal 166 gitternetzförmig angeordneten Schneesondenmessungen (HERRMANN 1974a, Abb. 1) wurden erfaßt: relativ geringe Schneelage während des Weihnachtstauwetters Ende Dezember, die kontinuierlich gewachsene hochwinterliche Schneedecke Mitte März, die nach längerer Ablationsperiode durch neuerliche Schneefälle aufgehöhte spätwinterliche Schneedecke zu Beginn der 3. Aprildekade und abermals geringe Schneedeckenmächtigkeit während der Frühjahrsablation Anfang Mai.

Die statistisch aufbereiteten Schneedaten sind in Tab. 7 zusammengestellt.

Eine erste Diskussion der Untersuchungsergebnisse findet sich bei HERRMANN (1974a).

Die interessantesten Aspekte flächig-zeitlicher Variabilität bietet zweifellos die Schneedichte. Beim verwirrendsten Verteilungsmuster während des Weihnachtstauwetters (Abb. 34 I) sind Dichtesprünge um 0,1 g cm^{-3}

über 10 m-Distanzen nicht ungewöhnlich. Der Variabilitätskoeffizient V_{Fl} der mittleren Freilandschneedichte ($\bar{\varrho}$ = 0,383, Tab. 7) beläuft sich immerhin auf 9,3 %, gegenüber lediglich 4,8 % (0,286) im Hochwinter (Abb. 34 II). Zu dieser Zeit werden auch in den Waldbeständen bei V_{Bh} = 8 % (0,285) und V_{Sth} = 9 % (0,295) homogenste Dichteverteilungen angetroffen.

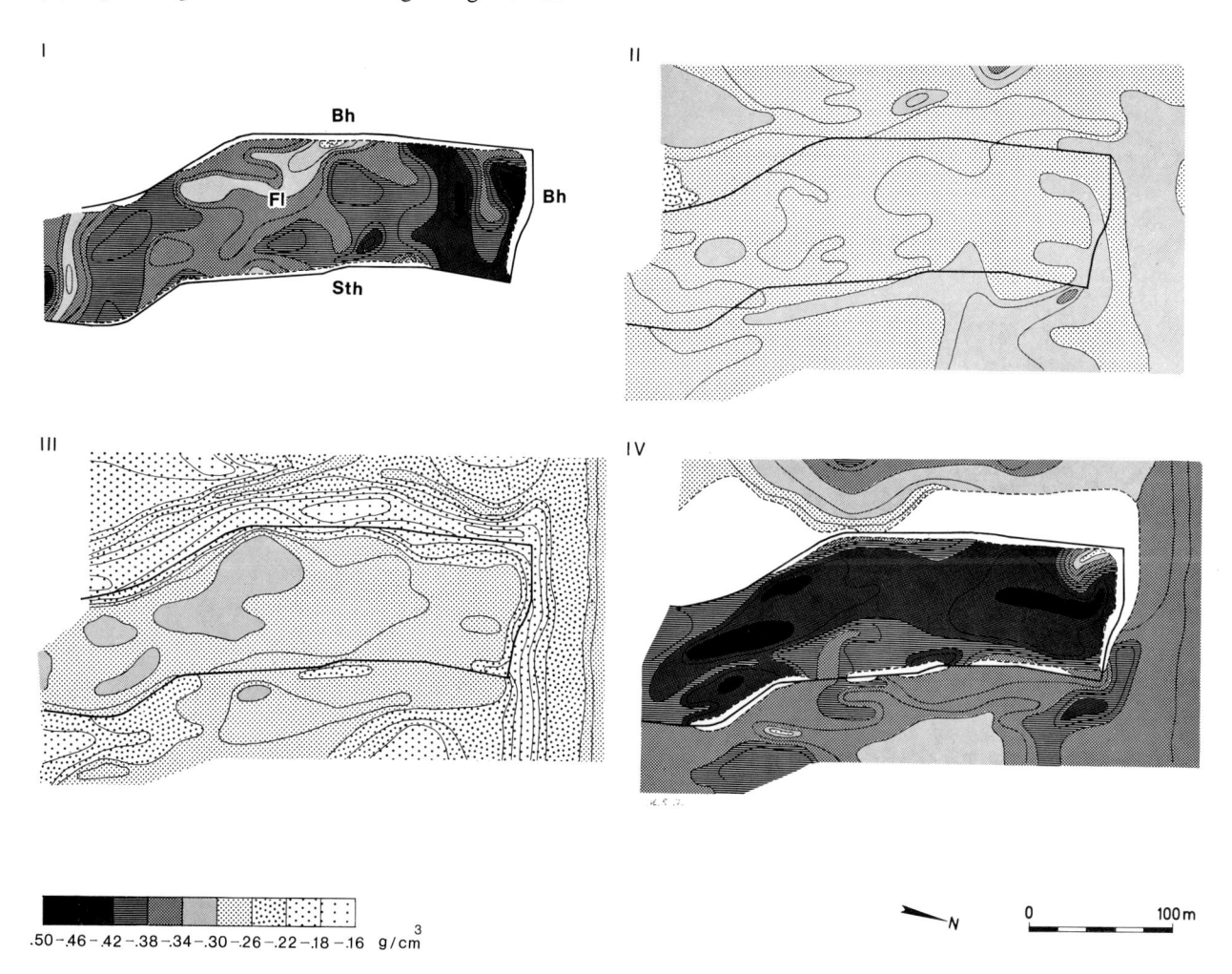

Abb. 34 Entwicklung der Schneedichte auf Testflächen im Bereich der Kohlstattwiese (1020 m; T_1 in Abb. 6).
I 28. 12. 72 II 14. 3. 73 III 20. 4. 73 IV 1. 5. 73
Fl: Freiland Sth: Stangenholz Bh: Baumholz
Weiße Flächen innerhalb des Testgebiets sind an den Aufnahmeterminen schneefrei.

Unter Strahlungswettereinfluß setzen im Laufe des Spätwinters erneut hohe Dichtedifferenzierungen ein (Abb. 34 III). Während im Grenzbereich vom Baumholz zum Freiland ein ca. 20 m breiter Saum geringster Schneedichten ehemalige Ausaperungen mit nachfolgender Neuschneebedeckung deutlich nachzeichnet, ϱ folglich gegen das Bestandsinnere um durchschnittlich 0,1 g cm^{-3} anwächst, blieb der Dichtezusammenhang zwischen Freiland und Stangenholz im wesentlichen erhalten. Erst im Laufe der Frühjahrsablation zeichnen sich auch hier über einen 5 m breiten aperen Streifen hinweg Dichtesprünge um 0,06 g cm^{-3} ab. V_{Fl} beträgt nun immerhin wieder 7 % (0,427), gegenüber V_{Sth} = 8,5 % (0,369) und V_{Bh} = 13,2 % (0,342).

Neben diesen Schneedichtekarten veranschaulichen die maximalen Flächenanteile F_{max} eines Dichteintervalls, beispielsweise von 0,04 g cm^{-3}, die Dichtevariabilitäten auf den Testflächen. Günstigstenfalls werden im Freiland 93 % (0,26–0,30), im Baumholz 82 % (0,28–0,32) und im Stangenholz 71 % (0,28–0,32) nachgewiesen, und zwar im Hochwinter. Die entsprechenden spätwinterlichen Flächenanteile lauten 64 % (0,26–0,30), 45 % (0,22–0,26) und 65 % (0,24–0,28).

Die uneinheitlichen Trends der Dichteentwicklungen werden auch dadurch unterstrichen, daß sich F_{max} im Stangenholz zum Frühjahrstermin wieder auf den hochwinterlichen Wert von 71 % (0,36–0,40) vergrößert, während es im Freiland (0,42–0,46) nunmehr auf die Hälfte der Fläche eingeengt wird. Nur während des Weihnachtstauwetters fällt es hier mit 43 % (0,36–0,40) oder knapp der Hälfte des Hochwinterwerts noch kleiner aus.

F_{max} bilden vorzugsweise bei dünner Schneelage nicht immer zusammenhängende Flächen.

Große Wertesprünge der Schneehöhen (cm) und des Wasseräquivalents (mm) über kurze Distanzen beschränken sich auf einen 5–15 m breiten Waldrandsaum (Abb. 35). So dachen die hoch- und spätwinterlichen Freilandschneedecken immerhin mit durchschnittlich 8 cm/1 m Horizontaldistanz bzw. 24 mm/1 m gegen das Baumholz und mit 5 cm/1 m bzw. 15 mm/1 m gegen das Stangenholz ab.

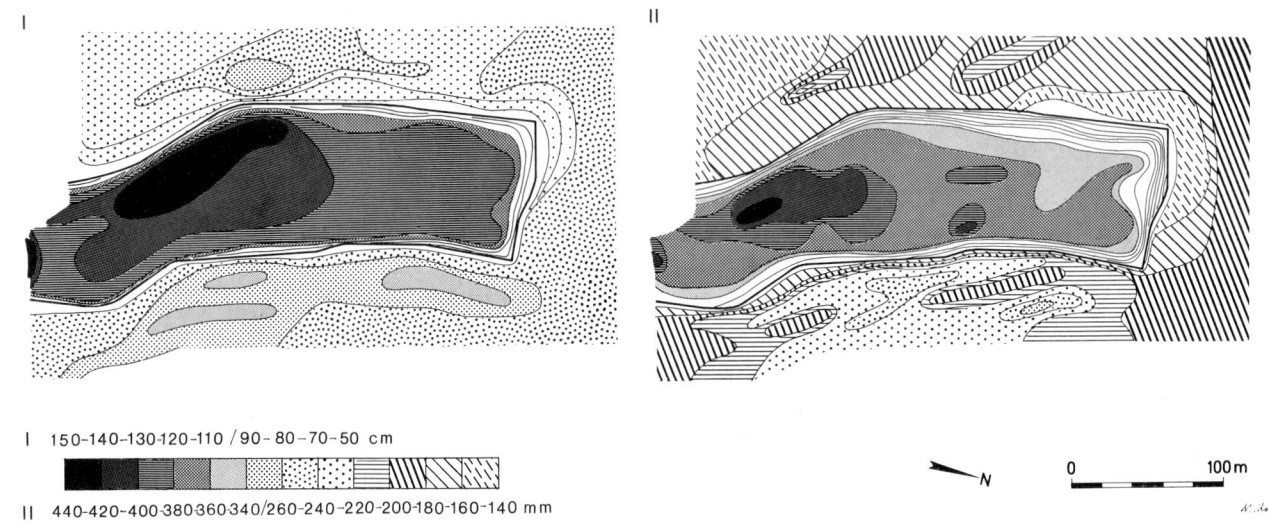

Abb. 35 Verteilung der Schneehöhen und des Wasseräquivalents auf den Testflächen im Bereich der Kohlstattwiese (1020 m; T_1 in Abb. 6).
I Schneehöhen am 20. 4. 73   II Wasseräquivalent am 14. 3. 73
(Bestandsbezeichnungen s. Abb. 36)

Die maximalen Flächenanteile F_{max} eines Intervalls von 10 cm bzw. 20 mm nehmen im Hoch- und Spätwinter ca. 40 %, während der Frühjahrsablation ca. 1/3 der Testflächen ein. Sie fallen beim Wasseräquivalent aufgrund mittelbarer Einflüsse der Dichtevariabilitäten immer etwas kleiner aus als bei den zugehörigen Schneehöhen.

Tab. 7 Statistische Daten zu den Schneedeckenparametern Höhe (h in cm), Dichte (ϱ in g cm^{-3}) und Wasseräquivalent (w in mm) auf den Testflächen im Bereich der Kohlstattwiese.

		28. 12. 72			14. 3. 73			20. 4. 73			1. 5. 73		
		h	ϱ	w	h	ϱ	w	h	ϱ	w	h	ϱ	w
Freiland	$x_{max}-x_{min}$	22,5	0,198	62,3	32,5	0,066	122,5	31,0	0,070	171,2	50,0	0,152	265,0
	$\bar{x}$	26,8	0,383	102,6	126,6	0,286	361,6	127,5	0,285	363,3	52,7	0,427	224,1
	s	4,6	0,036	12,5	9,5	0,014	26,6	7,8	0,014	39,0	12,6	0,030	57,0
	V	17,1	9,3	12,2	7,5	4,8	7,4	6,1	4,8	10,7	23,9	7,0	25,0
Stangenholz	$x_{max}-x_{min}$				19,0	0,112	100,0	28,0	0,078	128,8	40,0	0,144	135,0
	$\bar{x}$				73,3	0,295	216,5	82,0	0,261	214,3	48,4	0,369	178,0
	s				4,8	0,027	22,4	8,0	0,021	27,9	9,8	0,032	37,0
	V				6,5	9,0	10,3	9,8	8,0	13,0	20,3	8,5	21,0
Baumholz	$x_{max}-x_{min}$				12,0	0,109	100,0	36,0	0,118	140,0	19,0	0,150	87,0
	$\bar{x}$				59,1	0,285	168,6	65,8	0,221	145,3	20,5	0,342	70,0
	s				6,5	0,023	24,3	8,8	0,032	35,8	6,5	0,045	27,0
	V				11,1	8,0	14,4	13,3	14,4	24,5	31,6	13,2	38,0

h   Schneehöhe (in cm)
ϱ Schneedichte (in g/cm3)
w   Wasseräquivalent (in mm)

$x_{max}-x_{min}$ Variationsbreite
$\bar{x}$ Mittelwert
s   Standardabweichung
V   Variabilitätskoeffizient

Die Variabilitätskoeffizienten der Schneehöhen und Wasseräquivalente erhöhen sich erwartungsgemäß mit abnehmender Schneedeckenmächtigkeit (Tab. 7). Sie nehmen vom Freiland über das Stangenholz zum Baumholz zu. Durch Überlagerungen von Schneehöhen- und Schneedichtevariabilitäten sind sie beim Wasseräquivalent meist am höchsten.

Hoch- und spätwinterliche Schneehöhenunterschiede fallen im Wald überraschend gering aus. Doch im Laufe der Frühjahrsablation versteilen sich die Schneehöhengradienten auf einer Distanz von etwa 20 m zwischen Waldrand und Bestandsinnerem (Abb. 35 I), gegen das sich der direkte Strahlungseinfall zunehmend verringert. Gleichzeitig verstärkt sich im Freiland die Neigung der bereits im Hochwinter angelegten, nach S geöffneten und nach N abdachenden schiefen (Schnee-) Ebene unter Einfluß direkter Einstrahlung und Wärmerückstrahlung von den Bäumen. Dieser Vorgang wirkt sich in allmählicher Abflachung der Schneestufe zum südexponierten Teil des Baumholzbestands aus.

Im folgenden werden einige zeitunabhängigere Verteilungsmuster der in den Schneedecken der Testflächen gebundenen Wasserrücklagen und ihre Bedeutung für rationale Schneedeckenaufnahmen angesprochen.

Ihre Identifizierung entsprang der Forderung nach einem praktikablen Ansatz für wenige gezielte Schneemessungen auf den Repräsentativflächen, die Ermittlungen ihrer mittleren Wasserrücklagen bezwecken. Allein die Tatsache, daß die Anzahl der Schneemessungen pro Flächeneinheit aus synoptischen Gründen unter dem für die erwünschte Erhebungsgenauigkeit erforderlichen Stichprobenumfang bleiben muß (Kap. 2.3.), erfordert optimale Nutzungen dieser wenigen Messungen.

Zugleich begegnen diese Untersuchungsergebnisse einem Mangel der gegenwärtigen Literaturlage. Diese informiert zwar ausführlich über meßtechnische Grundlagen von Schneedeckenaufnahmen (GARSTKA 1964, UNESCO/IASH/WMO 1970, WMO 1972) und über Auswirkungen räumlich-zeitlicher Variabilitäten der Schneedeckenparameter Höhe, Dichte und Wasseräquivalent auf Berechnungen der in Schneedecken von Niederschlagsgebieten gebundenen Wasserrücklagen (u. a. RACHNER 1969, HOINKES 1970, BRECHTEL 1970a u. 1972, WMO 1972), gibt aber über Optimierungsmöglichkeiten gängiger Aufnahmeverfahren recht unbefriedigend Auskunft.

Gegen den für Zuflußvorhersagen aus Schneedecken entscheidenden Zeitraum der Frühjahrsschneeschmelze erhöhen sich Tab. 7 zufolge die Variabilitäten des Wasseräquivalents einer definierten Schneefläche, das bei mächtiger hochwinterlicher Schneelage am genauesten erfaßt wird. Damit wird bei beschränktem Stichprobenumfang die Genauigkeit der Rücklagenerhebungen mittelbar auch durch die Terminwahl der Messungen beeinflußt.

Nach den Erfahrungen von HERRMANN (1974a), die PREISS (1974) bestätigen kann, erlauben gründliche Voruntersuchungen auf Repräsentativflächen, diese wenigen Schneemessungen nicht mehr zufallsverteilt, sondern gezielt anzusetzen. Dazu werden aus typische synoptische Bedingungen und Schneelagen beschreibenden Isohyetenkarten nach Art Abb. 35 II die mittleren Wasseräquivalente $\bar{w}$ dieser Flächen ermittelt. Anschließend werden Flächen gleichen mittleren Wasseräquivalents $F_{\bar{w}}$ (Abb. 36) kartiert.

$\bar{w}$ sollte zweckmäßigerweise einen Toleranzbereich, bei mächtiger Schneelage etwa von ± 10 mm erhalten. Andernfalls würden $F_{\bar{w}}$ zu klein ausfallen bzw. keineswegs erreichte Genauigkeiten bei der Datenerhebung und -verarbeitung (z. B. Isolinienkonstruktion) vorgetäuscht.

Bei konstanter Toleranzspanne um $\bar{w}$ müssen die mittleren relativen Abweichungen $V_{\bar{w}}$ auf $F_{\bar{w}}$ mit wachsendem $\bar{w}$ abnehmen. Sie lassen sich für erwähnte Beispiele nach Tab. 7 abschätzen. Daraus folgt, daß für gefordert vergleichbare $V_{\bar{w}}$ zur Konstruktion von $F_{\bar{w}}$ die Toleranzbereiche bei hohen $\bar{w}$ zu erweitern, bei kleinen einzuengen wären. Letzteres entspräche erhöhten Meßpunktdichten.

In der Regel werden $F_{\bar{w}}$ schon in 20 m Entfernung vom Waldrand angetroffen. Diese Distanz entspricht etwa einer Baumhöhe, die im Stangenholz durchschnittlich 14 m, im Baumholz 26 m beträgt. Dieses Resultat bestätigt die in zahlreichen Anleitungen zu Schneemessungen auf Lichtungen empfohlene Mindestentfernung der Meßstellen vom Waldrand (u. a. UNESCO/IASH/WMO 1970, WMO 1972). Immerhin liefern Abb. 36 zufolge gelegentlich auch waldrandnähere Positionen die gewünschten Meßergebnisse.

Nach Tab. 8 nehmen $F_{\bar{w}}$ bei gewachsener hochwinterlicher Schneedecke größere Flächenanteile ein als während der Frühjahrsablation, in der sie auf 1/4 der Flächen zusammenschrumpfen. Nun erreichen auch die hoch- und spätwinterlich ausgedehnteren $F_{\bar{w}}$ im Stangenholz die an der Freilandschneedecke beobachtete Größenordnung. Daß $F_{\bar{w}}$ im Freiland mit 38 % gerade zum Weihnachtstauwetter trotz bedeutender Schneehöhen- und Schneedichtevariabilitäten den größten Flächenanteil einnimmt, deutet an, daß die Schnee-

Tab. 8 Prozentuale Anteile der Flächen mittleren Wasseräquivalents $F_{\overline{w}} \pm 10$ mm und deckungsgleicher $F_{\overline{w}} \pm 10$ mm aufeinanderfolgender Aufnahmetermine an den Testflächen.

		I 28.12.	II 14.3.	III 20.4.	IV 1.5.	I+II+ III+IV	II+III +IV	II+III
Fl	2,33 ha	38	34	32	24	4,5	7,5	17,5
Sth	1,42 ha	X	49	38	25	X	8,5	18,5
Bh	2,36 ha	X	37	31	X	X	X	17,5

deckenmächtigkeit nicht uneingeschränkt als Kriterium für bestimmte $F_{\overline{w}}$-Anteile gelten kann. So liegen geschlossenste $F_{\overline{w}}$-Grundrißbilder auch nicht im Hochwinter vor, sondern trotz geringerer Flächenanteile und höherer statistischer Variabilitäten erst im Spätwinter (Abb. 36 III). Im Laufe der Frühjahrsablation lösen sich ehemals zusammenhängende $F_{\overline{w}}$ auch bei noch geschlossener Schneedecke in der Regel in Teilflächen auf (Abb. 36 IV).

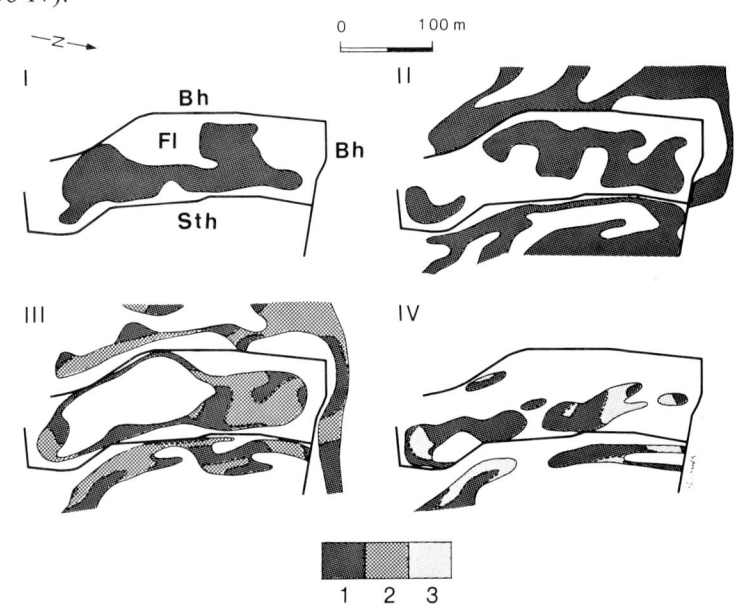

Abb. 36 Flächen gleichen mittleren Wasseräquivalents $F_{\overline{w}} \pm 10$ mm (1–3) und deckungsgleiche $F_{\overline{w}} \pm 10$ mm zweier bzw. dreier aufeinanderfolgender Aufnahmetermine (2 bzw. 3) auf den Testflächen im Bereich der Kohlstattwiese.
I 28. 12. 72   II 14. 3. 73   III 20. 4. 73   IV 1. 5. 73
Fl: Freiland   Sth: Stangenholz   Bh: Baumholz

Die in Abb. 36 ausgewiesenen kongruenten $F_{\overline{w}}$ beschreiben in dieser Schneedeckenperiode ständig mittlere Wasserrücklagen auf den Testflächen. Ihre Anteile nehmen mit wachsender Zahl der Beobachtungen erwartungsgemäß ab. Angesichts weiterer Erfahrungen durch PREISS (1974) darf angenommen werden, daß sich die 4,5 % der Freilandfläche, die sich aus vier typischen Schneedeckensituationen errechnen (Tab. 8), nahe der unteren Grenze bewegen dürften. Dabei belaufen sich die größten zusammenhängenden Flächen auf mindestens 1500 m². Höchste Deckungsgleichheit wird auf allen drei Testflächen mit knapp 20 % bei günstiger hoch- und spätwinterlicher Schneelage verzeichnet.

Vorgestelltes Testverfahren eröffnet praktikable Ansätze, die mittleren Wasserrücklagen auf Repräsentativflächen durch 2–3 gezielte Schneesondenmessungen auf $F_{\overline{w}}$ in guter Näherung zu treffen. Variabilitätsanalysen, kombiniert mit Schneekarten nach Art Abb. 36 u. 37, verdeutlichen die auch von BRECHTEL (1971 a) hervorgehobenen Vorzüge direkter Bestimmungen des Wasseräquivalents (vgl. Kap. 2.3.).

Schließlich sei betont, daß dieses Prüf- und Auswertungsverfahren wegen des anfänglichen Mehraufwands in Niederschlagsgebieten mit hohen Relief- und Waldbestandsvariationen rationell nur in vieljährigen Forschungsvorhaben eingesetzt werden kann. Denn erst auf längere Sicht verspricht es eine deutliche Verringerung der Geländearbeit.

Andererseits können bereits wenige Testmessungen Vorstellungen über Rücklagengrundmuster auf den Repräsentativflächen vermitteln. Sie lassen mit wenigen gezielten Messungen den tatsächlichen Rücklagenmittelwert sicherer treffen als mit vielen zufällig verteilten.

5.1.3. Abhängigkeit von der Höhe üNN

Am Beispiel des Meßprofils Eibelsfleck-Tutzinger Hütte-Ostwegsattel (Abb. 6), das 5 Freilandmeßstellen zwischen 1030–1540 m umfaßt, werden regelhafte Änderungen der Schneedeckenparameter Höhe, Dichte und Wasseräquivalent mit der Seehöhe im Winter 1972/73 vorgestellt, deren einfachste näherungsweise Beschreibung durch lineare Funktionen des Typs $y = a + b x$ erfolgen kann. Die Regressionsgeraden der Aufnahmetermine mit geschlossener Schneedecke und die gemittelten der Schneedeckenperioden 1971/72–1974/75 sind in Abb. 37, die zugehörigen Korrelationskoeffizienten in Tab. 9 aufgeführt.

Tab. 9 Korrelationskoeffizienten und Signifikanzen der in Abb. 37 beschriebenen linearen Zusammenhänge zwischen Schneedeckenparametern und Höhe üNN.

Nr.	Datum	Schneehöhe r	s[1]	Schneedichte r	s[1]	Wasseräquivalent r	s[1]
1	27.11.72	0,92	1	0,80	10	0,90	5
2	11.12.	0,95	1	0,76	10	0,90	5
3	22.12.	0,96	1	0,72	>10	0,92	1
4	08.01.73	0,93	1	0,51	>10	0,94	1
5	22.01.	0,84	5	0,66	>10	0,92	1
6	05.02.	0,79	10	0,08	>10	0,65	>10
7	19.02.	0,70	>10	0,25	>10	0,57	>10
8	05.03.	0,76	10	0,74	10	0,87	5
9	19.03.	0,62	>10	0,75	10	0,97	0,1
10	02.04.	0,97	0,1	0,36	>10	0,95	1
11	16.04.	0,91	1	0,38	>10	0,56	>10
12	30.04.	0,90	5	-0,60	>10	0,63	>10
	1971/72[2]	0,90	5	0,95	1	0,91	5
	1972/73[3]	0,89	5	0,92	1	0,90	5
	1973/74[4]	0,92	1	0,93	1	0,95	1
	1974/75[5]	0,91	1	0,55	10	0,91	1

[1] Die Signifikanzen der Korrelationskoeffizienten sind den in der Statistik gebräuchlichen Schwellenwerten 0,1 %, 1 %, 5 % und 10 % zugeordnet.
[2] 6.12., 20.12., 3.1., 17.1., 31.1., 14.2., 28.2., 17.4.
[3] Nr. 1–10
[4] 3.12., 12.12., 22.12., 7.1., 21.1., 4.2., 18.2., 4.3., 18.3., 1.4.
[5] 25.11., 9.12., 23.12., 6.1., 20.1., 3.2., 17.2., 3.3., 17.3., 1.4.

Das Wasseräquivalent weist trotz günstigster Schneelage 1972/73 mit r = 0,90 einen etwas niedrigeren mittleren Korrelationskoeffizienten aus als während der übrigen Winter. Nach Tab. 9 variieren r im Verlauf einer Schneedeckenperiode beträchtlich. Während sie im Frühwinter nicht unter 0,90 sinken, überschreiten sie an 4 der 7 folgenden Termine 0,65 nicht.

Diese Beobachtungen decken sich mit Erfahrungen von HERRMANN (1973a, Tab. 5) 1970/71 im Hirschbachtal bei Lenggries und von BENKER (1972), der 1971/72 im Lainbachtal im Bereich desselben Meßprofils immerhin 12 Freilandmeßstellen ausgebracht hat. Aus 14 Aufnahmeterminen ermittelte er ein durchschnittliches r von 0,85.

Literaturzusammenstellungen aus dem nordamerikanischen Raum, der diesbezüglich sehr intensiv studiert wurde, finden sich bei U.S. Army C. of Eng. (1956), GARSTKA (1964) und MEIMAN (1970).

Abb. 37 Zusammenhänge zwischen Schneedeckenparametern und Höhe üNN im Bereich des Meßprofils Eibelsfleck-Tutzinger Hütte-Ostwegsattel (Abb. 6) während des Winters 1972/73 und Mittel der Schneedeckenperioden 1971/72–1974/75.

Die Regressionsgeraden sind chronologisch durchnumeriert. Aufnahmedaten und Korrelationskoeffizienten mit Signifikanzen s. Tab. 9.

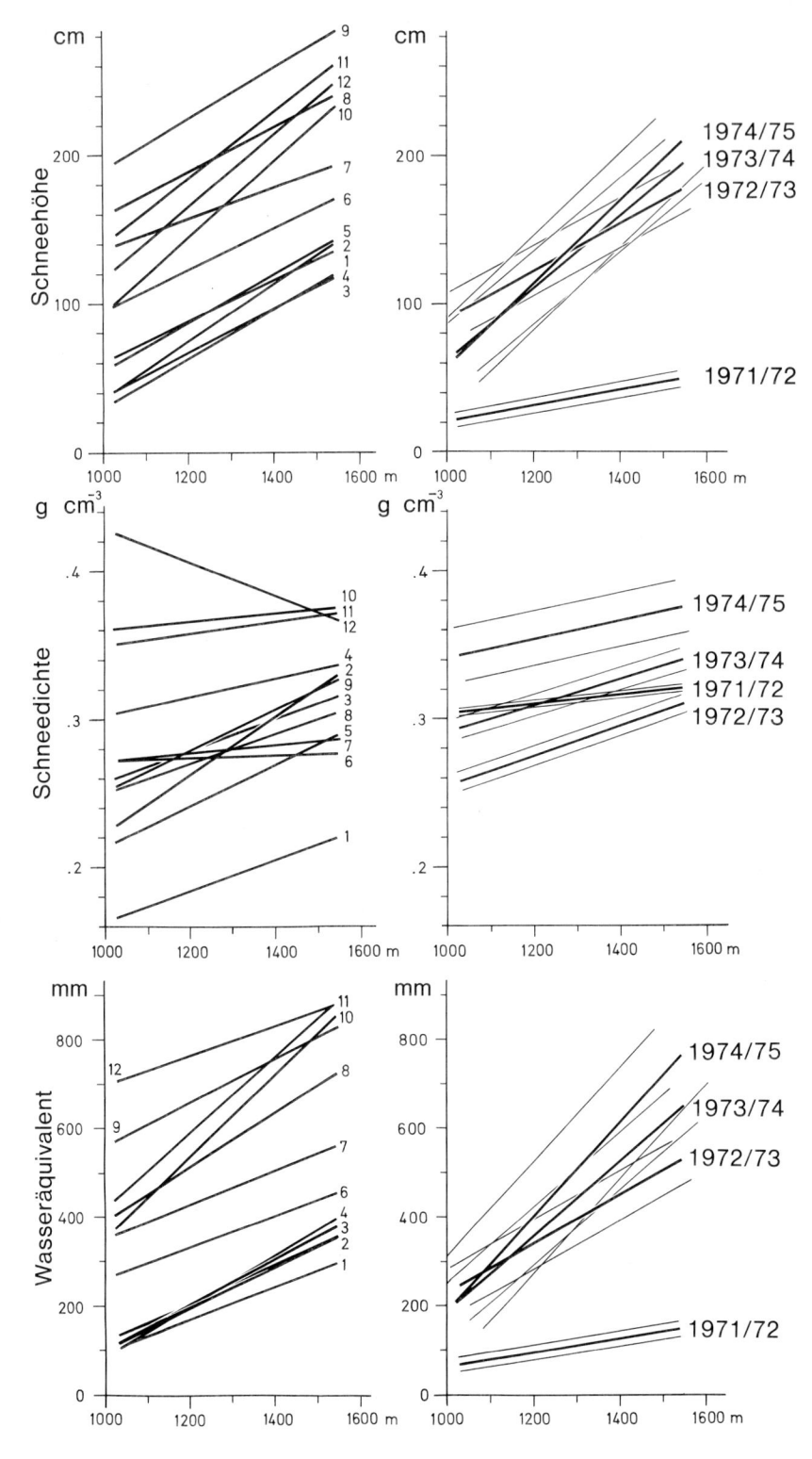

Die Ursachen dieser Zusammenhänge sind so vielschichtig, daß sie nicht allein mit dem Witterungsverlauf oder einfachen meteorologischen Parametern wie Niederschlagshöhe und Lufttemperatur erklärt werden können.

Während HERRMANN (1973a) noch berichtete, daß sich diese Beziehungen bei wachsenden Schneehöhen im Laufe schneefallreicher Perioden festigen, in niederschlagsarmen und einstrahlungsreichen lockern, zeichnet sich derartiger Trend bei BENKER (1972) weniger deutlich ab. Er muß nach Tab. 9, derzufolge sich nach dauerhaftem Strahlungswetter am 2. 4. 73 r = 0,95, nach ergiebigen Schneefällen am 16. 4. 73 r = 0,56 einstellt, im Einzelfall sogar bezweifelt werden.

Die Steigungen der Regressionsgeraden bewegen sich 1972/73 mit Ausnahme der 1. Aprilhälfte (Abb. 37, Nr. 10 u. 11), in deren Verlauf sie sich durch hohe Ablationsverluste im unteren Teil des Meßprofils versteilen, scheinbar in engen Grenzen:

Angenäherte Parallelverschiebungen der Regressionsgeraden verdeutlichen Langzeitstabilitäten der Gradienten des Wasseräquivalents, die 1972/73 durchschnittlich 55 mm/100 m erreichen. Abgesehen vom schneearmen Winter 1971/72 sind die Gradienten umso steiler und die statistischen Signifikanzen der mittleren Zusammenhänge zwischen Wasseräquivalent und Höhe üNN umso geringer, je häufiger und dauerhafter Einstrahlungswetter auf die Schneedeckenentwicklung einwirkt.

Diese Beobachtung wird durch Meßergebnisse von HERRMANN (1973a) im Hirschbachtal gestützt. Im Durchschnitt der 10 Aufnahmetermine zwischen Mitte November und Anfang April fällt dort bei der einstrahlungsreicheren südexponierten Freilandschneedecke mit 31 mm/100 m ein etwas höherer Gradient an als mit 29,5 mm/100 m bei der nordexponierten. Daß diese Differenz nicht höher ausfällt, ist im wesentlichen auf vorherrschende Leelage der Südexposition zurückzuführen. Hier werden nach Schneefällen meist stärkere Gradientverringerungen ausgemacht als auf der luvseitigen Nordexposition.

Immerhin liegen die Gradienten in Südexposition während der Frühjahrsschneeschmelze, wenn sie bis auf 100 mm/100 m ansteigen, ca. 1/3 über denjenigen der Nordexposition.

Auch BENKER (1972) hat die Zusammenhänge zwischen Steigungen der Regressionsgeraden und Witterungsverlauf qualitativ zu deuten versucht. Er weist u. a. darauf hin, daß sich Steigungsänderungen nicht linear mit Temperaturänderungen vollziehen, sondern sich asymptotisch Grenzwerten nähern.

Die angestrebte Quantifizierung dieser komplexen Zusammenhänge kann voraussichtlich erst auf Grundlage eines erheblich erweiterten Beobachtungsmaterials brauchbare Ergebnisse liefern.

Schließlich sei erwähnt, daß nach den Erfahrungen von HERRMANN (1973a), BENKER (1972) und der folgenden Beobachtungswinter Zusammenhänge zwischen Wasseräquivalent und Höhe üNN in Waldbeständen weit weniger eng ausfallen als in benachbarten Freilagen. Die Korrelationskoeffizienten liegen durchschnittlich um 0,1–0,15 niedriger.

Aus derartigen variablen Verteilungen der aus Punktmessungen gewonnenen Wasseräquivalente resultieren einige praktische Folgerungen für Schneedeckenmessungen.

Bei einer im voraus angestrebten Erhebungsgenauigkeit der angenommen linearen Zusammenhänge zwischen Wasseräquivalent und Höhe üNN, auf denen ja die Berechnung der in Schneedecken des Niederschlagsgebiets gebundenen Wasserrücklagen basiert (Kap. 2.3.), sind die über ein Höhenintervall ausgelegten Meßstellenabstände unter ungünstigen Bedingungen, z. B. bei dünner Schneedecke oder nach Strahlungswetterlagen entsprechend zu verengen.

Dadurch entstehender Mehraufwand bei Schneemessungen kann hier aus synoptischen Gründen nicht bewältigt werden. Die standardisierte Meßstellenanordnung, die dem personellen Besatz angepaßt wurde, bedingt daher unterschiedliche statistische Signifikanzen der Meßdaten, folglich der Rücklagenerhebungen im Niederschlagsgebiet.

Meßstelleneinsparungen werden dagegen auch bei günstigen Verhältnissen nur in Ausnahmesituationen vorgenommen, damit ein möglichst umfangreiches Beobachtungsmaterial gesammelt werden kann.

Erste Versuche einer Optimierung der Schneemessungen zielten auf Isolierung wenigstens zweier Lokalitäten, deren Meßwerte immer auf oder wenigstens nahe der erwarteten Regressionsgeraden liegen. Dadurch wären brauchbare Schätzungen der Regressionsgleichungen möglich gewesen.

Es zeigt sich, daß die Daten aller Meßstellen mehrfach auf den aus den Meßwerten aller Lokalitäten errechneten Regressionsgeraden liegen können, allerdings in unsystematischer Folge. Folglich konnte BENKER (1972) selbst aus seinen 12 Meßorten keine passenden ausgliedern, die ständig gute Schätzungen der Regressionsgeraden gestattet hätten.

BENKER (1972) verweist auf den nahezu reziproken Verlauf der konstanten Glieder a und der Regressionskoeffizienten b in den 14 Regressionsgleichungen des Winters 1971/72, die bei r = −0,85 gut miteinander korrelieren.

Abweichend von der üblichen Darstellungsweise des Wasseräquivalents als abhängiger Variabler trägt er das Wasseräquivalent auf der Abszisse an.

Für eine Bestimmung des konstanten Glieds a bietet sich danach die temporäre Schneegrenze an. Doch selbst an Tagen, an denen sich die Differenzen zwischen tatsächlichen und geschätzten Schneegrenzen innerhalb eines eng begrenzten Intervalls bewegen, weichen die geschätzten Wasseräquivalente z. B. in 1400 m zwischen −25 % und +9 % von denen ab, die sich aus den durch Messungen ermittelten Regressionsgleichungen errechnen.

Zu etwas günstigeren Ergebnissen führt der Versuch, den Tangens der Regressionsgeraden als unabhängige Variable mit den konstanten Gliedern a der Regressionsgleichungen zu korrelieren. Er zielt darauf ab zu

Tab. 10 Zusammenhänge f(x) zwischen Wasseräquivalent in mm (y) und Höhe üNN in m (x) im Bereich des Aufnahmeprofils Eibelsfleck-Tutzinger Hütte-Ostwegsattel im Winter 1972/73. Regressionsgleichungen f(b) und Korrelationskoeffizienten r für Beziehungen zwischen konstanten Gliedern (a) und Regressionskoeffizienten (b).

Nr.	Datum	f (x)	r	f (b)
1	27.11.72	y = −276 + 0,37 x	−0,99	a = 114 − 1036 b
2	11.12.	y = −374 + 0,47 x		
3	22.12.	y = −405 + 0,51 x		
4	08.01.73	y = −479 + 0,56 x		
5	22.01.	y = −323 + 0,44 x		
6	05.02.	y = − 86 + 0,35 x	−0,96	a = 384 − 960 b
7	19.02.	y = 34 + 0,34 x		
8	05.03.	y = −213 + 0,61 x		
9	19.03.	y = −431 + 0,85 x		
10	02.04.	y = −611 + 0,96 x		
11	16.04.	y = 67 + 0,49 x		
12	30.04.	y = −164 + 0,68 x		

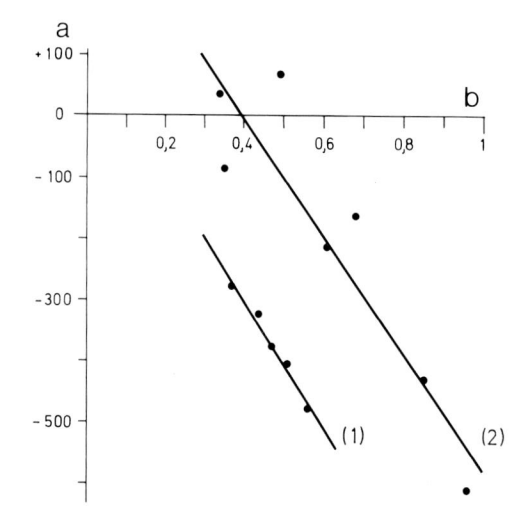

Abb. 38 Zusammenhänge zwischen a und b der die Beziehungen zwischen Wasseräquivalent und Höhe üNN im Bereich des Meßprofils Eibelsfleck-Tutzinger Hütte-Ostwegsattel im Winter 1972/73 beschreibenden Regressionen (Tab. 10).
(1) Frühwinter (Nr. 1−5 in Tab. 10)
(2) Hoch- und Spätwinter (Nr. 6−12 in Tab. 10)

prüfen, inwieweit die scheinbare Konstanz der Geradensteigungen (Abb. 37) für Meßstellenreduzierungen genutzt werden kann.

Die Zusammenhänge zwischen a und b sind trotz der geringen Stichprobenumfänge beachtlich eng (Abb. 38 und Tab. 10).

Für die ersten fünf frühwinterlichen Termine, die sich durch hohe Korrelationen zwischen Wasseräquivalent und Höhe üNN auszeichnen (Tab. 9), errechnet sich unter Verwendung der mittleren Geradensteigung in 1400 m maximal nur 6,5 % Abweichung von den aus den tatsächlichen Regressionsgleichungen ermittelten Wasseräquivalenten.

Im Hochwinter streuen die Geradensteigungen stärker. Da sie nun abgeschätzt werden müßten, erweist sich dieses Verfahren trotz eines interessanten Ansatzes von BENKER (1972), den Schnittpunkt einer imaginären Regressionsgeraden mit der Ordinate zu schätzen und damit die (von der realen abweichende) Höhe festzulegen, in der das Wasseräquivalent Null wird, zum gegenwärtigen Zeitpunkt als völlig unpraktikabel.

Solche Ansätze für mögliche Meßstellenreduzierungen müssen angesichts der beschränkten Stichprobenumfänge im Bereich der Meßprofile sorgfältig abgesichert werden. Dazu dient ein Inventar von Regressionen, das ständig ergänzt wird.

Die Zusammenhänge zwischen Schneehöhe und Höhe üNN (Abb. 37 und Tab. 9) werden nicht näher ausgeführt, da sie Parallelen zum Wasseräquivalent aufweisen.

Die Relationen zwischen Wärmeumsatz in der Schneedecke, Windgeschwindigkeit, Überlagerungsdruck u. a. und Schneedichte bzw. Höhe üNN sind nach ALFORD (1967) nichtlinear und nicht konstant. Signifikant lineare Zusammenhänge zwischen Schneedichte und Höhe üNN müssen daher als Ausnahmen gewertet werden.

Auch MARTINEC (1966) kann aus den Mittelgebirgen der CSSR nur Ansätze linearer Höhenabhängigkeiten der Schneedichte berichten. Nach GRASNICK (1967) zeichnen sich in der DDR unterhalb 1200 m nicht einmal diese mehr ab. Dagegen nennt ALFORD (1967) für mittlere Lagen der Beartooth Mts. (Montana) bzw. der St. Elias Range (Yukon-Alaska) in 2600 bzw. 3600 m maximale Schneedichten, die sich mit abnehmenden Temperaturen gegen hohe und tiefe Lagen linear verringern.

HERRMANN (1973a, Tab. 4) hat im Hirschbachtal häufigste lineare Änderungen der Schneedichten mit der Höhe üNN an der schattseitigen Freilandschneedecke, seltenste in südexponierten Waldbeständen beobachtet. Er kommt u. a. zu dem Schluß, daß die Schneedichte im Unterschied zu Schneehöhe und Wasseräquivalent im Mittel einer Schneedeckenperiode nicht als signifikant lineare Funktion der Höhe beschrieben werden kann.

Diese Ansicht muß z. T. revidiert werden; denn Tab. 9 zufolge kann die Schneedichte zumindest im Mittel einer Schneedeckenperiode sehr wohl hoch mit der Höhe üNN korrelieren, und zwar in dieser Region wie 1971/72–1973/74 positiv. Danach wächst die Summe aus den Wirkungsfaktoren auf Dichteentwicklungen im Bereich des vorgestellten Meßprofils im längerfristigen Mittel linear mit der Höhe, gleichbedeutend zunehmender Verdichtung der Schneedecke.

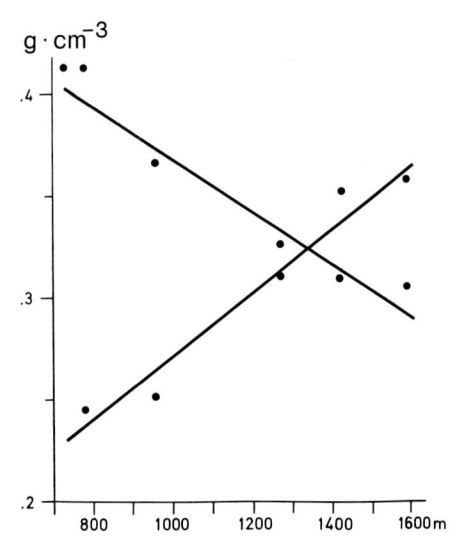

Abb. 39 Signifikante positive (25. 1. 1971) und negative Korrelationen (20. 3. 1971) zwischen Schneedichte (g cm^{-3}) und Seehöhe (m) auf nordexponierten Freilagen im Hirschbachtal bei Lenggries.

Schließlich seien mit r = +0,98 bzw. −0,97 zwei hochsignifikante Korrelationen aus dem Hirschbachtal vorgestellt, die sich typischen Witterungsbedingungen zuordnen lassen. Ihre Identifikation muß angesichts der wenigen Aufnahmetermine als Glücksfall gelten.

Im Januar 1971 wächst die Schneedichte nach vorangegangener frostiger Hochdruckwetterlage mit Bodeninversionen, wobei unterhalb 800 m Minimumtemperaturen von −20 °C gemessen werden, linear um 0,016 g cm^{-3}/100 m an (Abb. 39).

Zwei Monate später, als bei Föhnvorgängen die Maximumtemperaturen in Talnähe auf +20 °C ansteigen, gegenüber nur +9 °C in höheren Lagen, nimmt die Schneedichte u. a. infolge relativ höherer Schmelzwasseranreicherung in der Schneedecke unterer Tallagen um 0,013 g cm^{-3}/100 m ab.

5.1.4. Differenzen zwischen Freiland- und Waldschneedecken

Typische Verteilungsgrundmuster liegen in Differenzen des Wasseräquivalents Δw der Schneedecken des Freilands und benachbarter Waldbestände vor. Da die Schneedeckenmessungen ohne Rücksicht auf die für Erhebungen der Schneeinterception vorgeschriebenen Meßtermine — unmittelbar nach Schneefall und bei gerade schneefreien Baumkronen (VOGT 1975) — erfolgen, sind Δw in der Regel nicht als Interceptionsverluste, sondern als ‚catch differences' im Sinne des U.S. Army C. of Eng. (1956, S. 91) zu werten.

Im weiteren werden nicht Δw, sondern die prozentualen Anteile des Wasseräquivalents der Schneedecken im Wald p_W an den Freilandbeträgen verwendet.

Forsthydrologische Auswirkungen dieser ‚catch differences' werden in einer umfangreichen, weitgehend nordamerikanischen Spezialliteratur beschrieben, deren wichtigste Ergebnisse u. a. bei U.S. Army C. of Eng. (1956), JEFFREY (1970) und MEIMAN (1970) zusammengefaßt sind.

In Erkenntnis der wasserwirtschaftlichen Bedeutung des Waldes bemüht sich in der BRD allein der Forstliche Schneemeßdienst in Hessen (BRECHTEL et al. 1974) sehr intensiv, mit Hilfe eines gezielten Forschungsvorhabens „wissenschaftlich fundierte Richtlinien für eine aktive Schneebewirtschaftung durch forstliche Maßnahmen geben zu können" (BRECHTEL 1971 a, S. 239). Dabei interessieren weniger großräumige regelhafte zeitliche Schwankungen des Waldeinflusses auf Schneeakkumulationen, wie sie beispielsweise RAKHMANOV (1958) in Abhängigkeit von Großwetterlagen für die westliche UdSSR darstellt, sondern vielmehr repräsentative standortspezifische Bedingungen (BRECHTEL 1971 a).

Für die Region des bayerischen Alpenrands hat erstmals HERRMANN (1973 a, 1974 a, 1974 b) einige Grundzüge der Wasservorratsdifferenzen zwischen Freiland- und Waldschneedecken aufgezeigt. Im Rahmen des laufenden Forschungsprogramms wurde bislang nicht spezifisch forsthydrologischen Problemstellungen, sondern schwerpunktmäßig der Nutzungsmöglichkeit regelhafter Variabilitäten solcher Rücklagendifferenzen für rationelle Schneedeckenaufnahmen nachgegangen.

Am Beispiel ausgewählter Meßstellenkombinationen im Bereich der Aufnahmeprofile (Abb. 6) sollen einige Grundzüge der Entwicklung von p_W verdeutlicht und ihre Bedeutung für Meßstellenreduzierungen geprüft werden.

Dickungen und Stangenholzbestände (Di/Sth), Baum- und Althölzer (Bh/Ah) sowie Plenter- und Schutzwälder (Pl/Schu) werden der Übersichtlichkeit halber im folgenden zusammengefaßt. Als Betrachtungszeitraum bietet sich die Schneedeckenperiode 1974/75 mit erstmals wöchentlichen Meßterminen an.

Die verwendeten Schneemeßstellen liegen auf der Nordexposition am Fuße der Glaswand (~ 1200 m), im unteren Teil der östlichen (~ 1000 m) und der westlichen Profillinie (~ 800 m), außerdem in ~ 1000 m auf der Südexposition (Abb. 6).

In Abb. 40 wird p_W als abhängige Variable derjenigen Parameter beschrieben, die erfahrungsgemäß in größtmöglicher Näherung lineare Zusammenhänge herzustellen vermögen bzw. Grundlage für angestrebte Einschränkungen des Schneemeßprogramms bilden können.

Bei r = 0,87 korreliert p_W von Di/Sth sehr gut mit p_W des Nachbarbestands Bh/Ah (Abb. 40, 1). Größte absolute Abweichungen von der Regressionsgeraden finden sich erst gegen Ende der Frühjahrsablation, wenn die Wasserrücklagen im Bh/Ah rascher abgebaut werden. p_W fallen der Regression zufolge im Di/Sth durchschnittlich höher aus als im Bh/Ah.

Signifikante Korrelationen zwischen p_W von Di/Sth und p_W des noch lückigeren Schutzwalds zeichnen sich nicht ab, wohl aber zwischen diesem und p_W von Bh/Ah.

Abb. 40 (2) und Tab. 11 zufolge korreliert p_w positiv mit den im gleichen Bestand gemessenen Schneehöhen. Diese Tatsache bestätigt frühere Beobachtungen von HERRMANN (1973 a, Tab. 11), wonach im Hirschbachtal mit wachsender Schneedeckenmächtigkeit Δw zwischen Freiland und Wald und p_w gleichzeitig zunehmen.

Tab. 11 Korrelationskoeffizienten r mit Signifikanzniveaus S der in Abb. 40 dargestellten Beziehungen.

	(1) r	(1) S	(2) r	(2) S	(3) r	(3) S	(4) r	(4) S
a			0,82	10	0,75	10	0,75	10
b	0,87	0,1	0,82	5	0,92	0,1	0,82	5
c			0,74	0,1	0,92	0,1	0,77	0,1

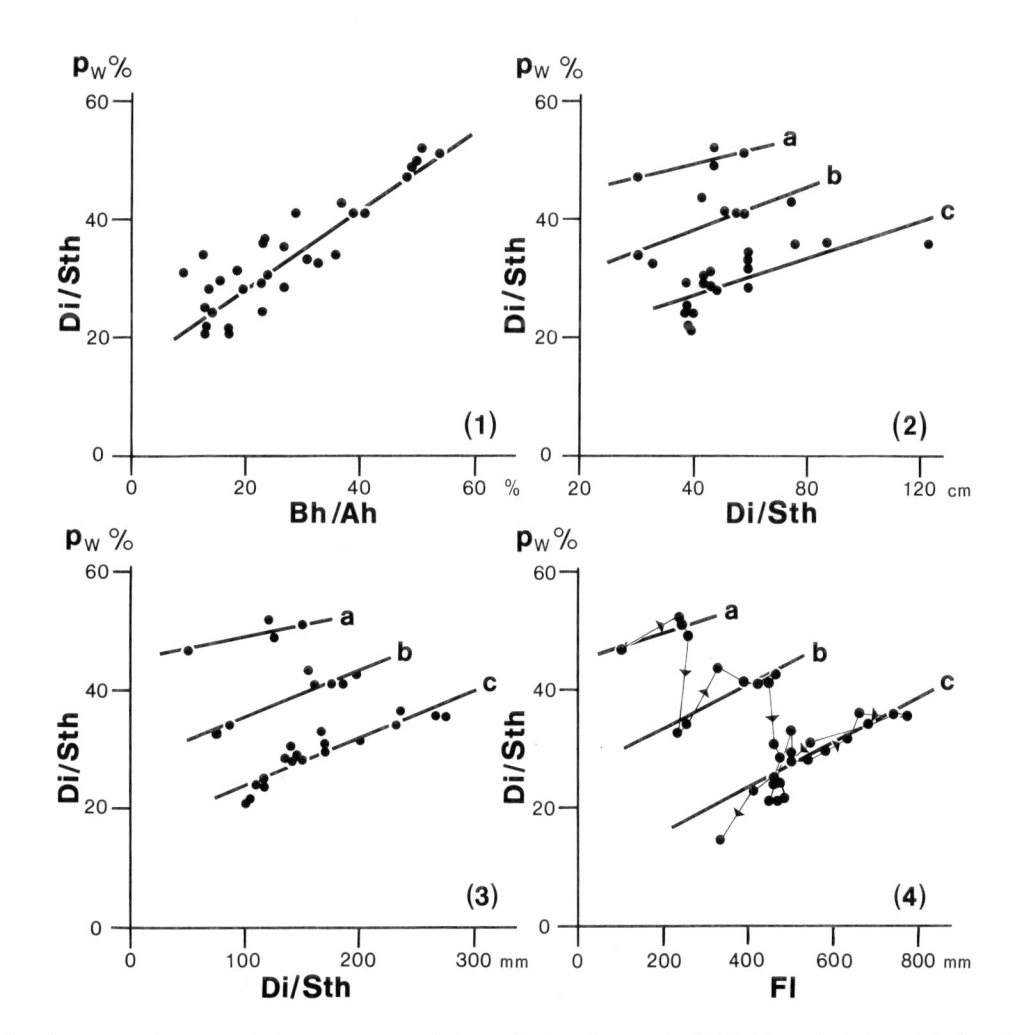

Abb. 40 Zusammenhänge zwischen p_w eines dichten Fichtenbestands (Di/Sth) und einigen lokalen Schneedeckenparametern am Beispiel einer nordexponierten Meßstellenkombination in 1200 m während der Schneedeckenperiode 1974/75 (Erläuterung s. Text).
Di/Sth: Dickung/Stangenholz   Bh/Ah: Baum-/Altholz   Fl: Freiland

Diese Erscheinung erklärt sich aus dem Energiehaushalt der Schneedecken.

Eine mächtigere bzw. Freilandschneedecke vermag einen größeren Kälteinhalt zu speichern als eine dünnere bzw. durch das Kronendach ausstrahlungsgeschütztere Waldschneedecke. Da Kälteinhalte bei Tauwetterlagen erst abgebaut sein müssen, ehe Schmelzwasser ausfließen kann, folglich bei einer mächtigeren Freilandschneedecke ein Teil des Energiedargebots noch für deren Temperaturänderung auf 0 °C verwendet wird, fallen bei den dünneren Waldschneedecken bereits Schmelzverluste an.

Aus Abb. 40 (2) ist ferner zu ersehen, daß bei gleicher Schneedeckenmächtigkeit spätherbstliche p_W (a) höher ausfallen als frühwinterliche (b), diese wiederum die p_W vom Hochwinter bis zur Frühjahrsablation (c) übertreffen

Aus eben genannten Gründen sinken p_W mit Auseinanderentwicklung der Schneedeckenhöhen im Wald und benachbarten Freiland durch Einflüsse ausgeprägter Tauwetterlagen, hier unter Föhneinfluß, außerdem sprunghaft von (a) → (b) → (c). Während die spätherbstliche mittlere Schneehöhe $\bar{h}$ = 43 cm im Di/Sth noch 50 % der mittleren Freilandschneehöhe erreicht, sinkt ihr Anteil bei $\bar{h}$ = 46 cm im Frühwinter auf 37 %, im Hoch- und Spätwinter bei $\bar{h}$ = 54 cm sogar auf 31 %.

Auch die in Abb. 40 (3,4) dargestellten Korrelationen sind mittelbar von diesem Schneehöheneffekt betroffen.

Während Zusammenhänge nach Art Abb. 40 (2) die Möglichkeit andeuten, aus gegebenem Freilandwasseräquivalent und den Schneehöhen im Wald das Wasseräquivalent dieser Waldschneedecke zu ermitteln, läßt sich mit Hilfe von Beziehungen nach Abb. 40 (3) das Wasseräquivalent der Freilandschneedecke abschätzen.

Rationellere Schneedeckenaufnahmen verspricht allerdings lediglich die Verwendung linearer Zusammenhänge zwischen p_W und den Wasseräquivalenten der Freilandschneedecken (Abb. 40, 4). Danach ließen sich Schneemessungen auf das Freiland beschränken. Dieses Verfahren ist jedoch auch nach vier Aufnahmewintern noch nicht befriedigend abgesichert und daher gegenwärtig nicht praktikabel. Zur Erhöhung der Erhebungsgenauigkeiten sind auch Einflüsse der Schneeinterception auf p_W zu berücksichtigen.

Die Schneeinterception wirkt derart, daß p_W je nach Kronendichte, Schneefalldauer und -intensität während eines Schneefalls mehr oder weniger tief absinkt. Massenzufuhr durch Abrutschen von Schnee von den Zweigen bzw. durch Tropfwasser (MILLER 1962) läßt p_W dann allmählich wieder anwachsen. Es erreicht oder überschreitet den Ausgangswert aber nur, wenn der prozentuale Anteil der Interceptionsverluste an der Niederschlagshöhe im Freiland gleich oder kleiner p_W des jeweiligen Bestands vor dem Schneefallereignis ausfällt. Da dies meist schon bei häufigen Schneefallergiebigkeiten $> 6-8$ mm d^{-1} (Abb. 13) der Fall ist, steigt p_W in der Regel nach Schneefällen an, um in schneefallosen Perioden aufgrund der oben aufgezeigten differenzierten Ablationsbedingungen wieder abzusinken.

Vor diesem Hintergrund ist die saisonale Entwicklung von p_W verschiedener Waldbestandsarten an ausgewählten Meßstellenkombinationen des Lainbachtals in Abb. 41 zu sehen.

In höheren nordexponierten Lagen (1200 m) bildet sich die nach Abb. 40 erwartete Ganglinie ab, die Perioden mit und ohne Schneefall nachzeichnet. Gegen tiefere und südexponierte Lagen, wo p_W im Di/Sth nicht nur im Mittel der vier Schneedeckenperioden über das der übrigen Bestandsarten dominiert, verstärken sich die Amplituden der Ganglinien aufgrund zunehmend häufiger Ausaperungen.

Folglich fallen p_W im Laufe einer Schneedeckenperiode in allen Bestandsarten umso konstanter aus, je kontinuierlicher die Schneedeckenentwicklung verläuft. Diese Annahme wird durch Variabilitätsanalysen der absoluten Rücklagendifferenzen Δw zwischen Freiland und Wald bestätigt.

Die Tatsache, daß Δw bei dünner Schneelage im Frühwinter klein, bei mächtiger am Ende des Schneedeckenaufbaus mit bis zu 600 mm in 1200 m sehr hoch ausfällt, erklärt seine beträchtlichen winterlichen Variabilitäten, deren räumliche Differenzierung nach Höhenlage, Exposition und Bestandsart aus Tab. 12 hervorgeht.

Tiefstwerte der Variabilitätskoeffizienten der mittleren Rücklagendifferenzen sind im allgemeinen mit ca. 40 % in höheren Lagen, unterhalb 1200 m mit 50–55 % in Bh/Ah-Beständen und bei gleicher Höhenlage offensichtlich in Nordexposition anzutreffen. Die Extremwertspannen erweitern sich in gleicher Folge.

Derartige statistische Angaben besagen nur, wie stark Δw im Laufe von Schneedeckenperioden variiert. Vertiefte Kenntnisse der Ursachen dieser Variabilitäten, die in Verbindung mit Abb. 40 bereits umrissen wurden, und zusätzliche praktische Erfahrungen könnten diesen Ansätzen zufolge einmal Meßstelleneinsparungen durch gezielte Schneemessungen erlauben.

Schließlich sei noch kurz auf unterschiedliche Schneehöhen und -dichten auf Freiflächen und in benachbarten Waldbeständen hingewiesen, deren Variabilitäten im Bereich kleiner Testflächen in Kap. 5.1.2., für ausgewählte Meßstellenkombinationen der Schneedeckenperiode 1974/75 in Tab. 12 aufgeführt sind.

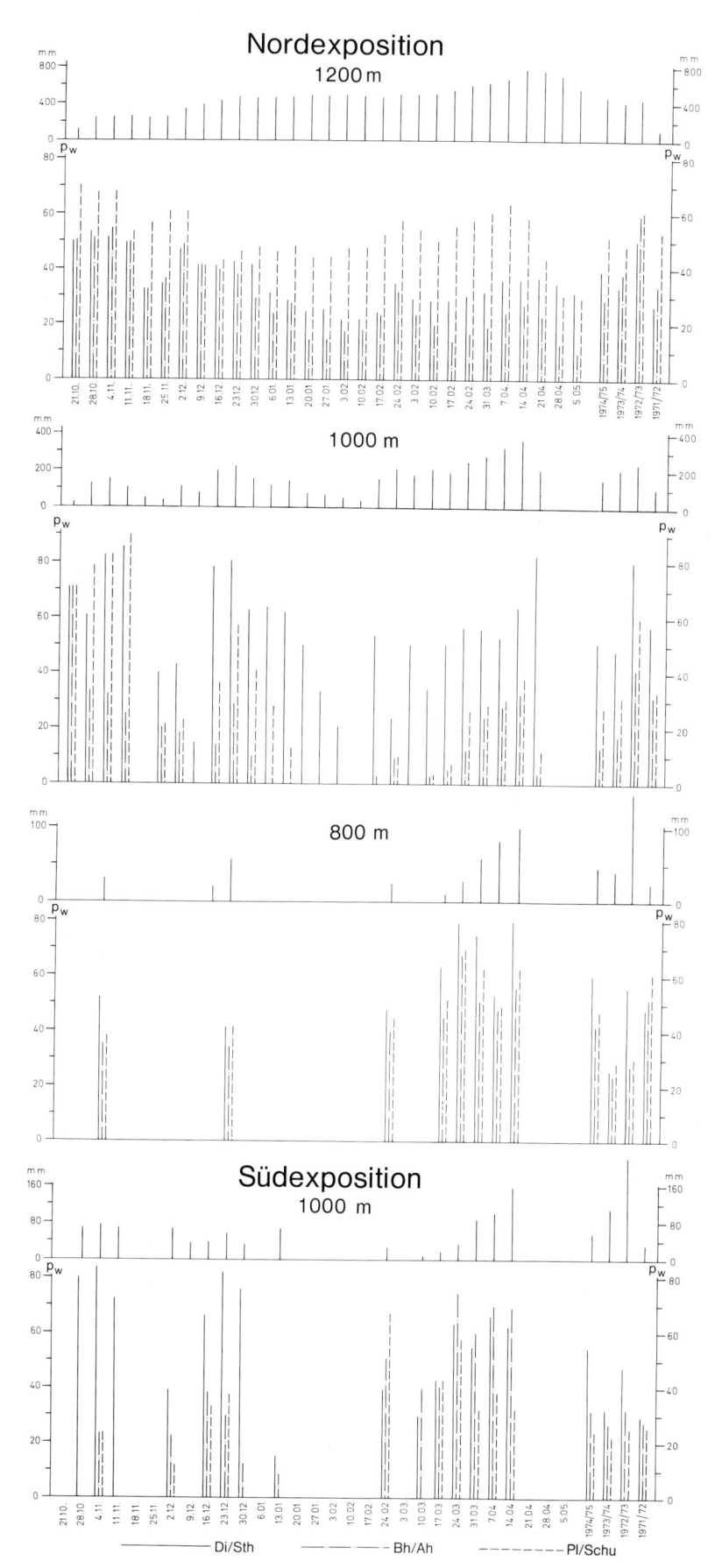

Abb. 41 Entwicklungen der p_w verschiedener Waldbestandsarten während der Schneedeckenperiode 1974/75 am Beispiel einiger Meßstellenkombinationen (Lagebeschreibung s. Text) mit Angaben des Wasseräquivalents der Freilandschneedecken und der mittleren p_w der Schneedeckenperioden 1971/72–1974/75.

Nach Tab. 12 verhalten sich die mittleren Abweichungen der Schneehöhendifferenzen zwischen Freiland und Waldbeständen größenordnungsmäßig wie die des Wasseräquivalents.

Die Schneedichte im Freiland fällt in der Regel höher aus als im Wald, wie auch BENKER (1972) erkannt hat. Hohe zeitliche Variabilitäten solcher Differenzen mit Variabilitätskoeffizienten > 100 % bestätigen wiederum die Ansicht, daß dieser Parameter nicht geeignet ist, in Verbindung mit zahlreichen Schneehöhenmessungen als Erhebungsgrundlage der in Schneedecken von Niederschlagsgebieten gebundenen Wasserrücklagen zu dienen.

Tab. 12 Statistische Daten zu Abweichungen der Schneedeckenparameter Höhe, Dichte und Wasseräquivalent in verschiedenen Waldbestandsarten von denen benachbarter Freiflächen.
Lagebeschreibung der Schneemeßstellen s. Text.

			Schneehöhe in cm			Schneedichte in g cm^{-3}			Wasseräquivalent in mm		
			Di/Sth	Bh/Ah	Pl/Sch	Di/Sth	Bh/Ah	Pl/Sch	Di/Sth	Bh/Ah	Pl/Sch
Nordexposition	1200 m	x_{min}	25,5	25,5	20	.002	.008	.001	50	50	30
		x_{max}	181	193	136,5	.174	.167	.103	500	597,5	478,5
		$\bar{x}$	100,7	109,4	71,0	.043	.038	.027	307,7	346,0	232,4
		s	36,4	43,8	29,9	.040	.042	.025	120,0	151,8	94,0
		V	36,2	40,0	42,0	93,1	110	90,1	39,0	43,9	40,5
		n	29	29	29	29	29	29	29	29	29
	1000 m	x_{min}	0	1	1	0	.001	.004	2,5	2,5	2,5
		x_{max}	39	81	57	.160	.264	.275	160	250	230
		$\bar{x}$	18,7	40,7	32,6	.039	.099	.077	68,2	149,9	112,7
		s	11,6	17,0	18,8	.037	.083	.070	45,6	73,8	79,7
		V	62,0	41,8	57,7	94,8	84,4	90,6	66,9	49,2	70,7
		n	25	17	19	25	17	19	25	17	19
	800 m	x_{min}	0	2	3	.002	.014	.003	4	6	6
		x_{max}	24,5	23	22,5	.161	.138	.129	39	44,5	43
		$\bar{x}$	10,0	11,3	12,6	.052	.046	.047	18,4	27,9	22,0
		s	7,7	7,7	7,0	.056	.039	.052	12,4	15,5	12,7
		V	77,4	68,3	55,1	107	85,5	111	67,7	55,7	57,5
		n	8	8	8	8	8	8	8	8	8
S-Exposition	1000 m	x_{min}	2,5	2	3	.011	0	.001	7	6	9
		x_{max}	22	27,5	29	.220	.163	.080	60	60,5	108,5
		$\bar{x}$	9,7	13,0	17,3	.085	.059	.036	23,5	33,4	45,3
		s	6,4	8,4	9,4	.070	.058	.029	17,9	19,0	30,0
		V	65,9	65,1	54,3	82,3	98,5	80,3	76,1	56,9	66,2
		n	15	13	10	15	13	10	15	13	10

x_{min} minimale Abweichung   s Standardabweichung
x_{max} maximale Abweichung   V Variabilitätskoeffizient
$\bar{x}$ mittlere Abweichung   n Stichprobenumfang

5.2. Verteilungsmuster von Gebietswasservorräten in der Schneedecke und ihre Bedeutung für Schneedeckenmessungen

5.2.1. Grundzüge der Wasservorratsverteilung

Räumliche Verteilungen der in Schneedecken gebundenen temporären Gebietswasserrücklagen resultieren im wesentlichen aus den in Kap. 2.3. und 5.1. beschriebenen Einflüssen von Waldbedeckung, Waldbestandsart und Höhe üNN, ferner der topographischen Parameter Exposition und Geländeneigung. Alle bedingen spezifische Prozesse der Akkumulation und Ablation von Schnee.

Als invariabler Ordnungsfaktor der Rücklagenverteilungen bietet sich die Höhe an, die ihrerseits nachweislich zahlreiche klimatologische Effekte auf Schneeakkumulationen kombiniert.

Die Summenkurven der mittleren Rücklagenhöhen während der Beobachtungswinter 1971/72–1974/75 veranschaulichen die herausragende Bedeutung der höheren Gebietsteile für Schneeansammlungen. Die Mediane überschreiten mit Werten zwischen 1180–1310 m die mittlere Gebietshöhe von 1030 m deutlich.

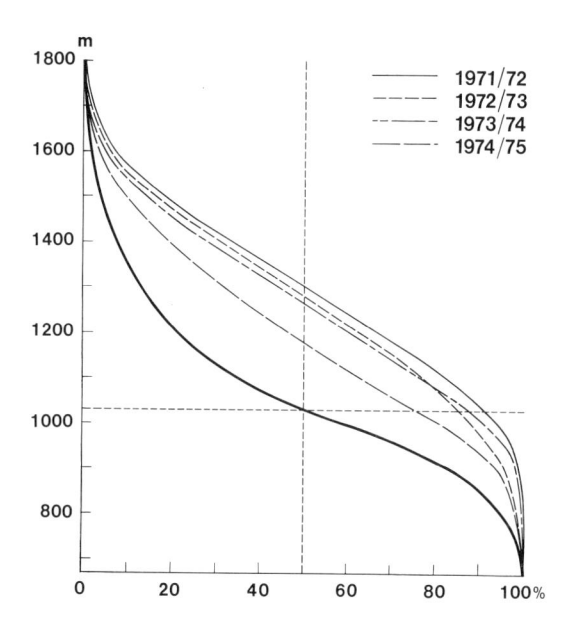

Abb. 42 Summenkurven der Gebietswasserrücklagen in Schneedecken und hypsometrische Kurve des Niederschlagsgebiets.

Größte Abweichungen von der hypsometrischen Kurve treten im schneearmen Winter 1971/72 auf. Stärkste Annäherungen werden überraschenderweise nicht im bislang schneereichsten Winter 1972/73, sondern im längsten Winter 1974/75 verzeichnet, dessen Schneedeckendauerkurven (Abb. 21) sich zwischen den mittleren und den Hochlagen recht gut dem Verlauf der hypsometrischen Kurve anpassen.

Divergenzen zwischen Summenkurven der mittleren saisonalen Rücklagenhöhen und hypsometrischer Kurve lassen sich demzufolge nicht allein durch absolute Rücklagenbeträge, sondern nur unter Berücksichtigung wenigstens der Schneedeckendiskontinuitäten im betrachteten Höhenintervall erklären.

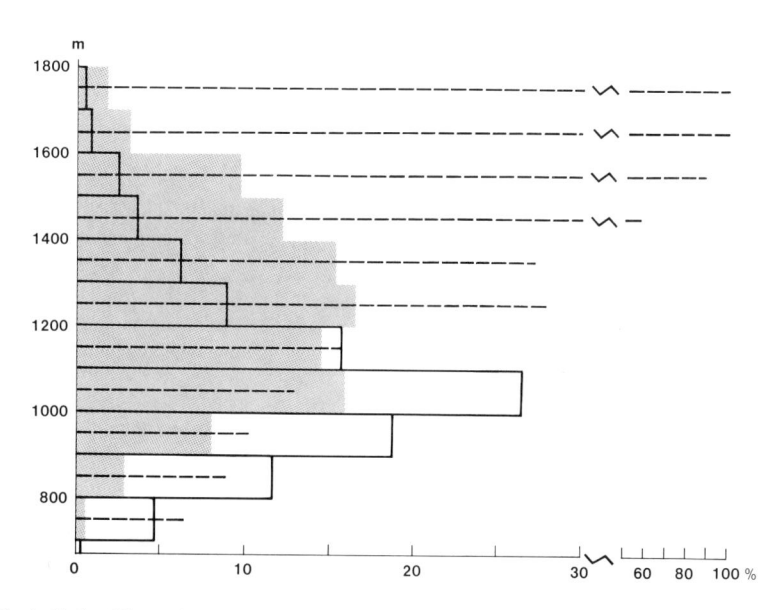

Abb. 43 Durchschnittliche Verteilung der in Schneedecken gespeicherten Gebietswasservorräte (1971/72–1974/75), Flächenverteilung (durchgezogene Linien) und Freiflächenanteile (gerissene Linien) der 100 m-Höhenintervalle.

In der oberen Gebietshälfte liegen durchschnittlich zwischen 76 % und 92 % der gemessenen Schneerücklagen im bislang schneeärmsten Winter. Die Rücklagenanteile der höhergelegenen Gebiete wachsen naturgemäß während winterlicher Ablationsperioden und mit fortschreitender Frühjahrsschneeschmelze (Abb. 45 u. 49).

Abb. 43 zufolge speichern die waldarmen höheren Teile oberhalb 1300 m auf nur 13,5 % der Gesamtfläche durchschnittlich immerhin 41,5 % der in Schneedecken gebundenen Gebietswasservorräte, gegenüber nur 11,5 % auf 35,3 % der Fläche unterhalb 1000 m. Trotz beobachteter Schneeverdriftung in tiefere Lagen werden in den waldfreien Gipfellagen auf nur 1,3 % der Fläche sogar knapp 5 % der Schneevorräte vermutet. Lediglich zwischen 1100–1200 m sind Flächen- und Rücklagenanteil nahezu identisch.

Bei dieser Gelegenheit sei ein für die projektierte Analyse des Abflußverhaltens der drei Teilniederschlagsgebiete vorteilhaftes Rücklagenmuster genannt.

Erfahrungsgemäß liegen im überwiegend gegen nördliche Richtungen exponierten Schmiedlainegebiet (765–1801 m, Tab. 1), das zu 80 % bewaldet ist und ausgedehnte freie Hochlagenanteile aufweist, auf 47,5 % der Gesamtfläche ständig mehr als die Hälfte der Schneevorräte. Die Anteile variieren zwischen 60 % (1972/73) und 69 % (1974/75).

Im zweitgrößten Teilgebiet der Kotlaine (765–1783 m), das nicht bevorzugt richtungsorientiert und ebenfalls zu 80 % bewaldet ist, erreichen Flächen- und Schneevorratsanteil mit 35 % und 28,5 % (1974/75) bis 34 % (1972/73) ähnliche Größenordnung.

Weit unterdurchschnittliche Schneerücklagen zwischen 2,5 % (1974/75) und 6 % (1972/73) kennzeichnen das am tiefsten gelegene, zu 2/3 südexponierte und mit 90 % am stärksten bewaldete Niederschlagsgebiet des Lainbachs i.e.S.

Die zeitlichen Entwicklungen der in den Teilniederschlagsgebieten gemessenen Schneevorräte sind für 1971/72 bei HERRMANN (1973 b, Abb. 6), für 1972/73 bei HERRMANN (1974 b, Abb. 3) und für 1973/74 in Abb. 50 dargestellt.

Die Zusammenhänge zwischen Gebietswasserrücklagen in Schneedecken und Höhe üNN lassen sich in der Regel, auch getrennt für Freiflächen und verschiedene Waldbestandsarten, durch statistisch signifikante lineare Regressionen beschreiben. Die Korrelationskoeffizienten liegen nun durchweg über 0,9, da lokale Rücklagensingularitäten kompensiert werden.

Abb. 44 stellt die für Zeitpunkte gemessener saisonaler Maximalrücklagen errechneten Regressionsgeraden der Schneehöhen und des Wasseräquivalents vor.

Erwartungsgemäß verursacht die Geländestufe im S des Gebiets Sprünge in den Regressionsgeraden, die meist Gradientverstellungen gleichkommen. Offensichtlich unter Einfluß einer allerdings nicht signifikanten Zunahme der Schneedichte mit der Höhe (vgl. Kap. 5.1.3.) beschreiben die Ausgleichsgeraden des Wasseräquivalents vorzugsweise im Wald vielfach stärkere Steigungsänderungen als die der Schneehöhen.

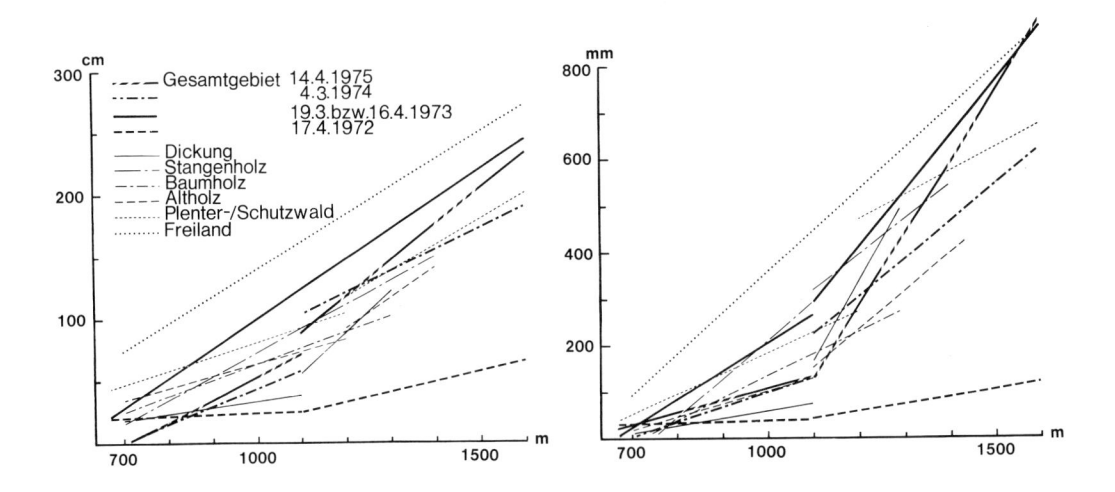

Abb. 44   Zusammenhänge zwischen Höhe üNN (m) und Gebietsschneehöhen (cm) bzw. Gebietswasseräquivalent (mm) z. Z. gemessener saisonaler Höchstwerte, 1973 aufgegliedert nach Freiflächen und Waldbestandsarten.

Angesichts zwischenzeitlicher Massenänderungen beschreiben die terminlich fixierten Schneemessungen Schneedeckenentwicklungen immer nur näherungsweise. Immerhin erlauben die 14tägigen, seit 1974/75 wöchentlichen Aufnahmen, erstmals Grundzüge des Entwicklungsgangs der Wasserrücklagen in ausgedehnten temperierten alpinen Schneedecken zu skizzieren.

In Abb. 45 entspricht absteigendem Verlauf der Rücklagen-Isoplethen Schneeauftrag, aufsteigendem Ablation. Horizontale Isoplethenanordnung kommt Gleichgewichtszuständen zwischen Akkumulation und Ablation oder unbedeutenden Massenverlusten der Schneedecke gleich.

Gradientversteilungen im Zuge der markanten Geländestufe im S zeichnen sich bereits im Frühwinter durch die bei 1100–1200 m ansetzende, bis zur Frühjahrsschneeschmelze erhaltene horizontale Isoplethenscharung ab, auf die knapp 1/3 der Gebietsfläche entfällt.

Im Bereich dünner, gegen tiefere Lagen zunehmend diskontinuierlicher Schneedecken unterhalb dieser Stufe wird der für temperierte Schneedecken typische unruhige Isoplethenverlauf verzeichnet. Wenngleich dem Speichervolumen dieses Höhenintervalls mit durchschnittlich ca. 1/3 der gemessenen Schneevorräte nur untergeordnete Bedeutung zukommt, steuert er das winterliche Abflußgeschehen doch ganz entscheidend, da von hier Schneeschmelz-, Schmelz- + Regen- und Regenwässer über den Lainbach zum großen Teil relativ rasch zum Direktabfluß kommen (Kap. 6.3.).

In höheren Lagen dominieren eng gescharte, horizontal verlaufende Isoplethen.

Während der Frühjahrsablation verstärkt sich die Engständigkeit der aufsteigenden Isoplethen gegen höhere Lagen fortschreitend, gleichbedeutend zunehmendem Rücklagenabbau pro Zeiteinheit. Abbauintensitäten werden in Kap. 5.3.1. näher ausgeführt.

Bemerkenswert erscheinen mehrfache zeitliche Verschiebungen der jeweiligen Kleinst- und Höchstspeicherungen höherer gegenüber tieferen Lagen um durchschnittlich 10 Tage, wie gedachte, von links unten nach rechts oben streichende Verbindungslinien der Minima und Maxima der Isoplethen verdeutlichen. Diese Erscheinung ist in der Schneedeckenperiode 1972/73 besonders markant ausgebildet (HERRMANN 1974b, Abb. 4).

Beim endgültigen Schneedeckenabbau, der naturgemäß in den unteren Tallagen ansetzt, treten Zeitverschiebungen von mehr als 6 Wochen auf. In Minimalwintern wie 1971/72, in denen sich untere und mittlere Lagen nach Schneevorräten nur unerheblich unterscheiden, kann sich diese Zeitspanne auf 4 Wochen und weniger verringern.

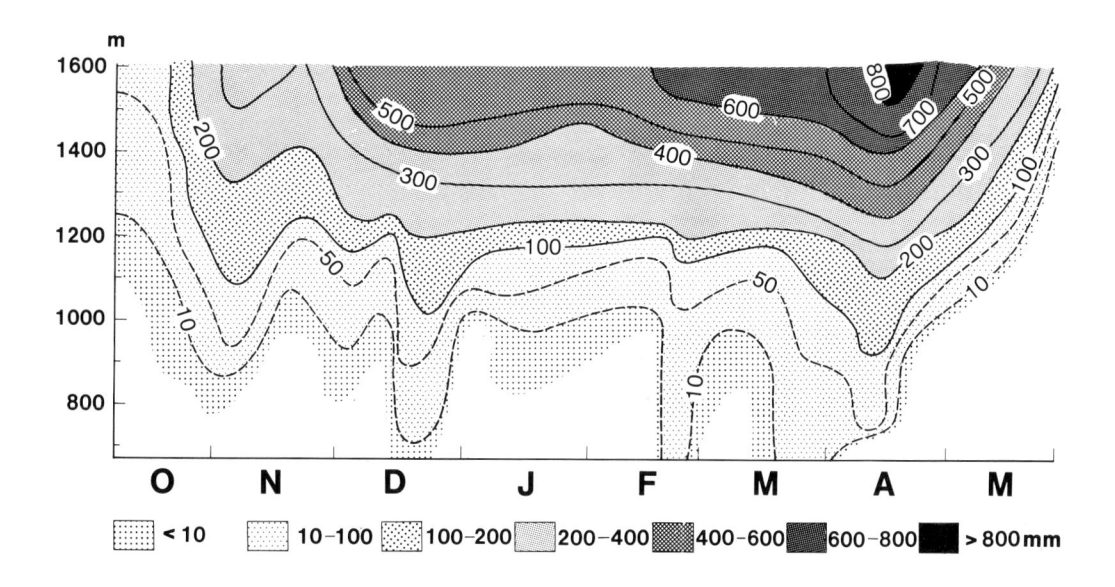

Abb. 45   Entwicklung der Gebietswasserrücklagen in der Schneedecke (in mm Wasseräquivalent) während der Schneedeckenperiode 1974/75.
Grundlage: Schneedeckenmessungen in wöchentlichem Abstand.

Schließlich sei das Verhältnis zwischen Gebietsschneevorräten im Freiland und in den verschiedenen Waldbestandsarten knapp umrissen, das bereits HERRMANN (1974 b) für Rationalisierungen der Schneedeckenmessungen zu nutzen suchte.

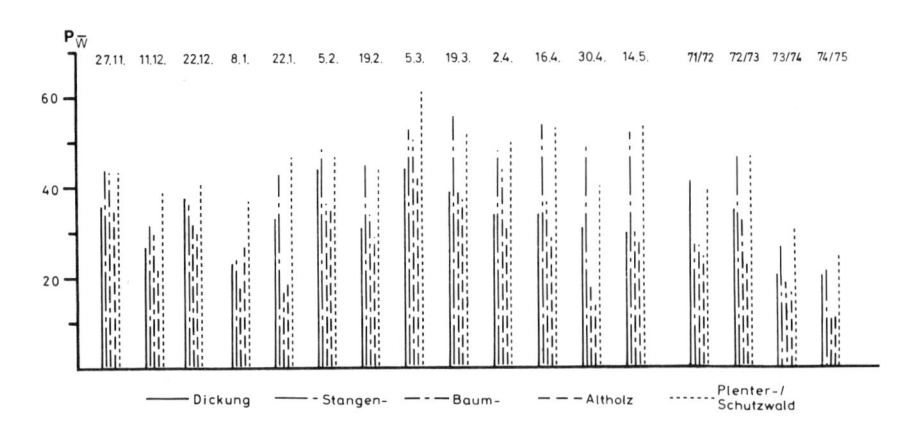

Abb. 46 Entwicklung von $p_{\overline{W}}$ in 800–1400 m während der Schneedeckenperiode 1972/73 mit mittleren $p_{\overline{W}}$ der Schneedeckenperioden 1971/72–1974/75.

Die prozentualen Anteile $p_{\overline{W}}$ der Gebietswasseräquivalente der Waldschneedecken an den Freilandbeträgen beschreiben charakteristische Ganglinien (Abb. 46).

Im Anschluß an die frühwinterliche Schneefallperiode sinken $p_{\overline{W}}$ im Laufe des Weihnachtstauwetters auf Tiefstwerte. Nach den hochwinterlichen Schneefällen werden in der Regel die geringsten Rücklagendifferenzen gemessen. Sie vergrößern sich im Spätwinter erneut, um gegen Ende der Frühjahrsschneeschmelze nur scheinbar wieder abzusinken, da nun ausschließlich höhere nordexponierte Lagen noch schneebedeckt sind.

Die Gebietswasservorräte in den Waldschneedecken erreichen durchschnittlich 20 % (1974/75) bis 40 % (1971/72) der Freilandbeträge. Höchste $p_{\overline{W}}$ entfallen mit 26–46 % auf laubholzreiche Plenterbestände und lückig-räumige Schutzwälder. In Baum- und Althölzern, deren Schneerücklagen nur geringfügig voneinander abweichen, werden dagegen nur 11–30 % angetroffen.

Diese Daten unterstreichen zwar die untergeordnete Bedeutung des Waldes als Schneereservoir. Doch da Wälder knapp 14 km² oder 86,5 % der Höhenstufe 800–1400 m einnehmen, entfallen auf sie im Mittel immerhin doch zwischen 60–75 % der saisonalen Schneevorräte.

Die $p_{\overline{W}}$-Ganglinien erscheinen bislang in Dickungen und Stangenhölzern bei Variabilitätskoeffizienten zwischen 20–35 % am meisten, bei 30–60 % in lückigeren Baum- und Altholzbeständen am wenigsten geglättet. Die in Abb. 46 zusammengestellten Mittelwerte lassen zwar keine unmittelbaren Zusammenhänge mit der durchschnittlichen Schneelage, wohl aber lose Abhängigkeiten vom Witterungsgang erkennen. So wächst $p_{\overline{W}}$ im Zuge ergiebiger Schneefälle bzw. verringert sich in Ablationsperioden. In gleicher Weise ändern sich die Streuungen von $p_{\overline{W}}$. Sie fallen in schneefallreichen Früh- und Hochwintern geringer aus als im Spätwinter und während der Frühjahrsschneeschmelze (HERRMANN 1974 b, Tab. 1).

In Kap. 5.1.4. erörterte hochvariable Einflüsse lokaler Parameter auf p_W werden im Gebietsmittel $p_{\overline{W}}$ nicht in dem Maße kompensiert, wie es die von HERRMANN (1974 b) mit vorsichtigem Optimismus als entwicklungsfähig erachtete Methode rationeller Schneedeckenmessungen erfordert hätte. So muß der Ansatz, unter Verwendung empirischer $p_{\overline{W}}$ brauchbare Abschätzungen der Gebietswasserrücklagen durch auf Freilandschneedecken beschränkte Messungen zu erzielen, bis auf weiteres zurückgestellt werden.

5.2.2. Bedeutung der Höhenabhängigkeit von Gebietswasservorräten in Schneedecken für deren Abschätzung

Bislang erlaubt nur ein bereits bei HERRMANN (1974 b) diskutierter Ansatz, das umfangreiche Schneemeßprogramm bei gleicher Aufnahmegenauigkeit einschneidend einzuschränken.

Nach Kap. 5.2.1. ändern sich die Gebietswasserrücklagen in den Schneedecken der 100 m-Höhenintervalle des Niederschlagsgebiets linear mit der Höhe üNN. Einfachste Beschreibungen dieses Zusammenhangs erfüllen lineare Funktionen des Typs

(1) $$y = a + b x.$$

Im Unterschied zu einem richtungsorientierten, gleichmäßig geböschten, waldlosen oder mit homogenem Waldbestand besetzten Idealhang fallen diese Zusammenhänge in einem derart komplexen Niederschlagsgebiet weniger eng aus. Ferner lassen sie sich Abb. 44 und 47 zufolge selten durch eine einzige das verfügbare Höhenintervall abdeckende lineare Funktion darstellen. Zusätzlich ändern sich die Koeffizienten a und b der Regressionsgleichungen witterungsbedingt ständig, nach Kap. 5.1.3. zum gegenwärtigen Zeitpunkt noch nicht kalkulierbar. Die Schneedeckenmessungen lassen sich daher günstigstenfalls so weit einschränken, daß jeweils die unteren und oberen 100 m-Stufen der beiden Höhenbereiche mit einem kompletten Meßprogramm belegt werden.

Durch dieses Aufnahmeverfahren ließen sich etwa 40 % der nach dem ersten Beobachtungswinter 1971/72 belassenen ca. 70 Repräsentativflächen einsparen. Bei durchschnittlichen Abweichungen um ± 1 % liefert es ausgezeichnete Näherungslösungen der nach der arbeitsaufwendigeren Methode ermittelten Schneerücklagen (Kap. 2.3.). So weichen die maximalen saisonalen Gebietsspeicherhöhen in Abb. 47 lediglich um + 0,8 % (1972) und + 0,1 % (1973), bzw. um − 0,2 % (1974) und − 0,7 % (1975) ab.

Vorzüge dieses sog. Regressionsverfahrens liegen in der Verringerung des Meßaufwands im Gelände, einfachen Rechenvorgängen und in seiner Reproduzierbarkeit in anderen Teilen dieser randalpinen Region. Mögliche Nachteile durch implizierte lineare Zusammenhänge zwischen Gebietsrücklagen und Höhe lassen sich bei hinreichend bekannten Rücklagenverteilungen durch engere Anpassungen an die natürlichen Verhältnisse mindern.

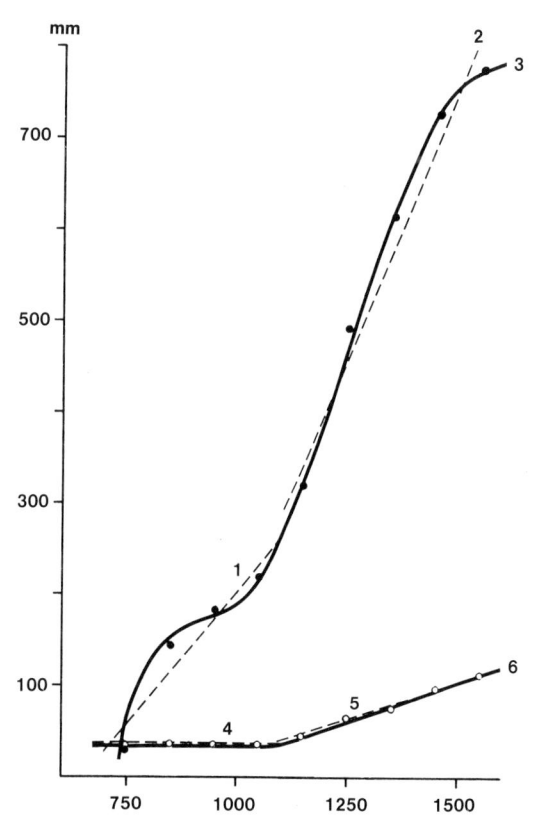

Abb. 47 Gebietswasserrücklagen in Schneedecken (in mm Wasseräquivalent) z. Z. saisonaler Maximalwerte als Funktion der Höhe üNN (in m), beschrieben durch lineare Regressionen und Polynome.

16. 4. 1973:
(1) $y = -386 + 0,59 \, x$
(2) $y = -1009 + 1,18 \, x$
(3) $y = 3,17 \cdot 10^{-4} \, x^3 - 3,75 \, x^2 + 2,17 \cdot 10^2 \, x - 4,91 \cdot 10^4$

17. 4. 1972:
(4) $y = 35,85$
(5) $y = -124 + 0,15 \, x$
(6) $y = -4,36 \cdot 10^{-6} \, x^3 + 2,41 \cdot 10^{-3} \, x^2 - 3,35 \cdot 10^{-2} \, x - 2,26 \cdot 10^2$

Dieser Forderung kann durch das schneebedeckte Höhenintervall bestreichende Ausgleichskurven mit großer Näherung entsprochen werden. Mangels Gesetzmäßigkeiten lassen die Erfahrungen von vier Beobachtungswintern die Darstellung der Kurvenfunktionen durch ganze rationale Polynome n-ten Grades

(2) $$y = a_n x^n + a_{n-1} x^{n-1} + \ldots a_1 x + a_0$$

in einem Gültigkeitsbereich von 700–1600 m, der durch Schneemessungen abgedeckt ist, als adäquat und praktikabel erscheinen (Abb. 47, Kurven 3 u. 6).

Das Kurveninventar der Schneedeckenperioden 1971/72–1974/75 gestattet es, bei ähnlichen wie den bekannten Schneeverhältnissen Gebietsrücklagen künftig mit vergleichsweise geringem Meßaufwand im Gelände und im Unterschied zum Regressionsverfahren den natürlichen Bedingungen besser angepaßt zu erfassen. Zu diesem Zweck müssen die Ausgleichskurven typischer Schneelagen zunächst normiert werden.

Dabei werden die unter den Kurven liegenden Flächen durch das entsprechende bestimmte Integral

(3) $$\int_{x_1}^{x_2} y(x)\, dx = \int_{x_1}^{x_2} (a_n x^n + \ldots + a_0)\, dx$$
$$= \left(\frac{a_n}{n+1} x_2^{n+1} + \ldots a_0 x_2 \right) - \left(\frac{a_n}{n+1} x_1^{n+1} + \ldots a_0 x_1 \right)$$

berechnet. x_2 ist für alle Polynome gleich, nämlich 1600 m, entsprechend der oberen Grenze des durch Schneemessungen abgedeckten Gültigkeitsbereichs.

Der jeweilige Flächeninhalt entspricht dem eines Rechtecks über dem Intervall (x_1, x_2). Die Höhe (y_m) dieses Rechtecks ergibt das gewichtete Mittel der Ordinatenwerte der Ausgangskurve. Das 3fache dieses gewichteten Mittels wird auf der Ordinate für alle Kurven in gleicher Entfernung vom Nullpunkt aufgetragen.

Auf diese Weise erhält jede Kurve eine eigene transformierte Ordinate, so daß derart transformierte Kurven unmittelbar miteinander vergleichbar sind. Derartiges Normierungsverfahren durch Ordinatentransformation fördert die optische Vergleichbarkeit der Kurven (Abb. 48), ohne die zugehörigen Polynome selbst zu verändern.

Die Normkurvenauswahl in Abb. 48 beschreibt typische Verteilungen in Schneedecken gebundener Gebietswasserrücklagen. Die Kurven sind der jeweiligen Schneelage entsprechend austauschbar; denn die frühwinterliche Kurve eines schneereichen kann beispielsweise der spätwinterlichen eines schneearmen Winters gleichen. Insofern ist die Zuordnung zu winterlichen Zeitabschnitten lediglich als Orientierungshilfe zu werten.

Die Kurven besagen, daß abgesehen vom Höhenbereich 1100–1400 m im Laufe von Schneedeckenperioden beträchtliche Verschiebungen der Rücklagenverteilungen zu verzeichnen sind. Schneedeckenmessungen müssen daher in den Hochlagen, deren Speichervolumen auf nur 6 % der Fläche durchschnittlich immerhin 18 % der Gebietswasserrücklagen ausmacht, und in den mit 8,4 km² oder 45 % der Fläche ausgedehntesten mittleren Lagen sehr sorgfältig durchgeführt werden. Dieser Forderung wird mit einer hohen Meßstellendichte in diesen beiden Höhenstufen entsprochen (Abb. 6).

Die Verwendung derartiger Normkurven verspricht bei hoher Beobachtungsgenauigkeit eine merkliche Arbeitsersparnis im Gelände, die bei ungünstigen Witterungsverhältnissen, langfristig bei vieljährigen Forschungsvorhaben angestrebt werden muß.

Der Arbeitsablauf einer solchen Schneedeckenaufnahme stellt sich so dar:

In einem ersten Schritt wird die der betreffenden Schneelage angemessene Normkurve identifiziert. Abgesehen von Ergebnissen vorangegangener kompletter Meßprogramme, die zur Kontrolle gelegentlich eingeschoben werden sollten, muß es der Erfahrung des Beobachters überlassen bleiben, welche Kurve er wählt und in welchen Höhenintervallen er Schneemessungen ansetzt. Dabei gilt es, deutliche Abweichungen der tatsächlichen Rücklagenverteilung von dieser Normkurve durch Schneemessungen zu erfassen. Das gewählte Polynom wird dann nur noch mit dem Quotienten aus tatsächlichen Meßwerten und den Rücklagen nach dem Polynom multipliziert.

Diesen Vorgang verdeutlicht folgendes Beispiel:
Die mutmaßliche Verteilung der Gebietsrücklagen unterscheidet sich von der durch ein Polynom beschriebenen Typkurve

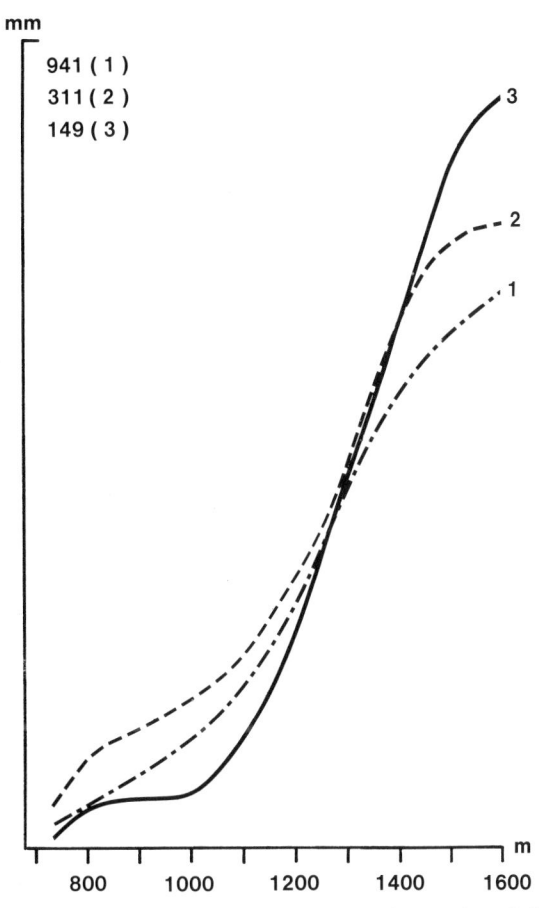

Abb. 48 Normierte mittlere Verteilung der Gebietswasserrücklagen (in mm) in Schneedecken als Funktion der Höhe (in m) für (spät-) frühwinterliche (3), hochwinterliche (1) und (früh-) spätwinterliche (2) Schneelagen.

(1) $y = 1{,}57 \cdot 10^{-4} x^3 - 1{,}88 \cdot 10^{-1} x^2 + 1{,}1 \cdot 10^2 x - 2{,}51 \cdot 10^4$
(2) $y = -5{,}96 \cdot 10^{-5} x^3 + 6{,}0 \cdot 10^{-2} x^2 - 2{,}97 \cdot 10^1 x + 5{,}81 \cdot 10^3$
(3) $y = 1{,}72 \cdot 10^{-5} x^3 - 2{,}26 \cdot 10^{-2} x^2 + 1{,}4 \cdot 10^1 x - 3{,}3 \cdot 10^3$

nur durch Parallelverschiebung. Schneemessungen haben für eine gewählte Höhenstufe 750 mm, nach dem Typpolynom 1000 mm Gebietsrücklage ergeben. Die Multiplikation dieses Polynoms mit dem Faktor 0,75 liefert die gesuchten Rücklagenwerte.

Die Abweichungen von den nach dem Regressionsverfahren errechneten Gebietsspeicherhöhen belaufen sich derzeit auf maximal ± 2 %.

Das Normkurvenverfahren liefert damit brauchbare Abschätzungen der Gebietswasserrücklagen in Schneedecken auf Grundlage von lediglich ca. 20–25 Schneemeßstellen.

Im Laufe der Frühjahrsablation kommt die natürliche Rücklagenentwicklung dem Wunsch nach einem zeitsparenden Meßprogramm dadurch entgegen, daß die Rücklagenkurven durch Beschneidung der unteren Kurvenäste parallelverschobene Tieferlegungen in Richtung Ordinatennull erfahren.

Kurven nach Art Abb. 49, deren obere Partien den oberen linken Ästen der Gauß'schen Normalverteilungskurve ähneln, beschreiben typische, immer wieder beobachtete Abbaumuster.

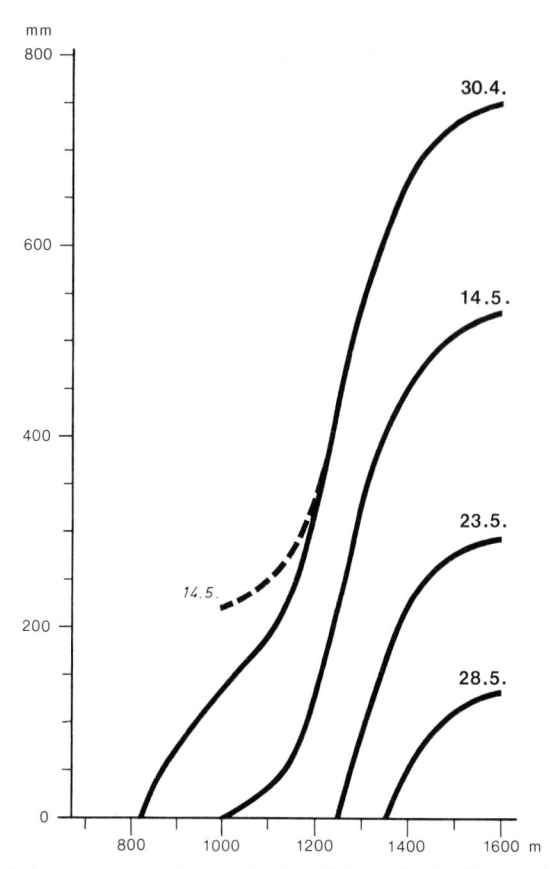

Abb. 49 Abbaumuster der Gebietswasserrücklagen in der Schneedecke (in mm) im Frühjahr 1973.

5.3. Massen- und Energiebilanz der Schneedecken

5.3.1. Massenbilanzen

Die beschriebenen Zustände lokaler und regionaler Verteilungsmuster in Schneedecken gebundener Wasservorräte resultieren aus deren Massenbilanzen b, die mit HOINKES (1970) als algebraische Summen aus positiver Akkumulation c und negativer Ablation a

(1) $$b = c + a$$

definiert sind. Dabei sind c und a Zeitintegrale.

Im Unterschied zum Haushaltsjahr von Gletschern, das als Zeitintervall zwischen den beiden Minima t_1 und t_2 einer b als Funktion der Zeit darstellenden Kurve festgelegt ist, wobei der Zeitraum zwischen t_1 und dem Maximum t_m als Akkumulationsperiode, derjenige zwischen t_m und t_2 als Ablationsperiode bezeichnet wird (HOINKES 1970, UNESCO/IASH/WMO 1970), ist die Nettomassenbilanz einer temporären Schneedecke

(2) $$b_n = \int_{t_1}^{t_2} b \, dt$$

i m m e r gleich Null. Abweichend vom üblichen Gebrauch wird b_n daher im weiteren auch für kürzere Zeitintervalle verwendet.

b_n, die algebraische Summe aus tatsächlicher Akkumulation und Ablation, gilt streng genommen nur für spezifische Meßpunkte. Die entsprechenden Bilanzvolumina B ergeben sich durch Integration dieser spezifischen Bilanzgrößen über die Flächen S zu

(3) $$B = C + A = \int_S b_n \, dS.$$

Die Dimension ist äquivalentes Wasservolumen.

Im Unterschied zu Gletscherhaushaltsuntersuchungen (HOINKES 1970) sind die zur Bestimmung von B benötigten Zeitgrenzen der Integration t_1 und t_2 an temporären Schneedecken immer eindeutig fixierbar.

Definitionen und Symbolgebungen der verwendeten Massenhaushaltsparameter lehnen sich an HOINKES (1970) bzw. Vorschläge ihrer internationalen Standardisierung durch UNESCO/IASH (1970) an.

Hinsichtlich der Bilanzgröße A wird im folgenden zwischen A_t, das die Massenverluste im Gesamtgebiet beschreibt, und A_{eff} unterschieden. A_{eff} sind die an den tatsächlich schneebedeckten Flächen S_s auftretenden effektiven Massenverluste. Sie errechnen sich zu

(4) $$A_{eff} = \int_{S_s} a \, dS_s$$

in den Dimensionen äquivalente Wassersäulen oder -volumina pro Zeiteinheit.

Massenänderungen bzw. Bilanzvolumina der temperierten Winterschneedecken im Lainbachtal werden am Beispiel der Schneedeckenperiode 1973/74 näher ausgeführt, wenn u. a. 3/5 der maximalen winterlichen Schneevorräte ohne nennenswerte Regeneinwirkung innerhalb von nur 2 Wochen abgebaut werden. Außerdem sind erstmals Vergleiche mit gemessener und aus dem Energiehaushalt berechneter Nettomassenbilanz einer Lysimeterschneedecke (Kap. 5.3.2.2.) möglich.

Die Bilanzgrößen C und A der durch Schneedeckenmessungen gesetzten Zeitintervalle sind in Abb. 50 aufgeführt.

Quantifizierungen der Massenänderungen zwischen den Schneedeckenaufnahmen können unter Einbeziehung der Niederschlagsdaten nur summarisch für diese Zeitabschnitte erfolgen.

Auf dieser Grundlage errechnete totale Massenverluste A_t beinhalten zwangsläufig Interceptionsverluste. Ferner fallen sie als Folge der terminlich gebundenen Schneemessungen in Fällen, in denen am Meßtermin noch Schneemassen auf den Bäumen zurückgehalten werden, momentan zu hoch aus (8.–21. 1. 1974), wenn größere Regenmengen in der Schneedecke gespeichert werden, zu niedrig (22. 1.–4. 2. 1974). Solche Einflüsse sind beim gegenwärtigen Kenntnisstand erst lokal kalkulierbar.

1973/74 errechnet sich ein Gebietswasserumsatz über den festen Aggregatzustand von 540 mm Wassersäule $\triangleq 10 \cdot 10^6$ m³ Wasser.

Diese Wassermenge würde ausreichen, den Wasserbedarf von München knapp 20 Tage oder denjenigen von Kempten ein Jahr lang zu decken.

Wie in den anderen Schneedeckenperioden sind die Massensalden der durch die Schneemeßtermine vorgegebenen 14tägigen Zeitintervalle auch während der Akkumulationsperiode häufig deutlich negativ (Abb. 50). Dies trifft vor allem für das Weihnachtstauwetter und föhnreiche, zugleich schneefallarme Winterperioden zu. Der höchste beobachtete Massengewinn überhaupt beläuft sich von Mitte Februar bis Anfang März 1974 auf 64 mm $\triangleq 1,2 \cdot 10^6$ m³. Er trägt dazu bei, daß ab Mitte Dezember 1973 trotz mehrmaligen Ausaperns unterer Tallagen eine Mindestspeicherung von 168 mm $\triangleq 3,1 \; 10^6$ m³ in der Gebietsschneedecke gewährleistet ist.

Diese temperierten randalpinen Schneedecken unterscheiden sich vom kalten hochalpinen Schnee durch permanente Massenverluste. So errechnen sich für 1973/74 durchschnittliche Gebietsverluste A_t von 2,9 mm d^{-1} $\triangleq 0,055 \cdot 10^6$ m³ d^{-1}. 2–2,5 mm d^{-1} vom Früh- bis Spätwinter stehen in der föhnreichen Hauptschmelzperiode von Mitte bis Ende März 5–6 mm d^{-1} gegenüber. Bis dahin sind bereits 75 % des Wasserumsatzes über den festen Aggregatzustand erfolgt. Allein im März machen die Massenverluste der Schneedecke 1/3 des totalen Bilanzvolumens aus.

Ähnlich hohe Ablationsraten wie zur Hauptschmelze fallen mit 4,2–4,5 mm d^{-1} noch einmal von Mitte April bis Anfang Mai an, wenn dünne, nasse Neuschneedecken, die bis in höhere Lagen auf bereits aperem Grund abgelagert wurden, wieder rasch abgebaut werden.

Anschließend sinken die Verlustraten bei in einstrahlungsgeschützten nordexponierten Lagen verbliebener Restschneedecke nur unter Einfluß ergiebiger Frühjahrsregen nicht unter 1 mm d^{-1} ab.

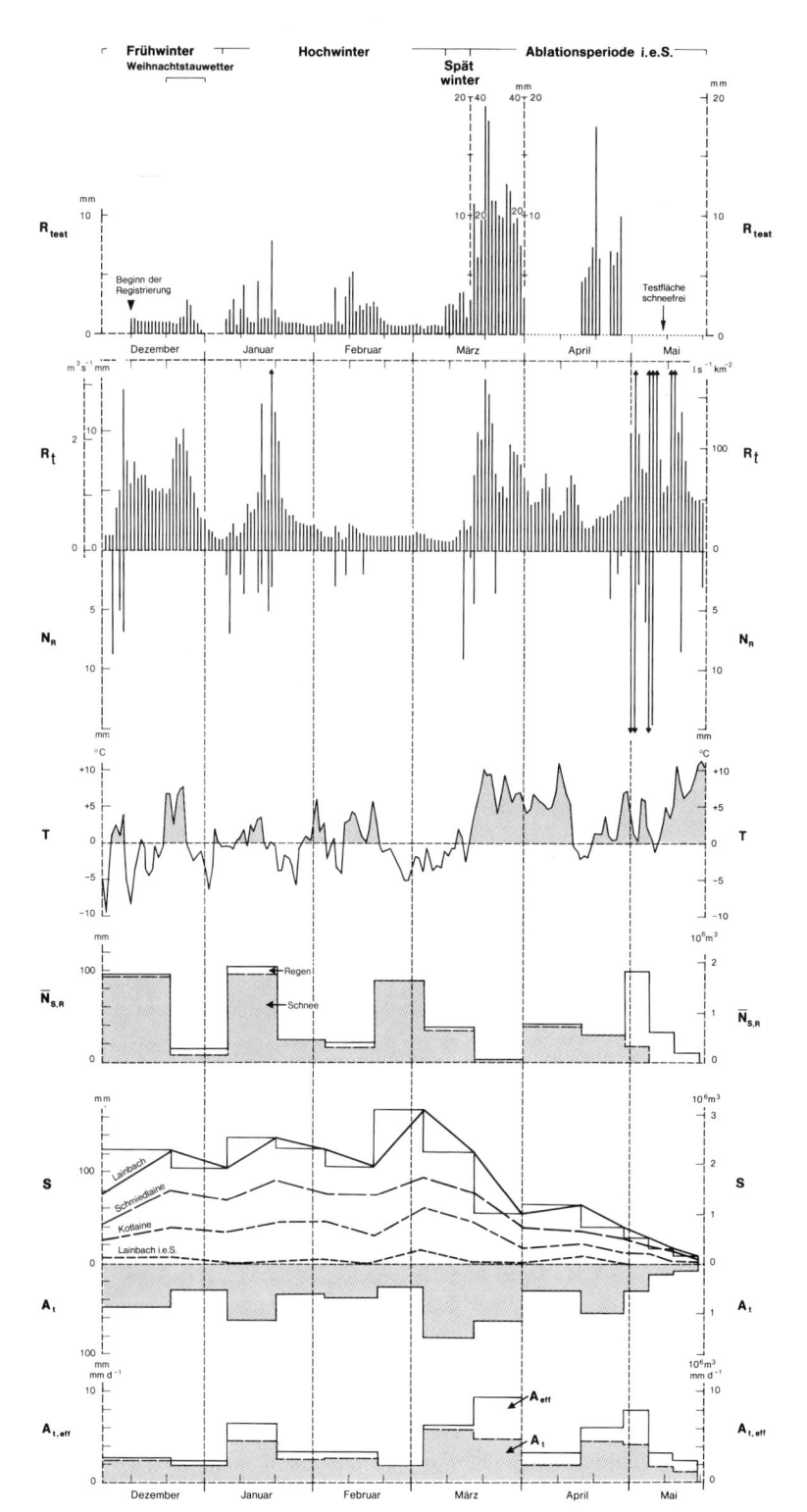

Abb. 50 Gebietsabflüsse und Lysimeterabflüsse im Freiland, meteorologische Daten der Klimahauptstation Eibelsfleck (1030 m), Gebietsniederschläge und Massenänderungen der Gebietsschneedecke während der Schneedeckenperiode 1973/74.

R_{test} Schneedeckenabfluß vom Freilandlysimeter
R_t Gebietsabfluß (Lainbach)
N_R Regenhöhe in mittlerer Gebietshöhe (1030 m)
$\bar{N}_{S,R}$ Gebietsniederschlag (Schnee, Regen)
T Temperatur in mittlerer Gebietshöhe
S Wasserrücklagen in der Gebietsschneedecke
A_t totale } Massenverluste der Gebietsschneedecke
A_{eff} effektive

Erwartungsgemäß sind die effektiven Massenverluste der Schneedecke A_{eff} Abb. 50 zufolge in Zeiträumen mit großflächigen Ausaperungen, die Abb. 51 zu entnehmen sind, am höchsten. So wird in der Hauptschmelzperiode 1974, in deren Verlauf die Schneegrenze von 950 m auf 1200 m steigt, mit 9,3 mm d^{-1} höchstes A_{eff} aller Beobachtungswinter ermittelt. Gleichzeitig erfährt die Schneedecke des Freilandlysimeters durchschnittlich 22,5 mm d^{-1} Massenverlust.

Um die Monatswende April/Mai fallen noch einmal 8 mm d^{-1} an, ehe A_{eff} allmählich gegen 2 mm d^{-1} absinkt.

Die mittleren täglichen Massenverluste der Gebietsschneedecke 1973/74 sind in Abb. 51 dargestellt. Sie sind oberhalb der gerissenen Linien mit A_{eff} identisch.

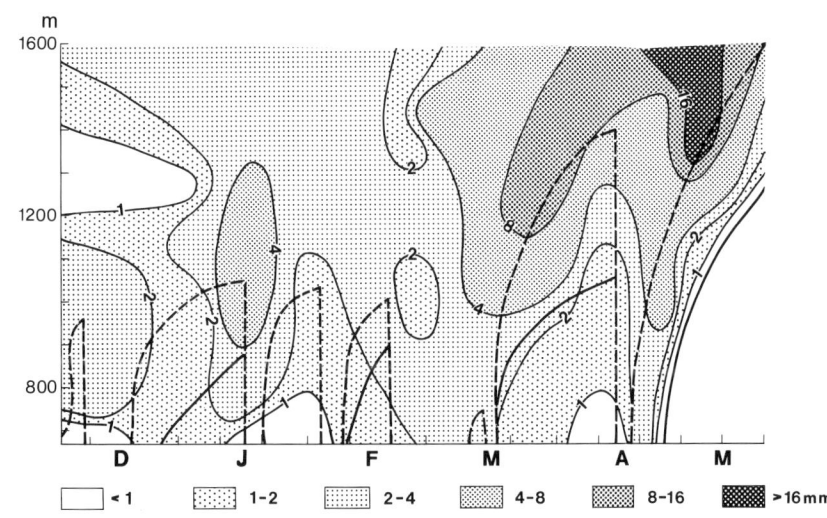

Abb. 51 Durchschnittliche tägliche Massenverluste der Gebietsschneedecke (in mm Wasseräquivalent) während der Schneedeckenperiode 1973/74.
Grundlage: Schneedeckenmessungen in 14tägigem Abstand und Niederschlagmessungen
dicke durchgezogene Linien: Obergrenzen aperer Gebietsteile
gerissene Linien: Untergrenzen geschlossener Schneedecken

Dabei zeigt sich, daß mit der Hauptschmelze im März eine charakteristische vertikale Differenzierung der Verlustraten ansetzt, wenn in sonnenbeschienenen schneereichen Hochlagen pro Zeiteinheit bis zu 5mal soviel Schnee abgebaut wird wie in tiefen Lagen.

Nach den in Kap. 6.2.2. ausgeführten Erfahrungen ist der Hauptgrund dafür in der Tatsache zu sehen, daß bei gleich hohem Wärmeangebot und unter sonst gleichen Bedingungen eine mächtige Schneedecke pro Zeiteinheit höhere Massenverluste erfährt als eine dünne.

So werden oberhalb 1000 m Ablationsraten $>$ 4 mm d^{-1} verzeichnet, gegenüber 1–4 mm d^{-1}, vorherrschend 2–3 mm d^{-1} in unteren Lagen und während der winterlichen Zeitabschnitte. In letzteren wären die Verlustraten noch weniger differenziert, würde ausschließlich A_{eff} betrachtet, das größenordnungsmäßig zwischen 1,5–2,5 mm d^{-1} erreicht.

Die in Abb. 51 von links unten nach rechts oben streichenden Flächen gleicher mittlerer Wasserverluste entsprechen deren allmählich fortschreitender Intensivierung von Tal- gegen Hochlagen. Diese Tatsache trägt entscheidend zur Dämpfung der schneeschmelzgespeisten Frühjahrshochwässer bei (Kap. 6.2.3.).

Aus der Forderung nach einfachen Methoden zur Abschätzung von Massenverlusten an Schneedecken wurde u. a. das Näherungsverfahren des degree-day factor (Gradtagfaktor) entwickelt (U.S. Army C. of Eng. 1956). Am Beispiel der Schneedeckenperiode 1972/73 wurde seine Verwendbarkeit im Lainbachtal eingehend geprüft (HERRMANN 1974 b), so daß hier die damaligen Erfahrungen zusammengefaßt werden sollen.

Der Gradtagfaktor GF errechnet sich zu

$$GF = \frac{(S_n + C_t) - S_{n+1}}{G},$$

wobei S_n Wasservorrat der Gebietsschneedecke (mm Wassersäule) am Termin n
       S_{n+1} Wasservorrat der Gebietsschneedecke am Termin n+1
       C_t totale Akkumulation zwischen den Terminen n und n+1
       G Anzahl der Gradtage in K d.

Die sog. Gradtage entsprechen den positiven Tagesmitteltemperaturen, die graphisch aus den auf Thermographenstreifen von 0°C-Linie und positiven Temperaturkurven eingeschlossenen Flächen, dividiert durch die Zeit, ermittelt werden. Die Dimension des Gradtagfaktors ist mm K^{-1} d^{-1} in der gewählten Zeiteinheit.

Der Darstellung von GF in Abb. 52 liegen die Gradtage der 100 m-Höhenstufen zugrunde, die durch Interpolation bzw. Extrapolation der verfügbaren Stationswerte errechnet wurden (HERRMANN 1974b, Abb. 11).

Der Versuch, Massenverluste der Gebietsschneedecken im Lainbachtal mit positiven Tagesmitteltemperaturen als Ersatzparameter für die Wärmehaushaltsgrößen (Kap. 5.3.2.1.) zu korrelieren, führt z. B. 1972/73 zu folgenden Ergebnissen:
Die vorherrschend senkrechte Anordnung der GF-Isoplethen in Abb. 52 zeichnet gut die wichtigsten Zeitabschnitte dieser Schneedeckenperiode nach (vgl. Abb. 22):

So endet der Frühwinter, in dem bis in mittlere Lagen 2–4 mm G^{-1} abgebaut werden, in einer niederschlagslosen Frostperiode mit < 0,5 mm G^{-1}.

Im Hochwinter, der sich durch zahlreiche Wechsel von Schneefallereignissen und Strahlungswetterlagen auszeichnet, werden trotz normal tiefer Temperaturen unerwartet hohe GF ausgemacht.

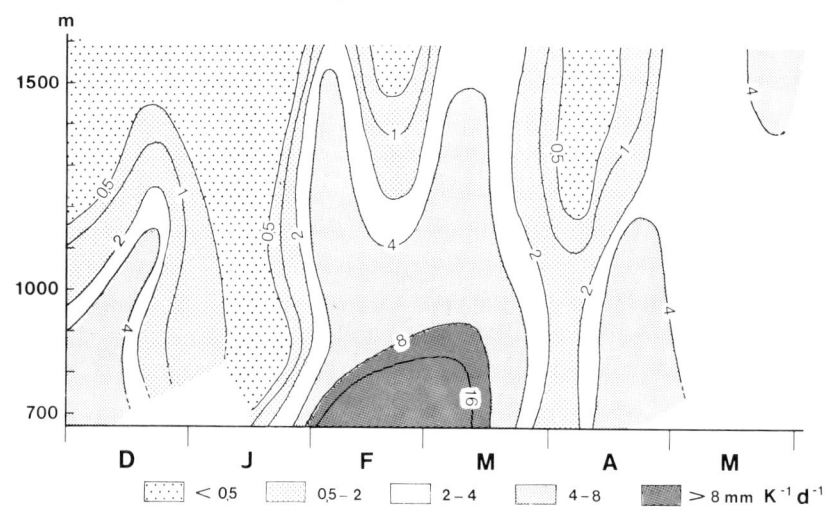

Abb. 52 Entwicklung der Gradtagfaktoren (mm K^{-1} d^{-1}) während der Schneedeckenperiode 1972/73.
Grundlage: 14tägige Schneedecken- in Verbindung mit Niederschlagsmessungen.

Im Laufe der schneefallreichen spätwinterlichen Kälteperiode sinken die Werte noch einmal kräftig ab, in höheren Lagen sogar auf < 0,5 mm G^{-1}. Nach letzten ergiebigen Schneefällen um Mitte April setzt die Frühjahrsablation mit neuerlichem Anstieg ein.

Zur zeitlichen tritt eine beachtliche räumliche Variabilität von GF. Sie nehmen in der Regel von unteren gegen höhere Tallagen ab. Ferner liegen sie in den Wäldern meist deutlich über den Freilandwerten.

Während Plenter- und Schutzwaldbestände im Frühwinter noch mit dem mittleren Freilandbetrag von 7 mm G^{-1} identisch sind, weisen die anderen Bestandsarten bereits 150 % davon aus.

U. a. infolge beträchtlicher Interceptionsverluste ist die hochwinterliche Situation durch Vergrößerung der Differenzen auf 150 % der 18 mm G^{-1} Freilandablation im lückigen Plenter- und Schutzwald, auf 175 % in dichten Dickungs- und Stangenholzbeständen und auf 250 % in vergleichsweise gut durchlüfteten Baum- und Althölzern gekennzeichnet.

Mit Einsetzen der Frühjahrsschneeschmelze verringern sich diese Differenzen wieder. In den lückigen Bestandsarten werden nun 130 %, in den dichten gar nur 95 % der 4 mm G^{-1} im Freiland beobachtet.

Entgegen früheren Hoffnungen von HERRMANN (1973 b, 1974 b) bieten das Gradtag- und ähnliche Verfahren, die wie z. B. den bei MÜLLER (1953) ausgeführten, von KERN (1971) zumindest qualitativ bestätigten Zusammenhang zwischen Schneeschmelze und dem Verhältnis des Dampfdrucks in der Luft zum Sättigungsdampfdruck über Schnee in Form der Äquivalenttemperatur der Luft als Eingangsgröße zu nutzen bestrebt sind, für sich genommen aus Gründen, die z. T. in Kap. 6.2.2. diskutiert werden, immer nur sehr grobe Abschätzungen der Massenverluste an Gebietsschneedecken. Diese mögen praktischen wasserwirtschaftlichen Forderungen nach statistisch verläßlichen Zuflußvorhersagen wie bei WÖHR (1959) oder FROHNHOLZER (1967, 1975) Rechnung tragen, weniger aber einer Erfüllung des hier gesteckten Forschungsziels.

Günstigste Voraussetzungen für erfolgreiche Anwendungen von Gradtagverfahren u. ä., wie sie u. a. U.S. Army C. of Eng. (1956), MARTINEC (1960), KUZMIN (1961) und GARSTKA (1964) in Hinblick auf Abflußprognosen für schneebedeckte Einzugsgebiete nennen, scheinen nach eigener Erfahrung immer nur in Perioden mit 0°-isothermer Gebietsschneedecke, dann offensichtlich auch lediglich lokal gegeben (Kap. 6.2.2.).

Weiterführende Berechnungsansätze der Massenverluste von Gebietsschneedecken werden in Kap. 6.2.3. und 6.2.4. diskutiert.

5.3.2. Energiebilanzen

5.3.2.1. Energiebilanzgrößen

Die an der Schneeablation beteiligten Wärmehaushaltskomponenten sind seit langem bekannt (de QUERVAIN 1948). Ihre Wirkungsweise wurde u. a. von HOFMANN (1963), in jüngerer Zeit von KRAUS (1972) theoretisch erweitert und abgesichert.

Die Meßanordnungen zum Energiehaushalt der Lysimeterschneedecken auf dem Eibelsfleck (Kap. 2.2.) wurden unter Berücksichtigung der Erfahrungen von AMBACH (1965, 1972) instrumentiert. Registrierende Schneelysimeter gestatten es, die berechneten Energiehaushalte der Schneedecken zu überprüfen.

Energiehaushaltsstudien an alpinen Schneedecken werden bislang nahezu ausschließlich in vergletscherten Hochregionen oberhalb 2000 m betrieben. Dabei liegen Berechnungen der Schnee- und Eisablation bzw. Schmelzwasserspenden dieser Gebiete (LANG 1970, HOINKES 1970, AMBACH 1972, WENDLER & WELLER 1974) meist Erfahrungen mit innerhalb oder nahe der Einzugsgebiete eingerichteten Testfeldern zugrunde (AMBACH & HOINKES 1963, AMBACH 1965, FÖHN 1973, WENDLER & ISHIKAWA 1973, MARTINEC 1974). Je nach ihrer meßtechnischen Ausstattung gelingt es dabei, Massenänderungen dieser Schneedecken über ihren Energiehaushalt in mehr oder weniger guter Näherung und zeitlicher Auflösung zu berechnen.

Über ähnlich intensive Energiehaushaltsstudien an einer temperierten Schneedecke unterer alpiner Lagen hat erstmals HERRMANN (1974c) berichtet.

Der Energiehaushalt einer Schneedecke kann mit AMBACH (1965) durch die Gleichung

(1) $$Q_s + Q_f + Q_l = Q_{abl} + Q_w$$

beschrieben werden, worin Q_s der Gesamtsaldo der Strahlungsenergie, Q_f fühlbare und Q_l latente Wärmeströme, Q_{abl} die verbrauchte Schmelzenergie, Q_w die bei der Temperaturänderung der Schneedecke verbrauchte Energie ist.

Die zum Schmelzen einer 0°-isothermen Schneedecke verfügbare Energie ergibt sich danach zu

(2) $$Q_{abl} = Q_s + Q_f + Q_l.$$

Bei einem Kälteinhalt der Schneedecke wird ein Energiebedarf Q_w zu ihrer Temperaturänderung auf 0 °C erforderlich. Dieser errechnet sich zu

(3) $$Q_w = c_e \int_0^h \varrho(z) \vartheta(z) \, dz \, [\text{Ly}],$$

wobei c_e die spezifische Wärme des Eises (0,5 cal g^{-1} grd^{-1}), ϱ die Dichte (g cm^{-3}) einer Schneeschicht von der Dicke dz in der Höhe z über Grund, ϑ der Absolutbetrag der Schneetemperatur dieser Schicht in °C.

Der Wärmefluß vom Boden, der abhängt von der Temperaturdifferenz zwischen Boden und Luft, der Temperatur an der Unterseite der Schneedecke, der Wärmeleitfähigkeit von Boden, Schnee und Luft und nicht zuletzt von der Schneedeckenmächtigkeit (de QUERVAIN 1948), erweist sich gegenüber der Energiezufuhr von der Schneedeckenoberfläche vernachlässigbar klein.

So lassen die vorliegenden Meßreihen auf dem Eibelsfleck den Schluß zu, daß ein Energiefluß von 1 Ly d^{-1}, der zur Temperaturänderung der Schneedecke oder bei 0°-Isothermie zum Schmelzen beiträgt, kaum überschritten wird. Damit erreicht die Wärmezufuhr vom Boden nur etwa 1/10 der im arktischen Kanada (GOLD 1958) oder in der alpinen Hochregion (de QUERVAIN 1948) beobachteten Größenordnung.

Weit wirkungsvoller erweisen sich bei meist umgekehrten Temperaturgradienten und dünnen Schneelagen die günstigen Wärmeleit- und Absorptionseigenschaften des Bodens. Sie erklären u. a. die Energieüberschüsse gegen Ende des Schneedeckenabbaus, mit denen der Boden erwärmt wird, wie steigende Bodentemperaturen bestätigen (Kap. 6.2.2., Abb. 54).

Die fühlbaren und latenten Wärmeströme Q_f und Q_l können für Schneeoberflächen AMBACH (1965) zufolge mit den Formeln

(4) $$Q_f = c_p \, A \, \frac{d\vartheta}{dz} \, t$$

(5) $$Q_l = 600 \, A \, \frac{0{,}623}{p} \, \frac{de}{dz} \, t$$

berechnet werden. Darin ist c_p die spezifische Wärme der Luft bei konstantem Druck, A der Austauschkoeffizient, $\frac{d\vartheta}{dz}$ der Gradient der potentiellen Temperatur, p der Luftdruck, $\frac{de}{dz}$ der Dampfdruckgradient, t die Zeit.

Der Austauschkoeffizient A wird in der Regel als Tagesmittelwert aus der Schubspannungsgeschwindigkeit berechnet. Das logarithmische Gesetz für das mittlere Windprofil wurde auf dem Eibelsfleck im Winter 1973/74 durch zahlreiche Kontrollmessungen für gültig befunden. Die Temperatur- und Dampfdruckgradienten wurden 1973/74 mit ventilierten Psychrometern in 20 und 200 cm über Schneeoberfläche ermittelt.

Nach HOINKES & UNTERSTEINER (1952) kann anstelle der potentiellen auch die tatsächlich gemessene Temperatur eingesetzt werden. Da ferner für Profile von Temperatur, Dampfdruck und Windgeschwindigkeit näherungsweise das logarithmische Gesetz gilt, sich nach AMBACH (1963, S. 118) der Rauhigkeitsparameter z_o in Bezug zur Oberfläche in zahlreichen Energiehaushaltsstudien an Schneedecken nahezu konstant bei 0,01 cm gefunden hat, lassen sich fühlbare und latente Wärmeströme unter Umgehung des nach Gleichungen (4) und (5) erforderlichen Meßaufwands in guter Näherung auch aus Messungen von Temperatur, Dampfdruck und Windgeschwindigkeit in einer einzigen Höhe über Schneeoberfläche berechnen.

AMBACH (1972) nennt für Schneeoberflächen folgende Beziehungen:

(6) $$Q_f = \frac{p}{p_o} \, 0{,}191 \, v_{200} \, \vartheta_{200}$$

(7) $$Q_l = 0{,}392 \, v_{200} \, (e_{200} - 4{,}58)$$
bei Kondensation: $(e_{200} - 4{,}58) > 0$

(8) $$Q_l = 0{,}444 \, v_{200} \, (e_{200} - 4{,}58)$$
bei Verdunstung: $(e_{200} - 4{,}58) < 0,$

bei Verwendung stündlicher Mittelwerte in der Dimension Ly h^{-1}. Darin sind p_o und p Normaldruck und tatsächlicher Luftdruck in Torr, v die Windgeschwindigkeit in m s^{-1}, ϑ die Lufttemperatur in °C und e der Dampfdruck in Torr. T, v und e werden in 200 cm über Schneeoberfläche gemessen.

Von der Dampfdruckdifferenz ($e_{200} - 4{,}58$) hängt es ab, ob der Schneedecke die Kondensationswärme von 600 cal g^{-1} zugeführt oder die Verdunstungswärme von 680 cal g^{-1} entzogen wird.

Auch wenn Gleichungen (6), (7) und (8) noch weitere vereinfachende Annahmen beinhalten, z. B. Gebrauch des Austauschkoeffizienten A bei adiabatischen Bedingungen oder desselben Rauhigkeitsparameters z_0 für Temperatur-, Dampfdruck- und Windprofile, scheint ihre Anwendung aufgrund der guten Übereinstimmungen zwischen gemessenen und aus dem Energiehaushalt berechneten Schmelzwasserverlusten der Lysimeterschneedecken (Kap. 5.3.2.2.) gerechtfertigt. Ihnen wird daher zumindest in dieser Anfangsphase gegenüber anderen Näherungslösungen z. B. bei E. A. ANDERSON (1968) der Vorzug gegeben.

Diese vereinfachten numerischen Beziehungen haben den Vorzug, daß sich die Meßdatenerhebungen auf T, e und v in 200 cm über Schneedeckenoberfläche und den Luftdruck p beschränken. Der Dampfdruck e wird dabei nicht mehr aus der psychrometrischen Differenz, sondern aus Messungen von Lufttemperatur und relativer Luftfeuchte bestimmt.

5.3.2.2. Energiebilanzen der Schneedecken

Am Beispiel der 2 wöchigen Frühjahrsschneeschmelze im März 1974 sollen einige Grundzüge des Energiehaushalts der Lysimeterschneedecke im Freiland (1030 m, T_4 in Abb. 6) vorgestellt werden. Sie sind u. a. durch die zur Abb. 54 verarbeiteten Meßdaten belegt.

Der aus dem Energiehaushalt berechnete Schmelzwasserverlust beläuft sich vom 17. März bis zum Ausapern der Lysimeterfläche in der Nacht zum 30. März auf 298 mm Wasseräquivalent. Er stimmt mit dem Lysimeterabfluß von 293 mm gut überein und bestätigt ebenso günstige, an mächtigeren Schneedecken gewonnene Ergebnisse in Hochgebirgslagen (AMBACH 1965, FÖHN 1973).

Die berechnete Abschmelzrate setzt sich wie folgt zusammen:

Strahlungswärme Q_s	+ 1877 Ly ≙	+ 234,5 mm
fühlbare Wärme Q_f	+ 536 Ly ≙	+ 67,0 mm
latente Wärme Q_l	− 27 Ly ≙	− 3,5 mm
Kondensationswärme	+ 59 Ly =	+ 7,5 mm
Verdunstungswärme	− 86 Ly =	− 11,0 mm
$Q_s + Q_f + Q_l$	+ 2386 Ly =	+ 298,0 mm

Die am 23. März durch Regen zugeführte Wärmemenge von 1,4 Ly, die 0,17 mm Wasseräquivalent Schnee schmilzt (vgl. Abb. 66), blieb hier unberücksichtigt.

Wie in hochalpinen Lagen ist die Strahlung Hauptenergielieferant, der ca. 80 % der zum Schmelzen verwendeten Wärme stellt. Der Energiegewinn aus latenter Kondensationswärme fällt mit knapp 2,5 % erwartet gering aus.

Aus Hochgebirgslagen werden Abweichungen zwischen aus dem Energiehaushalt berechneter und gemessener täglicher Schnee- bzw. Eisablation bis zu 50 % berichtet, so vom Peyto Glacier, Alberta, Canada aus 2510 m von FÖHN (1973) oder vom McCall Glacier, Brooks Range, Alaska aus 1730 m von WENDLER & ISHIKAWA (1973) für 14 bzw. 11tägige Meßperioden. Abb. 53 zufolge erreichen derartige Differenzen auch im Lainbachtal diese Größenordnung:

Während in der 1. Hälfte dieser Ablationsperiode die Schmelzabflüsse nicht durch ein äquivalentes Energiedargebot abgedeckt sind, werden am Ende durchweg nicht zum Schmelzen verwendete Energieüberschüsse verzeichnet. Die überschüssige Energie wird zur Erwärmung des Bodens verwendet, wie rasch bis 20 cm Tiefe vordringende Anstiege der Bodentemperaturen belegen (Abb. 54).

Im Zeitraum 17.–21. März beläuft sich das fehlende Energieäquivalent auf 184 Ly ≙ 23 mm Schmelzwasseräquivalent. Selbst wenn der freie Wassergehalt am Beginn dieser Frühjahrshauptschmelze, 1,6 Vol% = 13,5 mm Wassersäule, vom Fehlbetrag subtrahiert wird, sind immer noch 9,5 mm nicht durch den äquivalenten Energiebetrag von 76 Ly abgedeckt.

Dieses Energiedefizit wird noch dadurch erhöht, daß am 19. und 20. März die in den frühen Morgenstunden bis in 2–4 cm Tiefe gefrorene Schneedeckenoberfläche entsprechend Gleichung (3), Kap. 5.3.2.1., wieder auf 0 °C temperiert werden muß.

Demselben Zweck dienen Teile des nicht durch Schmelzwasseräquivalente belegten positiven Energiesaldos in der 2. Hälfte dieser Schmelzperiode.

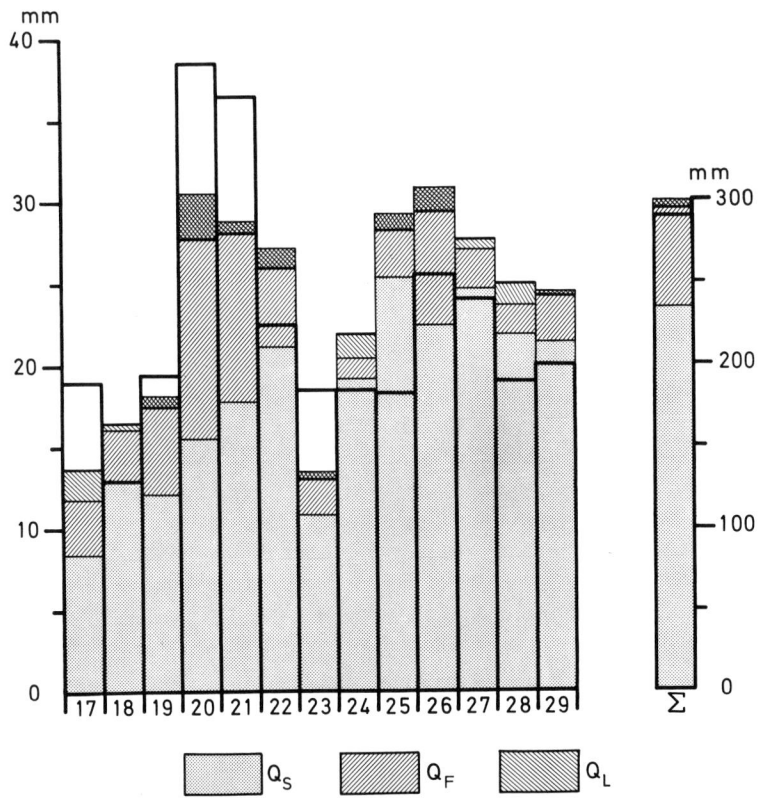

Abb. 53 Gemessener (dick ausgezogene Säulen) und aus dem Energiehaushalt berechneter täglicher Lysimeterabfluß im Freiland während der Frühjahrsschneeschmelze im März 1974.
Q_S Strahlungsenergie
Q_F fühlbare Wärme
Q_L latente Wärme

Der Saldo der latenten Wärmeströme Q_l ist aufgrund wiederholter Föhntätigkeiten, damit verbundener Verdunstungssteigerung leicht negativ. Ausgedrückt in mm Schmelzwasseräquivalent fallen durch Kondensationswärme +7,5 mm, durch Verdunstungswärme aber −11 mm an. Mit 0,1 mm d^{-1} erreicht die Schneeverdunstung die Untergrenze der in hochalpinen Lagen beobachteten Größenordnung (de QUERVAIN 1951, FÖHN 1973). Die maximale Verdunstungsrate wird unter Föhneinfluß mit 0,35 mm d^{-1} am 20. März erzielt.

Damit liegt die schneehydrologische Bedeutung von Föhnvorgängen weniger in erhöhten Verdunstungsbeträgen, sondern vielmehr in merklich gesteigerter Zufuhr an fühlbarer Wärme und Strahlungsenergie, wie bereits in Kap. 3.1.3. näher ausgeführt wurde.

Die berechneten Verdunstungsraten bestätigen die von KERN (1955, 1959) in dieser Region gefundenen Werte. Sie fallen damit sehr viel kleiner aus, als nach dem ersten Beobachtungswinter 1971/72 vermutet wurde (HERRMANN 1973b). Massenverluste der dünnen Schneedecke wurden damals z. T. noch ungleich höheren Verdunstungsraten zugeschrieben, da sie keine entsprechenden Abflußerhöhungen des Lainbachs erzeugten. Inzwischen ist sicher, daß die wie 1973/74 anteilig etwa gleich hohen Schmelzverluste der Schneedecke zunächst das bereits im niederschlagsarmen Spätherbst angelegte hohe Bodenwasserdefizit abgebaut haben, daher nicht unmittelbar zum Abfluß kommen konnten.

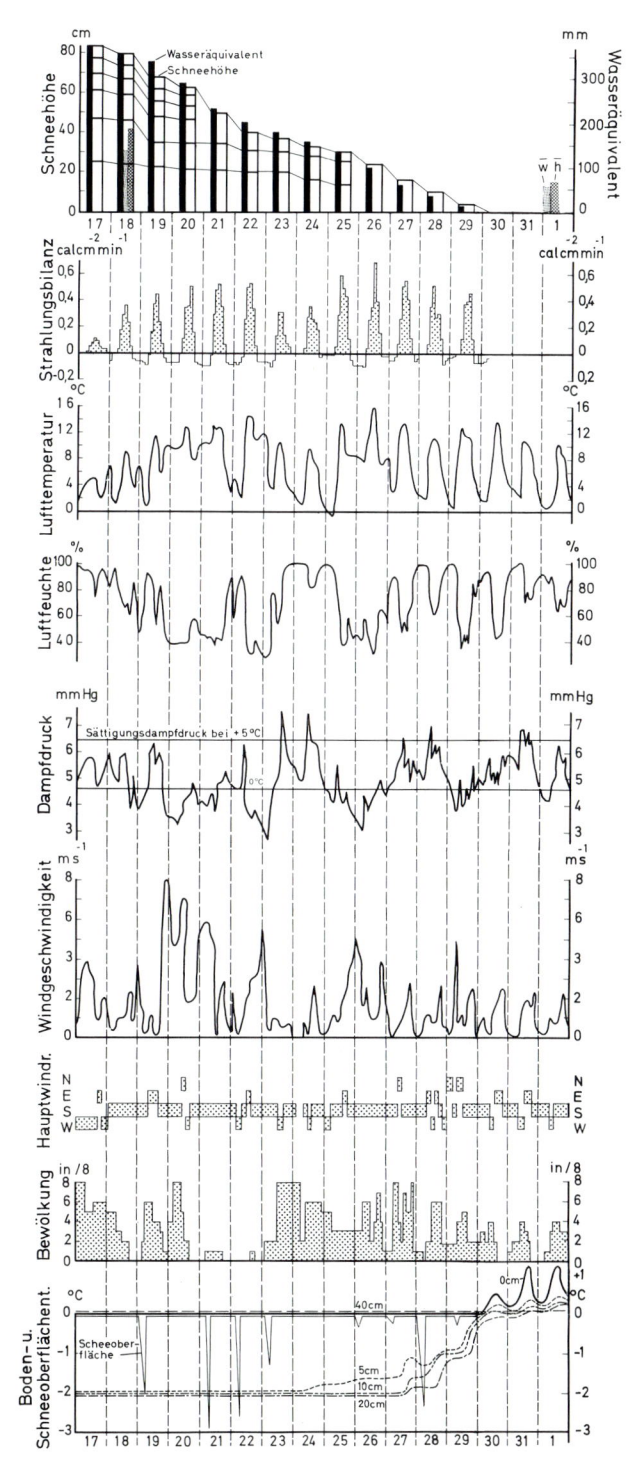

Abb. 54 Frühjahrshauptschmelze März 1974: Entwicklung, Strahlungsbilanz und Oberflächentemperatur der Lysimeterschneedecke im Freiland, meteorologische Daten und Bodentemperaturen auf dem Eibelsfleck (1030 m).

Lufttemperatur, Luftfeuchte, Dampfdruck: in 2 m über Schneedeckenoberfläche
Windgeschwindigkeit: stündliche Mittelwerte in 5 m über Grund
h̄ Gebietsschneehöhe
w̄ Gebietswasseräquivalent

Tabelle 13 läßt erkennen, daß Verdunstungsverlusten von 1–2 % der totalen Massenverluste an randalpinen Schneedecken solche von immerhin bis zu 10 % in freien alpinen Hochlagen gegenüberstehen können. Die randalpine Verdunstungshöhe wird größenordnungsmäßig außer durch die Massen- und Isotopenbilanz zusätzlich durch die weiter oben angeführte Energiebilanz der Schneedecke abgesichert.

Tab. 13 Isotopen- und Wasserbilanzen hoch- und randalpiner Freilandschneedecken (aus STICHLER 1976).

Weißfluhjoch/Davos (2540 m)
vom 17.5. bis 28.6.1973

	δD (‰)	$\delta^{18}O$ (‰)	(mm)
Schneedecke + Niederschlag	- 118.5	- 16.27	944
Lysimeterabfluß	- 108.5	- 14.88	881,3
berechnete Verdunstung	9.0 %	10.5 %	6,6 %

Lainbachtal/Benediktbeuern (1030 m)
vom 22.3. bis 29.3.1974

	δD (‰)	$\delta^{18}O$ (‰)	(mm)
Schneedecke + Niederschlag	- 85.9	- 12.20	178.5
Lysimeterabfluß	- 83.7	- 11.92	176.0
berechnete Verdunstung	2.0 %	2.4 %	1.4 %

Folgendes aus HERRMANN & STICHLER (1977) entnommene Beispiel liefert einen weiteren Beleg für unbedeutende randalpine Schneeverdunstung:

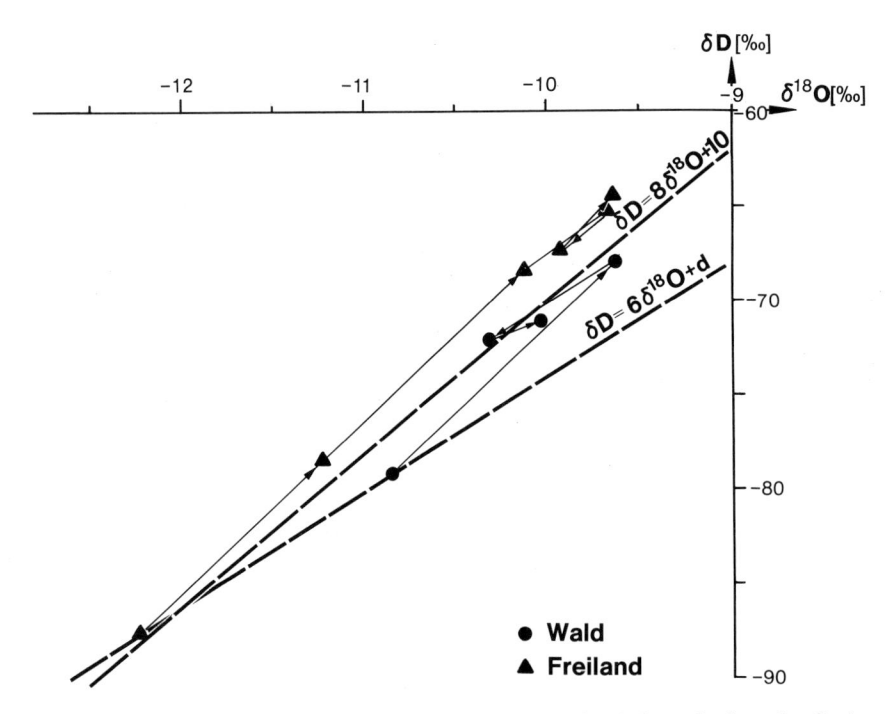

Abb. 55 Entwicklungen der Deuterium-Sauerstoff-18-Relationen der Schneedeckenoberflächen in Freiland und Wald auf dem Eibelsfleck während eines Föhnvorgangs an der Wende März/April 1976 (aus HERRMANN & STICHLER 1977).

Während eines verdunstungsfördernden Föhnvorgangs an der Wende März/April 1976 wurden auf dem Eibelsfleck von den Schneedeckenoberflächen, über die die Verdunstungs- bzw. Sublimationsvorgänge ablaufen, Schneeproben genommen. Die Entwicklung ihrer Deuterium-Sauerstoff-18-Relationen ist in Abb. 55 durch Pfeile gekennzeichnet. Die Gerade mit der Steigung 8 entspricht der Niederschlagsgeraden für den mitteleuropäischen Raum (DANSGAARD 1964), diejenige mit der Steigung 6 einer empirischen Verdunstungsgeraden. Letztere wurde an den Freilandausgangswert vor Föhnbeginn angelegt.

Die Scharung der Isotopenwerte um die Niederschlags- statt um die Verdunstungsgerade erlaubt nur mit einigen Einschränkungen den Schluß, daß selbst bei Föhn keine oder nur unmaßgebliche Verdunstung stattfindet. So spielt die für kinetische Isotopenfraktionierung ursächliche Diffusion während Föhntätigkeit kaum eine Rolle, sondern nur während der zahlreichen beobachteten Föhnpausen, in deren Verlauf der Föhn in der Höhe andauerte.

Während Föhntätigkeit wird vielmehr die einfache Rayleigh-Verdunstung wirksam, die die beobachtete Verschiebung der Isotopenwerte entlang der Niederschlagsgeraden bewirkt haben könnte, gleichbedeutend einer beträchtlichen isotopischen Anreicherung der Schneedeckenoberflächen. Derartige Anreicherungen dürften aber im wesentlichen durch föhnbedingt intensivierte Schmelzung der Schneedeckenoberflächen verursacht worden sein, wie ihre starken Durchnässungen – bis zu 15 Vol% freier Wassergehalt im Freiland und 10 Vol% im Wald – vermuten lassen.

Eine typische gemessene Nettomassenbilanz (in mm Wasseräquivalent) der Freilandlysimeterschneedecke liefert z. B. der Zeitraum ab Inbetriebnahme der Meßanordnung am 10. Dezember 1973 bis zum Ende der geschlossenen Schneebedeckung am 29. März 1974:

Schneerücklage am 10. 12. 1973	+ 110
Schneezuwachs	+ 335
Regeninput	+ 54
Kondensationszuwachs	+ ?
Lysimeterabfluß 30.–31. 3. 1974	– 28
Σ **Massenzuwachs c**	**+ 471**
Schmelzwasserabfluß 10. 12. 1973–16. 3. 1974	– 102
17.–29. 3. 1974	– 293
Regenabfluß	– 54
Verdunstungsverlust	– ?
Σ **Massenverlust a**	**– 449**
(c + a)	**+ 22**

Da sich Massenzuwachs der Schneedecke durch Kondensation und Massenverlust durch Verdunstung erfahrungsgemäß auch hier wie in höheren Gebirgslagen (FÖHN 1973) langfristig offensichtlich nahezu ausgleichen, lassen sich Massenverluste der Schneedecken durch deren Schmelzverluste hinreichend genau beschreiben. Diese wiederum sind in sehr guter Näherung wenigstens lokal aus der Energiebilanz der Schneedecke zu berechnen.

Daß in vorgestelltem Beispiel die Nettomassenbilanz $b_n \neq 0$, hat verschiedene, in erster Linie meßtechnische Ursachen.

Die Differenz zwischen Eingaben- und Ausgabensumme von 22 mm wurde z. T. bereits im Laufe der ersten Schneefälle angelegt, als auf der Lysimeterfläche beträchtliche Ablationsraten zu beobachten waren (Treibhauseffekt der Plastikplane!). Unmittelbar daneben bildete sich bereits eine geschlossene Schneedecke, in deren Bereich am 10. Dezember die Wasserrücklage mit einem Schneestechzylinder bestimmt wurde. Eine Kontrollmessung auf der Lysimeterfläche unterblieb.

Bei kleinen Schneehöhen kann ferner Schneeverfrachtung von der Lysimeterfläche eine Rolle gespielt haben. Solche Vorgänge wurden auch in den folgenden Wintern beobachtet.

Da Schneemessungen, darunter Profilaufnahmen, neben den Schneelysimetern erfolgen, um deren Schneedeckenentwicklung nicht zu stören, sind Massendifferenzen der genannten Größenordnung nicht zu vermeiden. Sicherste Kontrollen der zugehörigen Lysimeterwerte sind daher nur bei Wägelysimetern nach Art von KERN (1955) gewährleistet. Gute Näherungswerte liefern auch Schneepegel.

Ergänzende Bemerkungen zu dieser Problematik finden sich in Kap. 6.1.

In Abb. 56 sind die durchschnittlichen täglichen Massenverluste dieser Lysimeterschneedecke für die einzelnen Abflußperioden 1973/74 (vgl. Abb. 50) dargestellt.

Die nach Kap. 5.3.2.1., Gleichung (8) berechneten Verdunstungshöhen erreichen nur in föhnreichen Winterperioden 0,05 mm d^{-1} mit maximalen Tagesraten um 0,15 mm. Der durchschnittliche winterliche Verdunstungsanteil an der Schneeablation beläuft sich auf 3,5 %, kann aber unter Föhneinfluß auf 5–6 % anwachsen. Er liegt damit höher als während der Frühjahrshauptschmelze.

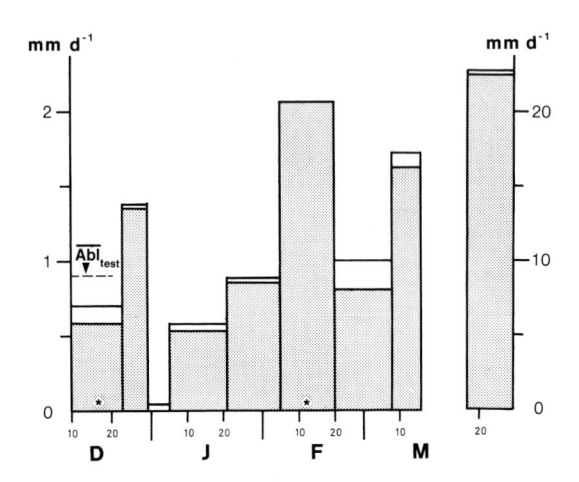

Abb. 56   Gemessene Schmelzwasser- (Raster) und berechnete Verdunstungsverluste der Lysimeterschneedecke im Freiland für die Abflußperioden 1973/74 (vgl. Abb. 50).
$\overline{Abl}_{test}$: mittlerer winterlicher Lysimeterabfluß
* Berechnung der Verdunstungshöhen durch lückenhafte Aufzeichnung der Windgeschwindigkeiten nicht möglich.

Vom Frühwinter bis Mitte Hochwinter, wenn keine direkte Sonnenstrahlung auf die Lysimeterschneedecke fällt, liefern fühlbare Wärmeströme nahezu die gesamte zum Schmelzen benötigte Energie. Allerdings tragen Kondensationswärme und latente Schmelzwärme des Regens nicht unmaßgeblich zur Temperaturänderung der Schneedecke bei, so im Anschluß an die ausstrahlungsreiche Jahreswende 1973/74, in deren Verlauf der Schneedeckenabfluß für eine Woche aussetzt (Abb. 50).

Diesen Energiequellen ist es u. a. zu verdanken, daß der Strahlungsverlust der Schneedecke in dieser Woche, 235 Ly, maximal 99 Ly d^{-1}, so rasch ausgeglichen wird, daß in den folgenden ausstrahlungsarmen 14 Tagen wieder 0,5 mm d^{-1} aus der Schneedecke fließen können.

Für 1974/75 liegen erste, wenn auch lückenhafte Meßreihen der Energiehaushaltsgrößen in einem benachbarten Waldbestand (T$_5$ in Abb. 6) vor.

Dabei handelt es sich um einen etwa 40 Jahre alten Kammfichtenbestand mit einer mittleren Stammzahl von 3200/ha. Die 14 m hohen Stämme stehen geschlossen bis dicht geschlossen. Die Kronentiefen betragen ca. 7 m, die Kronenprojektionsflächen ca. 11,5 m². Die durchschnittliche Länge der Äste beläuft sich auf 1,5 m, ihr Winkel auf 90°. Der Bestand wird als Fichtenstangenholz bezeichnet.

Die zum Abbau der Lysimeterschneedecke im Wald benötigte Energie wird bis Mitte März zu ca. 85 % durch fühlbare Wärmeströme, in geringem Maße durch Wärmerückstrahlung von den Bäumen und durch Kondensationswärme gestellt. Ferner ist der Boden als Energielieferant höher einzuschätzen als im Freiland; denn die Bodentemperaturen sinken im Wald auch oberflächennah kaum unter den Gefrierpunkt.

Der Verdunstungsanteil an der Schneeablation fällt mit < 1 % nur halb so groß aus wie im Freiland. Die Ursache liegt im wesentlichen in deutlich geringeren Windgeschwindigkeiten und höheren Dampfdrucken. Somit beschreibt der Schmelzabfluß aus der Lysimeterschneedecke im Wald in noch größerer Näherung als im Freiland ihre totalen Massenverluste.

Ab Mitte März kann direkte Sonnenstrahlung auf den Waldboden fallen. Ihr Anteil als Energielieferant nimmt in der Folge von 0 auf ca. 40 % gegen Ende der Frühjahrsablation zu.

Diese Relation errechnet sich aus dem Fehlbetrag zwischen der dem gemessenen Schmelzwasseranfall äquivalenten Wärmemenge und dem Energiesaldo der fühlbaren und latenten Wärmeströme. Eine Kontrolle durch den Strahlungshaushalt der Schneedecke ist bislang nicht möglich, da mechanische Mängel im Meßwerk der Registrieranlage die Strahlungswerte verfälscht haben. Sie wird erstmals 1976/77 gegeben sein.

Über die unterschiedlichen energetischen, folglich auch massenspezifischen Bedingungen an benachbarten Freiland- und Waldschneedecken wird zu gegebener Zeit in einer vergleichenden Energie- und Massenhaushaltsstudie berichtet.

Die Energiehaushaltsstudien an den Lysimeterschneedecken werden mit dem Ziel fortgesetzt, bisherige Erkenntnisse weiter abzusichern und offene Fragen durch vermehrtes Datenmaterial zu lösen. Dazu wurde u. a. die in Kap. 2.2. beschriebene Meßanordnung um 2 Sternpyranometer ergänzt, um Vorstellungen über die kurzwellige Strahlungsbilanz und damit über die gegenüber alpinen Hochlagen häufiger wechselnde Albedo zu erarbeiten.

Außerdem werden von 1975/76 angelaufenen systematischen Isotopenanalysen (Deuterium, Sauerstoff-18, Tritium) an Schneestraten und Lysimeterabflüssen in Verbindung mit Energiehaushaltsdaten neue Erkenntnisse über schneedeckeninternen Wassertransport erwartet (HERRMANN & STICHLER 1976, 1977).

Derartigen Energiehaushaltsstudien kommt im Unterschied zu alpinen Hochlagen nur bedingt Modellcharakter für dieses differenzierte Niederschlagsgebiet zu (HERRMANN 1975a). Doch letztlich können nur sie die für das Verständnis der Schneedeckenentwicklung und des daraus resultierenden Abflußgeschehens erforderlichen physikalischen Grundvorstellungen liefern.

6. Schneedeckenabflüsse

6.1. Abflußverhalten der Schneedecke

Der in Kap. 3.3. gezeichnete winterliche Abflußgang des Lainbachs wird nur z. T. durch die Summe lokaler Schneedeckenabflüsse eingeleitet und gesteuert. Dies gilt in erster Linie für rein thermisch bedingte Abflußschwankungen. Abflußänderungen durch Regenfälle, die mehrfach auf apere Gebietsteile treffen, werden in Kap. 6.3. gesondert behandelt.

Anhand der Lysimeterganglinien auf dem Eibelsfleck werden zunächst einige Grundzüge lokalen Abflußverhaltens der Schneedecken vorgestellt. Die täglichen Lysimeterabflüsse im Freiland ab Inbetriebnahme der Meßanlage bis Ende der Schneedeckenperiode 1973/74 sind in Abb. 50, für 1974/75 mit denjenigen im Wald in Abb. 58 aufgetragen. In Abb. 57 liegt eine Originalaufzeichnung des Freilandlysimeters vor.

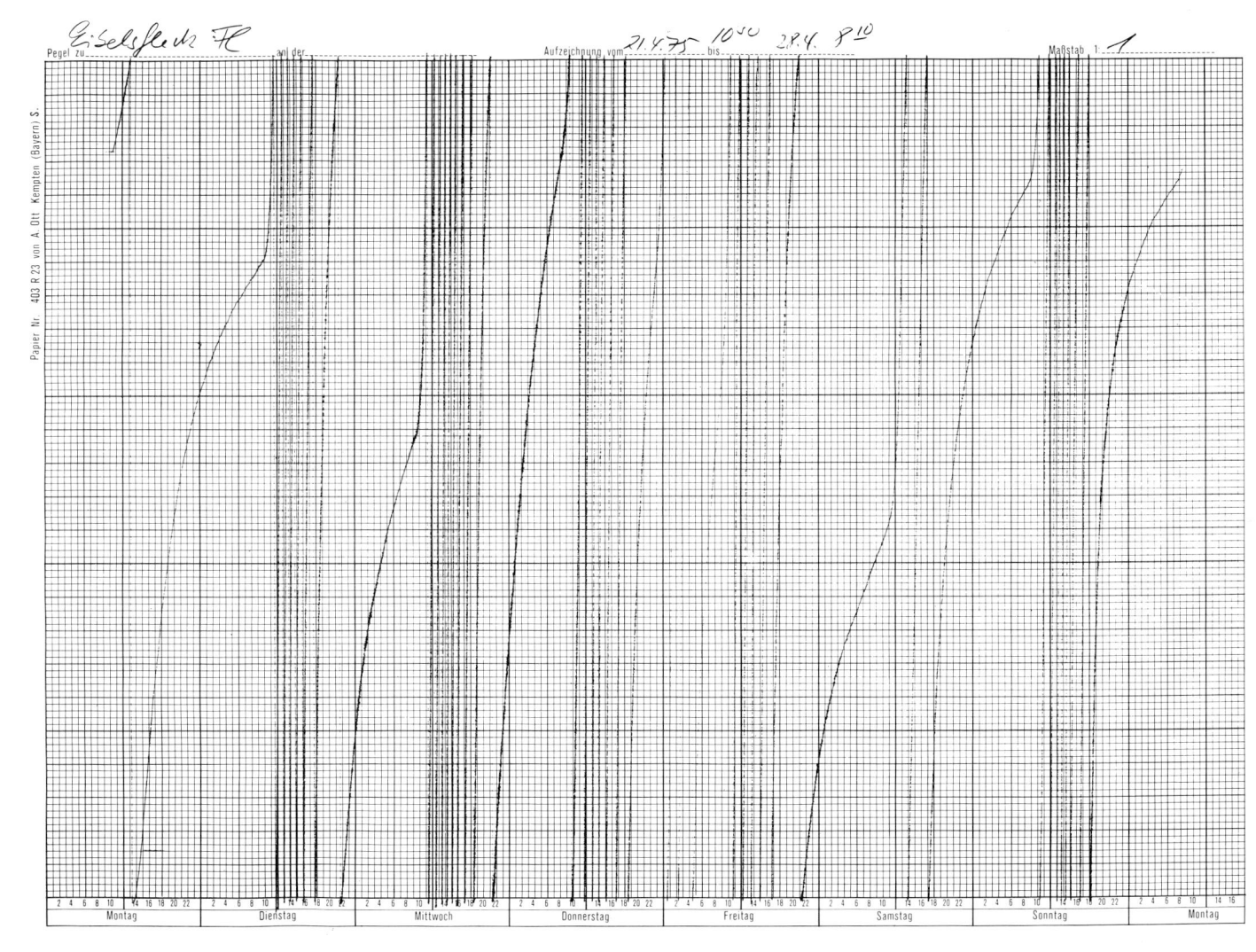

Abb. 57 Pegelaufzeichnung (verkleinert) des Schmelzwasseranfalls von der 25 m² großen Lysimeterfläche im Freiland (1030 m) während der Frühjahrsablation 1975.
Der Aufzeichnungshöhe von 25 cm entsprechen 75 l Wasser ≙ 3 mm Wassersäule beim gewählten Aufzeichnungsmaßstab von 1 : 1.

Über den Abflußgang von Schneelysimetern wurde bislang kaum berichtet. Auch dann liegen höchstens Tageswerte vor, deren Beobachtungsdauer wie bei FÖHN (1973) vor allem in Hochgebirgslagen begrenzt ist.

Andere Autoren werten ihre Lysimeterdaten wie MARTINEC (1974), der Isotopenbilanzen alpiner Hochlagenschneedecken untersucht, zur Lösung sehr spezieller hydrologischer Problemstellungen aus.

Über lokale Schneedeckenabflüsse in unteren alpinen Lagen unterrichteten vor HERRMANN (1974 c) die Beobachtungen von KERN (1955, 1959, 1971), der am bayerischen Alpenrand in 820 m und 930 m Ablationsmessungen mit Wägebrücken durchgeführt hat. Dabei wurde der Schmelzwasseranfall leider nur summarisch erfaßt.

Die in der Literatur genannten Lysimeterwerte beschränken sich auf Freilagen. Seit 1974/75 kann daher erstmals das Abflußverhalten benachbarter Freiland- und Waldschneedecken miteinander verglichen werden.

Die in Kap. 2.2. beschriebenen Lysimeteranlagen erlauben zeitliche Auflösungen der Abflüsse bis zu ca. 15 min, die sich durch Einbau von Bandschreiberwerken noch verbessern ließen.

Aus den 25 m^2 großen Lysimeterschneedecken fließen während der in Abb. 50 und 58 vorgegebenen Zeiträume 1973/74 11,225 m^3 Wasser $\triangleq$ 449 mm Wassersäule im Freiland, 1974/75 20,208 m^3 $\triangleq$ 808,5 mm im Freiland und 11,988 m^3 $\triangleq$ 479,5 mm im Wald.
Damit decken die Lysimeterabflüsse wie übrigens auch 1975/76 nur ca. 90 % der durch Gerätemessung erfaßten Niederschlagseingaben ab.

Beispielsweise lautet die Wasserbilanz des Freilandlysimeters zwischen 22. 10. 1974 – 29. 4. 1975 (in mm Wassersäule):

Schneerücklage am 22. 10. 1974	+ 18
Niederschlag	+ 940
(davon Schnee	673)
Σ Eingaben c	+ 958
Abfluß	− 808
Abfluß 30. 4. + 1. 5. 1975	− 53
Σ Ausgaben a	− 861
(c + a)	+ 97

Somit sind nur 90 % der Eingabenhöhe im Lysimeterabfluß erschienen, im Meßzeitraum 1973/74 bei 511,5 mm Eingabe und 477 mm Abfluß 93 %.

Angesichts derartiger Differenzen lassen sich unter Berücksichtigung der Ausführungen zur Schneeverdunstung in Kap. 5.3.2.3. folgende Schlüsse ziehen:

1. Die Niederschlagsgerätemessung beschreibt den – überwiegend schneeigen – hydrologischen Niederschlag an dieser Lokalität offensichtlich in größerer Näherung als befürchtet.
2. In obiger Bilanz blieben Massenänderungen durch Kondensation und Verdunstung unberücksichtigt.

Für den genannten Beobachtungszeitraum errechnen sich Verdunstungsverluste von 24,5 mm Wassersäule oder 3,7 % der schneeigen Niederschläge. Der Massenzuwachs durch Kondensation beläuft sich auf 3,2 mm.

Der Gesamtsaldo der aus den latenten Wärmeströmen resultierenden Massenänderungen verringert das hohe Ausgabendefizit von 97 mm auf 75 mm. Damit erscheinen nurmehr ca. 11 % der gemessenen schneeigen Niederschläge nicht im Abfluß.

3. Das verbleibende Defizit erklärt sich keinesfalls aus einigen winzigen, fünfmarkstückgroßen, glücklicherweise immer nur nahe der oberen Begrenzung der Lysimeterfläche von Mäusen in die Plastikplane genagten Löchlein.

Es muß vielmehr der Schneeverdriftung von der Auffangfläche zugeschrieben werden. Der Schneeabtrag durch Wind, der 1973/74 anteilig ähnlich hoch ausfällt, dürfte die in den Massenbilanzen angeführten Fehlbeträge in Wirklichkeit noch übersteigen, da die Gerätemessung vor allem schneeiger Niederschläge erfahrungsgemäß defizitär ist.

Im Wald können Schneeverdriftungen von der Lysimeterfläche nahezu ausgeschlossen werden.

Da der Saldo der durch latente Wärmeströme erzeugten Massenänderungen nahezu ausgeglichen ist, errechnet sich für das Fichtenstangenholz im Meßzeitraum 1974/75 bei 721,5 mm Freilandniederschlag und 479,5 mm Lysimeterabfluß ein mittlerer Interceptionsverlust von 33,5 %, der in den folgenden Schneedeckenperioden größenordnungsmäßig bestätigt wird.

Abb. 50 und 58 belegen, daß die Abflüsse aus sog. temperierten Schneedecken in den regen- und föhnarmen Hochwintermonaten gelegentlich aussetzen. Die Spannen abflußloser Zeiträume variieren als Funktionen der Energiehaushalte der Schneedecken zwischen Stunden und Wochen. Während 1973/74 nur 6 Tage oder an 5,5 % der Schneedeckentage im Freiland kein Abfluß verzeichnet wird, sind es 1974/75 immerhin 27 Tage oder 14 %, im Wald gar 30 Tage oder 1/5 der Schneedeckendauer. Abzüglich der 13 abflußlosen Tage der Freilandschneedecke, an denen im Wald kein Schnee liegt, setzt der Schneedeckenabfluß im Wald doppelt so lange aus wie im Freiland.

Trotz Abschirmung durch das Kronendach kühlt danach die durchweg dünnere Waldschneedecke vergleichsweise tiefgründig aus. Ferner ist die Energiezufuhr durch fühlbare Wärmeströme während der fraglichen Zeiträume im Wald so gering, daß Energieverluste durch Strahlungsemission durch die im Vergleich zum Freiland geringere Schneedeckenmächtigkeit offensichtlich nicht kompensiert werden können.

Diese Tatsache erklärt auch die 37 zusätzlichen mehrstündigen Unterbrechungen der Lysimeterabflüsse, denen im Freiland lediglich 10 gegenüberstehen.

In den einzelnen auszugliedernden Abflußzeiträumen fallen sehr unterschiedliche Abflußmengen bzw. Anteile am Gesamtabfluß an.

Während vor Beginn der Hauptschmelzperiode 1973/74 im Freiland an 97 Tagen oder 88 % der Schneedeckenperiode bei 149 mm lediglich 1/3 des Gesamtabflusses verzeichnet wird, erhöht sich dieser Anteil 1974/75 bei 619 mm, entsprechend 76,5 % auf 3/4, die an 181 Tagen oder 95 % der Zeit ausfließen. Die Abflußanteile im Wald erreichen bei 71,5 %, entsprechend 343 mm im Laufe von 132 Tagen oder 87,5 % der Zeit dieselbe Größenordnung.

Daraus errechnen sich für 1973/74 im Freiland durchschnittliche winterliche Abflußhöhen von 1,54 mm d^{-1} bzw. 1,62 mm d^{-1} abzüglich der Tage ohne Schneedeckenabfluß. 1974/75 liegen die Abflußhöhen bei immerhin 227 mm Regenniederschlag, gegenüber 46 mm 1973/74, mit 3,42 bzw. 4,02 mm d^{-1} mehr als doppelt so hoch. Sie werden von den Abflüssen aus der Waldschneedecke, 2,6 bzw. 3,36 mm d^{-1} bei 191,5 mm Freilandregenhöhe deutlich unterschritten.

Die restlichen Wassermengen fließen in den üblicherweise relativ kurzen Zeiträumen der Frühjahrsschneeschmelze aus.

Diese wird von Beginn sprunghaft einsetzender, andauernd erhöhter Abflüsse gegen Ende der Schneedeckenperioden bis zum Ausapern der Lysimeterflächen gerechnet. Sie dauert 1974/75 im Freiland 9 Tage, gegenüber 13 Tagen im vorangehenden Frühjahr, im Wald doppelt so lange.

Die Tagesabflüsse vom Freilandlysimeter erreichen nun ein Vielfaches der winterlichen Werte. Im Wald liegen sie gerade doppelt so hoch. Die dort erzielte durchschnittliche Abflußrate von 7,2 mm d^{-1} macht lediglich 1/3 der Freilandwerte in Höhe von 23,1 mm d^{-1} (1973/74) und 21 mm d^{-1} (1974/75) aus, die bei nahezu identischen Regenhöhen von 8 und 7 mm während beider Hauptschmelzperioden trotz deren unterschiedlicher Dauer gleiche Größenordnung erreichen.

Desgleichen liegen die maximalen Tagesraten reiner Schmelzabflüsse aus der einstrahlungsgeschützteren Waldschneedecke mit 12,9 mm deutlich unter den 35,3 mm (1973/74: 38,7 mm) aus der Freilandschneedecke.

Häufigste tägliche Abflußhöhen fallen im Freiland in die Gruppe 0,5–2 mm, die 1973/74 55 %, während der ungewöhnlich regenreichen Schneedeckenperiode 1974/75 immer noch 40 % der Fälle — einschließlich der Tage ohne Schneedeckenabfluß — stellt. Die zweitgrößte Häufung fällt mit 23,5 % und 22 % auf 2–8 mm.

Im Wald erreicht die Hälfte der Tagesabflüsse 1974/75 0,125–4 mm. Tägliche Abflußhöhen > 4 mm werden wie im Freiland zu mehr als die Hälfte unter Regenwirkung erzielt.

Der Regeneffekt auf die Lysimeterabflüsse wird in Kap. 6.3. gesondert behandelt. An dieser Stelle sei lediglich bemerkt,

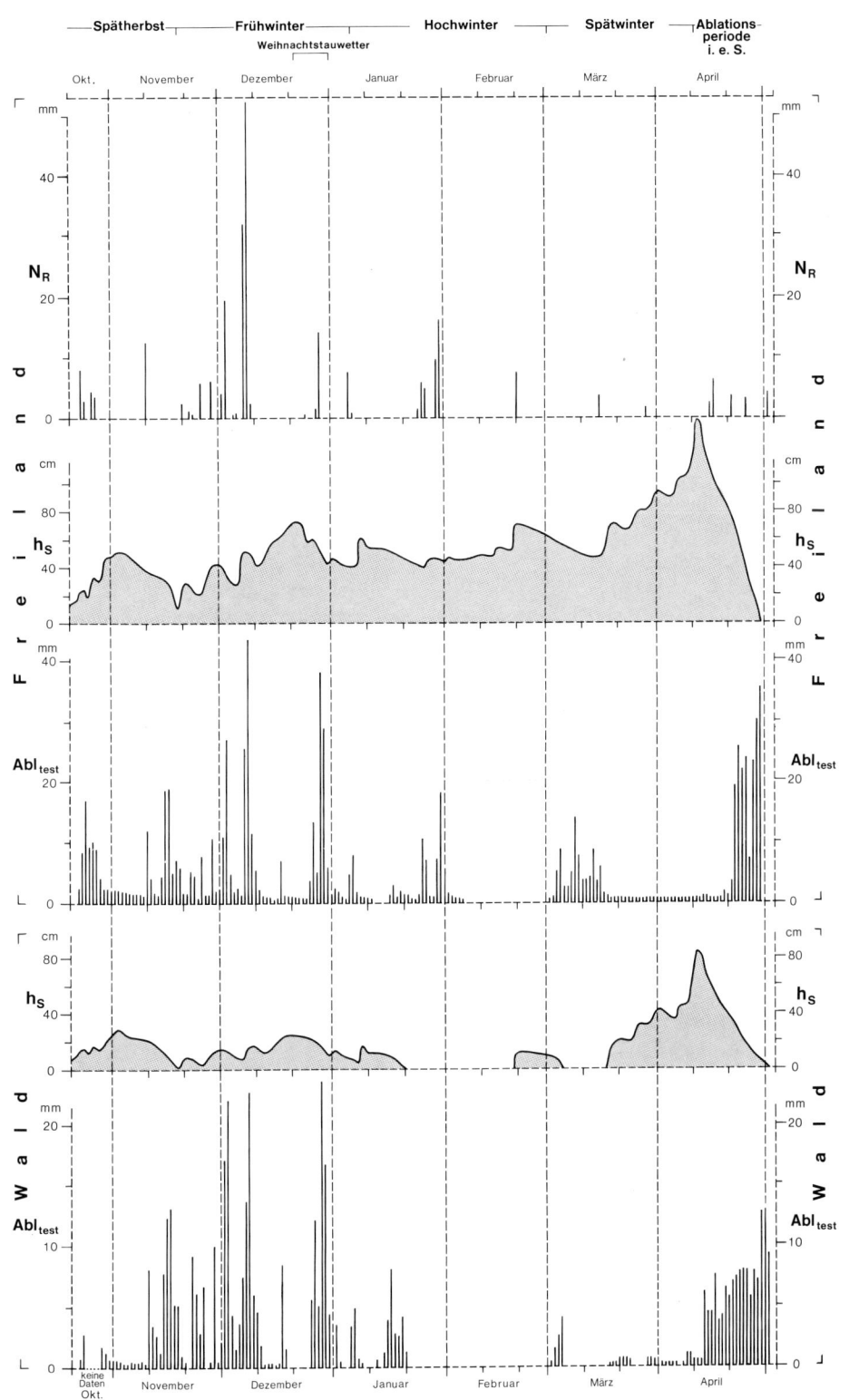

Abb. 58 Schneehöhen (h_s) und Abflüsse (Abl_{test}) der Lysimeter mit Freilandregenhöhen (N_R) auf dem Eibelsfleck (1030 m) während der Schneedeckenperiode 1974/75.

daß aus einer winterlichen Schneedecke mit Gefrierpunkttemperatur annähernd eine dem eingehenden Regen äquivalente Wassermenge zuzüglich eines ohnedies aufbereiteten Schmelzwasservolumens abfließt.

Die Mehrzahl der isolierten Abflußspitzen in Abb. 50 und 58 geht demnach auf Regenfälle zurück.

Abgesehen vom Weihnachtstauwetter und ausgeprägten Föhnperioden überschreiten thermisch bedingte Abflußerhöhungen während des winterlichen Abflußzeitraums 5 mm d^{-1} in der Regel nicht.

So übertrifft der winterliche Abfluß der Lysimeterschneedecke im Freiland 1974/75 nur zweimal mit ca. 14 mm d^{-1} die 10 mm Grenze. Immerhin reicht der während des Weihnachtstauwetters erzielte maximale winterliche Schmelzwasserabfluß im Wald, 12,1 mm d^{-1}, an die größte Schmelzwasserhöhe der zugehörigen Frühjahrsschmelzperiode von 12,9 mm d^{-1} heran.

Vergleiche der Lysimeterabflüsse in mittlerer Gebietshöhe mit den Lainbachabflüssen (Abb. 50) lassen am Lainbach einen deutlich gedämpften und verzögerten Gang erkennen. Naturgemäß unterschiedliches Abflußverhalten zeichnet sich bei gesteigertem Wärmedargebot und bei Regenfällen in die Schneedecken besonders markant ab. Dazu liefern die folgenden Kapitel einige Informationen.

6.2. Schmelzabflüsse

6.2.1. Tagesgänge

Schmelzwassergespeiste Gerinne weisen entsprechend dem Tagesgang des Wärmedargebots erfahrungsgemäß typische tageszeitliche Abflußgänge aus.

Abb. 59 beschreibt die mittleren Tagesganglinien von Schneelysimeterabfluß, Lufttemperatur und Nettostrahlung, gemessen am Freilandlysimeter in 1030 m während der 13tägigen Hauptschmelzperiode im März 1974.

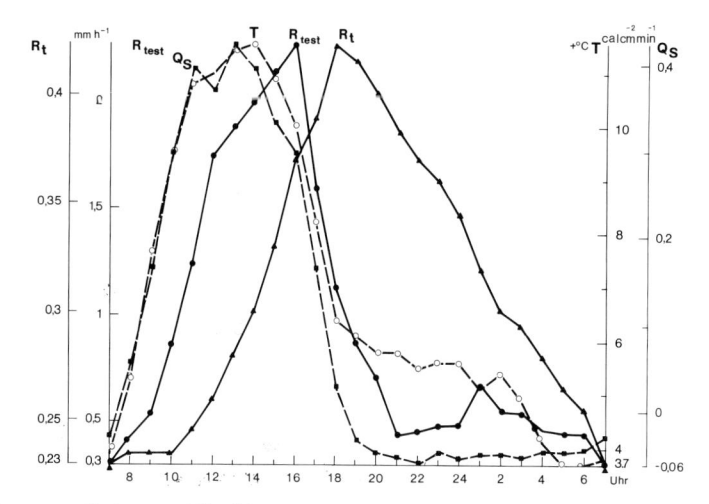

Abb. 59 Mittlere Tagesganglinien von Lufttemperatur T, Nettostrahlung Q_s und Abfluß R_{test} der Freilandlysimeterschneedecke in mittlerer Gebietshöhe sowie des Lainbachabflusses R_t während der Hauptschmelzperiode 17.–29.3.1974.

Die Ganglinien von Lufttemperatur und Nettostrahlung zeichnen erwartungsgemäß (HOECK 1952) glockenförmige Kurven nach, denen sich die Lysimeterabflüsse recht gut anpassen, allerdings vormittags und am frühen Nachmittag um ca. 2 h, spätnachmittags um weniger als 1 h gegenüber diesen verzögert.

Aufgrund der Wolkenarmut während des Betrachtungszeitraums ist der Strahlungssaldo von Sonnenuntergang bis Sonnenaufgang durchschnittlich schwach negativ. Seine Ganglinie weicht nun deutlich von der Temperaturkurve ab, die als Folge mehrmaliger nächtlicher Föhneinbrüche kurz nach Mitternacht sogar ein deutliches sekundäres Maximum aufweist.

Die pultartige Abschrägung der Lysimeterganglinie am frühen Nachmittag geht auf verminderte Sonneneinstrahlung zurück. Sie wird durch wiederholt um diese Zeit aufziehende Haufenbewölkung (Cumulus humilis) bewirkt, die sich nach einigen Stunden wieder verflüchtigt.

Es sei angemerkt, daß sich die Ganglinie der Lysimeterabflüsse im Wald noch enger an die Temperaturkurve anlehnt; denn hier werden die Schmelzprozesse hauptsächlich durch den temperaturabhängigen fühlbaren Wärmestrom gesteuert.

Demgegenüber beschreibt der mittlere tägliche Abflußgang des Lainbachs eine pyramidenförmige Kurve. Unter Berücksichtigung der in Abb. 59 gewählten Skalierung drückt sich darin ein geglätteter, durch allmähliche, höhenstufenweise fortschreitende Intensivierung der Schmelzwasserproduktion (Abb. 51) und durch das Retentions- sowie Translationsvermögen des Gebiets gedämpfter Abflußgang aus. Immerhin paßt sich auch diese Ganglinie vom gemeinsamen Minimum gegen 7^{00} bis zur Abflußspitze gegen 18^{00} im Mittel recht gut dem Gang von Lufttemperatur bzw. Lysimeterabfluß an, allerdings um maximal 7 h bzw. 4 h verzögert.

Abb. 60 stellt die Bedeutung der späten Nachmittags- bis frühen Abendstunden für den Schmelzwasseranfall heraus.

Im einzelnen verschieben sich die Abflußspitzen des Lainbachs mit Höherwandern der Schneegrenze von $17^{30} - 18^{00}$ am Beginn der Hauptschmelzperiode u. a. durch Verlängerung der Laufstrecken der Wässer bis auf 23^{00}. Einem ungünstigsten Verhältnis von täglichem Spitzen- zu unmittelbar folgendem Minimalabfluß von 3 : 1 (21./22. März) stehen an einzelnen Lokalitäten, so am Freilandlysimeter, dessen Abflüsse in den Morgenstunden bis nahe Null absinken, immerhin bis zu 50 : 1 gegenüber.

Im Unterschied zu meist zwei- bis mehrgipfeligen Tagesabflüssen einzelner Lokalitäten, deren Schmelzwasserproduktion sehr empfindlich auf kurzfristige Wärmedargebotsänderungen beispielsweise durch Wolkenaufzug reagiert, erzeugen Schmelzwässer am Lainbach fast immer typische eingipfelige Tagesganglinien.

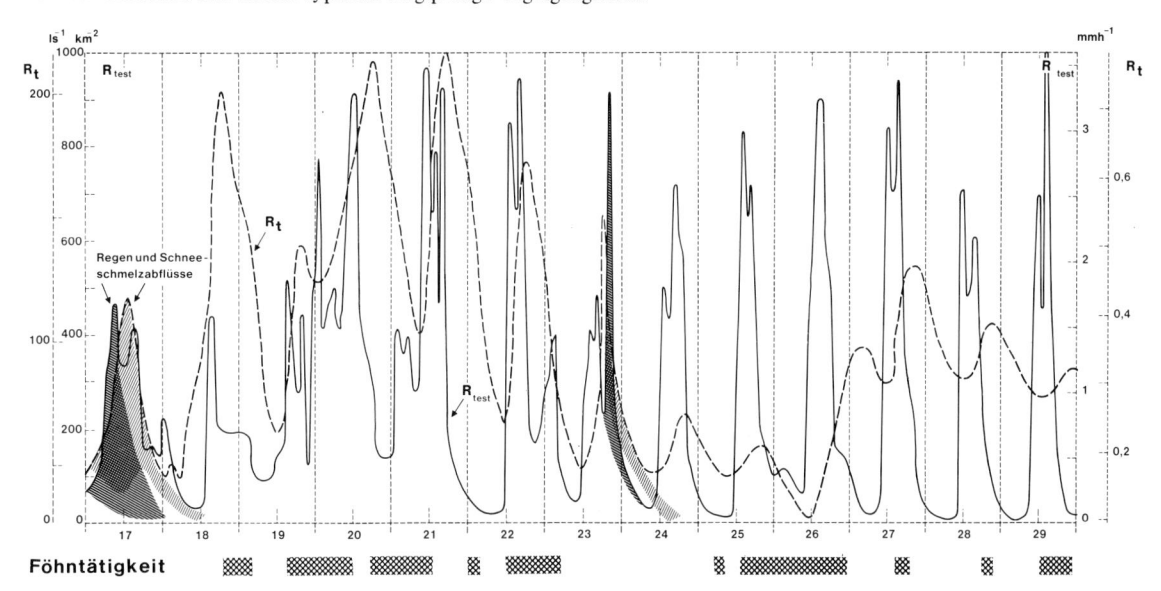

Abb. 60 Schneeschmelzabflüsse des Lainbachs (R_t) und der Lysimeterschneedecke im Freiland (R_{test}) während der Hauptschmelzperiode im März 1974 auf Grundlage stündlicher Abflußwerte.

Wie bei den Lysimeterschneedecken sind am Lainbach durchschnittlich die Hälfte der durch Schneedecken gesteuerten Abflußzeiträume durch tageszeitunabhängige Abflußgänge gekennzeichnet.

Abgesehen davon, daß untere Tallagen häufig aper sind, werden selbst bei positiven winterlichen Energiebilanzen der Schneedecken Tagesgänge der Schmelzwasserproduktion aufgrund der winterlichen Bodenwasserdefizite bis zur Ausflußstelle meist nivelliert. Außerdem erzeugen Regenfälle mehrfach tageszeitunabhängige Abflußgänge.

Ausgeprägteste Tagesgänge der Lainbachabflüsse während der kurzen Hauptschmelzperioden (Abb. 61 IV) weisen weit geringere Amplituden aus als diejenigen einzelner Lokalitäten (Abb. 61 II). So fließt die

Hälfte des täglichen Schmelzwasseranfalls vom Freilandlysimeter innerhalb von nur 6 h ab, während sich diese Zeitspanne für den Gebietsabfluß auf wenigstens 10 h ($14^{00}-24^{00}$) verlängert.

Am Freilandlysimeter werden während der Hauptschmelzperiode 1974 zwischen $11^{00}-17^{00}$, an einem Viertel des Tages, durchschnittlich rund 50 % der täglichen Schmelzwassermengen registriert, zwischen $14^{00}-16^{00}$ sogar 20 %. Auch die Abflußspitzen fallen mit 2,3 mm h^{-1} zwischen $15^{00}-16^{00}$ gegenüber nur 0,42 mm h^{-1} am Lainbach zwischen $18^{00}-19^{00}$ deutlich höher aus. Entsprechend differieren die bislang absolut höchsten schmelzbedingten Stundenabflüsse bei 3,6 mm gegenüber 0,8 mm.

Es erscheint bemerkenswert, daß sich nächtliche Föhneinbrüche durch sekundäre Maxima (Abb. 59, $0^{00}-2^{00}$) durchschnittlich wohl auf die Lysimeterabflüsse, jedoch kaum auf den Gebietsabfluß auswirken. Dieser spricht unmittelbar nur auf den für diese Jahreszeit ungewöhnlich kräftigen Föhn in der Nacht 19./20. März an (Abb. 60), als in mittlerer Gebietshöhe Mitternachtstemperaturen von +10 °C gemessen wurden und die Schneegrenze noch bei 900 m lag.

Während der winterliche Grundabfluß des Lainbachs (Abb. 61 I) sukzessive in die tageszeitabhängige Abflußverteilung der Frühjahrshauptschmelze (Abb. 61 IV) übergeht, schiebt sich an einzelnen Lokalitäten zwischen diese Varianten der typische Abflußgang der spätwinterlichen Übergangsperiode (Abb. 61 III).

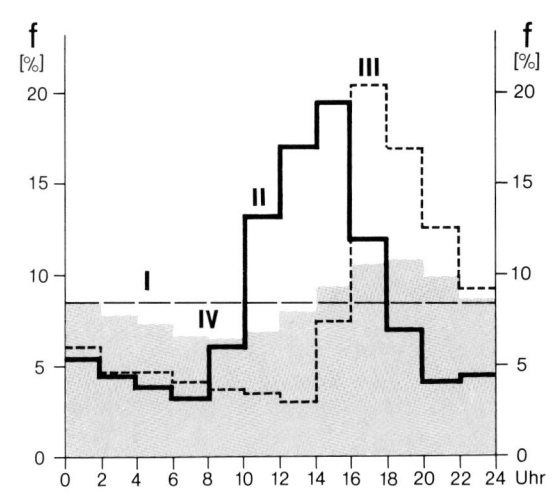

Abb. 61   Häufigkeitsverteilung der mittleren Schneeschmelzabflüsse der Hauptschmelzperiode 17.–29. 3. 1974.
II Freilandlysimeter   IV Lainbach
Erläuterung s. Text

Gegenüber der Hauptschmelzperiode sind die Lysimeterspitzenabflüsse in die frühen Abendstunden verschoben. Dabei erfolgt zwischen $16^{00}-22^{00}$ immerhin die Hälfte des Tagesabflusses. Das Abflußminimum ist gegen die Mittagszeit verschoben. Allerdings ist zu bedenken, daß der mittlere Spitzenabfluß von 0,3 mm h^{-1} nur 1/8 desjenigen der Hauptschmelzperiode ausmacht bzw. so groß ist wie deren mittlerer Minimalabfluß.

Die Ursache dieses spezifisch spätwinterlichen Tagesgangs liegt in zeitlich wie quantitativ begrenztem Wärmeangebot an eine knapp 1 m mächtige Schneedecke. So erreichen die Mittagstemperaturen zwar schon wieder +5 °C, doch von $18^{00}-9^{00}$ dominieren negative Lufttemperaturen und Strahlungsemission. Die Folge ist eine zögernde Abflußbereitschaft der Schneedecke.

Die tageszeitlichen Häufigkeitsverteilungen der vorherrschend durch fühlbares Wärmedargebot gesteuerten Schmelzabflüsse aus der Lysimeterschneedecke im Wald nehmen den bisherigen Erfahrungen zufolge eine vermittelnde Stellung zwischen den Ganglinienvarianten II und IV in Abb. 61 ein.

6.2.2. Zusammenhänge zwischen Schmelzwasseranfall und Lufttemperatur bzw. Strahlung

Ergänzend zu den in Kap. 5.3.2.2. ausgeführten Energiebilanzen der Lysimeterschneedecken werden deren Schmelzabflüsse mit wichtigen intensiven (Temperatur) und extensiven Größen (Strahlung) korreliert. Solche Zusammenhänge werden z. B. schon bei ZINGG (1949/50, 1951) und HOECK (1952) ausführlich mit dem Ziel diskutiert, täglichen Schmelzwasseranfall Berechnungen zugänglich zu machen. In der Folge haben u. a. LANG (1970) und JENSEN & LANG (1972) wenigstens für einfach ausgestattete vergletscherte Einzugsgebiete in den Alpen die Signifikanz linearer Beziehungen zwischen Schmelzwasseranfall und Lufttemperatur als Indexgröße für Wärmehaushaltsprozesse überzeugend darlegen können.

Offensichtliche lineare Zusammenhänge zwischen Schmelzwasseranfall und Lufttemperatur bzw. Strahlungssalden der Schneedecken zeichnen sich im Lainbachtal lediglich für die Lysimeterschneedecken, und auch dort nur bei 0°-Isothermie ab. Außerdem sind sie selten statistisch signifikant (Abb. 62).

Beispielsweise errechnet sich während der 13tägigen Hauptschmelzperiode Ende März 1974 die tägliche Schmelzwasserhöhe Abl (in mm) am Freilandlysimeter als lineare Abhängige der Tagesmitteltemperatur der Luft $\overline{T}$ (in °C) zu

$$Abl = 3{,}51 + 2{,}75\,\overline{T}.$$

Für diese Beziehung gilt bei einer mittleren quadratischen Streuung s = ± 4,3 mm ein Korrelationskoeffizient r von 0,72. Eine Temperaturerhöhung um 1 K erzeugt demnach 2,75 mm d^{-1} Mehrabfluß.

Der bei Deutung dieses Effekts allein durch die vermehrte Zufuhr fühlbarer Wärme Q_f (Kap. 5.3.2.1., Gleichung (4)) errechenbare Wärmeübergangskoeffizient von

$$0{,}275\,\frac{cm}{d} \cdot \frac{1}{K} \cdot 1\,\frac{g}{cm^3} \cdot 80\,\frac{cal}{g} \cdot \frac{d}{60 \cdot 24\,min} \approx 15\,\text{mcal cm}^{-2}\,\text{min}^{-1}\,K^{-1}$$

stimmt im übrigen recht gut mit sonst bekannten sowie aus der Formel (6), Kap. 5.3.2.1., abzuleitenden Werten überein.

In Abhängigkeit von der täglichen Nettostrahlung der Schneedecke Q_s (in Ly) errechnet sich der tägliche Schmelzwasseranfall zu

$$Abl = 14{,}47 + 0{,}04\,Q_s.$$

Bei s = ± 3,1 mm beläuft sich r auf nur 0,53, obgleich die beiden Tage mit außerordentlicher Schmelzwasserproduktion, 20. und 21. 3., erst gar nicht berücksichtigt wurden.

Danach erhöht sich der Schmelzwasserabfluß pro 10 Ly Strahlungsgewinn um 0,4 mm d^{-1}.

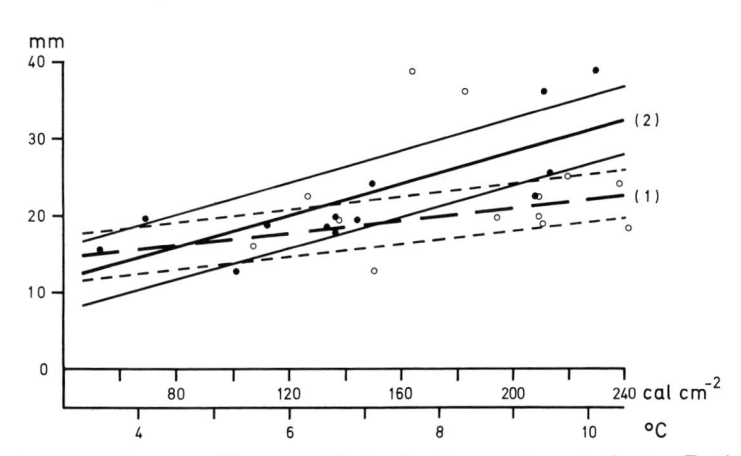

Abb. 62 Tägliche Schmelzabflüsse (in mm Wassersäule) der Lysimeterschneedecke im Freiland während der Frühjahrshauptschmelze 17.–29. 3. 1974 in Abhängigkeit von ihrem Strahlungsgewinn (1) und der mittleren täglichen Lufttemperatur (2).

Beide Gleichungen beschreiben angenommene, nicht kausale Zusammenhänge über einen Zeitraum, in dem die Schneedeckenmächtigkeit gegen Null absinkt. Unabhängig von der Tatsache, daß noch andere Energiequellen Schmelzprozesse einleiten, wird zwischen Strahlungsgewinn der Schneedecke, Schneehöhe und Schmelzwasserproduktion ein charakteristischer nichtlinearer Zusammenhang ausgemacht (Abb. 63).

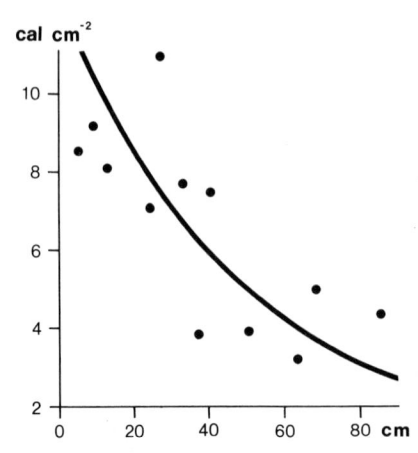

Abb. 63   Erforderlicher Strahlungsgewinn für 1 mm Schmelzwasserabfluß vom Freilandlysimeter in Abhängigkeit von der Schneedeckenmächtigkeit während der Hauptschmelzperiode März 1974.

Abb. 63 zufolge wird mit sinkenden Schneehöhen ein erhöhter Strahlungsgewinn erforderlich, damit eine äquivalente Schmelzwassermenge ausfließt. Während bei Schneehöhen um 80 cm und 2,5 Ly Strahlungsgewinn 1 mm Schmelzwasser zum Abfluß kommt, bewirken 9 Ly bei nurmehr 10 cm Schneehöhe lediglich dieselbe Abflußhöhe, obgleich mit dieser Wärmemenge allein schon 1,125 mm Schmelzwasser bereitgestellt werden könnten.

Die Ursache für diese Erscheinung liegen zum einen wohl in mit sinkenden Schneehöhen wachsender Strahlungsabsorption im Boden begründet; denn die in die Schneedecke eindringende kurzwellige Strahlung nimmt nach der Tiefe nach dem Gesetz von Bouguer exponentiell ab.

Weitere Gründe dürften in unterschiedlichen Wärmeleit- und Absorptionseigenschaften von Boden und Schnee liegen. So wird ein Großteil der im Boden absorbierten Energie zu dessen Erwärmung verbraucht, ohne wieder der Schneedecke zugute zu kommen. Davon zeugen rasche Anstiege der Bodentemperaturen gegen Ende der Schneedeckenperiode (Abb. 54).

Bei Schneehöhen < 15 cm dürften ferner verstärkt die Albedoeigenschaften des festen Untergrunds einwirken.

Zum anderen muß berücksichtigt werden, daß vor Einsetzen der Abb. 63 zugrundeliegenden Hauptschmelze bereits freies Wasser in der Schneedecke gespeichert war, wenn auch nur 13,5 mm oder 4,5 % des Gesamtwasseräquivalents der Schneedecke.

Im übrigen handelt es sich bei Abb. 63 nur um angenommene, keinesfalls um kausale Zusammenhänge, zumal, wie in Kap. 5.3.2.2. und Abb. 53 gezeigt, 20 % der benötigten Energie durch fühlbare Wärmeströme gestellt wird, die allerdings wenigstens am Beginn, in der Mitte und gegen Ende besagter Hauptschmelze nahezu gleich groß ausfallen.

Die skizzierte, zum gegenwärtigen Zeitpunkt noch nicht quantifizierbare Ursachenverknüpfung führt letztlich zu der Erscheinung, daß bei gleichem Wärmedargebot und sonst gleichen Bedingungen an einer mit Überschreiten der sog. Grenzdichte im Sinne der ‚threshold density' von BERTLE (1966) um 0,4–0,45 g cm^{-3} ‚abflußreifen' 0°-isothermen mächtigen Lysimeterschneedecke meist höhere Abflußraten anfallen als an einer dünnen (vgl. Abb. 53).

Diese Tatsache erschwert schon bei Schneedecken ohne Kälteinhalte schneehydrologische Prognosen mit Hilfe von einfachen Korrelationen zwischen Schmelzwasserproduktion und beispielsweise der Lufttemperatur, solange es nicht gelingt, die gezeigten Schneehöheneinflüsse zu kalkulieren. So fällt nach Abb. 64 bei gleichen Tagesmitteltemperaturen aus einer 0°-isothermen mächtigen Freilandschneedecke auch mehr Schmelzwasser an als aus einer dünnen.

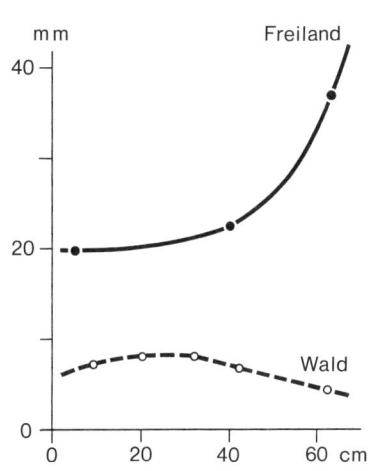

Abb. 64 Zusammenhänge zwischen Schmelzwasserabflüssen der Lysimeterschneedecken (mm) und positiver Tagesmitteltemperatur der Luft (= Gradtage) in Abhängigkeit von der Schneedeckenmächtigkeit (cm).
Freiland: 6 °C, März 1974
Wald: 4,6 °C, bei 9 cm 5,6 °C, April 1975

Allerdings scheinen 20–30 cm Schneehöhe Grenzwerte darzustellen, bis zu denen diese Tendenz anhält.

Ähnliche Beobachtungen werden bei etwas niedrigeren Tagesmitteltemperaturen um + 5 °C, kleinerem täglichen Strahlungsgewinn, damit verbunden geringerer täglicher Schmelzwasserproduktion im Frühjahr 1975 gemacht, als sich die Kurve zwischen 25–15 cm Schneedeckenmächtigkeit deutlich abflacht.

Im gleichen Zeitraum verhält sich die Kurve, die den Schmelzwasseranfall aus der benachbarten Waldschneedecke beschreibt, zu diesen beiden Parametern eher indifferent. Allerdings scheinen 30–15 cm Schneedeckenmächtigkeit optimale Voraussetzungen für hohen Schmelzwasseranfall pro Temperaturgrad zu bedeuten.

Immerhin korreliert der tägliche Schmelzabfluß im Wald aus in Kap. 5.3.2.2. genannten Gründen bei r zwischen 0,75–0,85 nicht nur während der Frühjahrsschneeschmelze, sondern vor allem während der winterlichen Schmelzperioden bedeutend höher mit den Tagesmitteltemperaturen als im Freiland.

In Erwartung tieferer Einblicke in die Kausalitäten solcher Zusammenhänge wird den angeschnittenen Problemstellungen weiter nachgegangen. Immerhin lassen bereits die Ansätze erkennen, daß einfache, beispielsweise ausschließlich temperaturbezogene Näherungsverfahren kaum geeignet sind, Schneeablation in diesem Gebiet mit der erwünschten Genauigkeit abzuschätzen, zumal schon die gemessenen Energiehaushalte kleiner schmelzender Schneedecken deren Schmelzwasserausfluß allenfalls summarisch, nicht aber für engere Zeitintervalle wie Tage absichern. Zusätzliche Komplikationen treten zwangsläufig bei Kälteinhalten der Schneedecken auf.

6.2.3. Tageswerte der Schmelzwasserproduktion und Schmelzabflüsse

Erfahrungsgemäß verläßt ein Schmelzwasservolumen sein Produktionsgebiet nur zum Teil noch am Tage seiner Bereitstellung. Gemäß dem Retentions- und Translationsvermögen eines Einzugsgebiets werden Abflußverzögerungen von mehreren Tagen ausgemacht, so auch am Lainbach.

Letztlich entsprechen den Bereitstellungsvolumina zwar äquivalente Abflußvolumina. Doch isotopenhydrologische Verfahren haben zweifelsfrei erwiesen, daß diese Schmelzwässer nur teilweise unmittelbar ins Gerinne gelangen. Die übrigen Abflußanteile werden durch bis zu mehrere Jahre altes Grundwasser gestellt, das durch rezente Schmelzwässer infiltriert und verdrängt wird. Auf diese Tatsache wird weiter unten kurz eingegangen.

Die Bedeutung der Rezessionsabflüsse (Abb. 65) für Erhebungen täglicher Schmelzwasserhöhen kann in Anlehnung an grundlegende Ausführungen bei MARTINEC (1965b, 1970a, 1970b, 1972b) und MARTINEC et al. (1974) wie folgt umrissen werden:

Die Absinkraten des täglichen Schmelzwasserabflusses beschreibt der Rezessionskoeffizient

(1) $$k = \frac{R_{n+1}}{R_n},$$

wobei R die täglichen Abflußhöhen, n die Tage des Rezessionsabflusses.

Die Schmelzwasserproduktion Abl_n am n-ten Tage einer Schmelzperiode entspricht annähernd dem totalen Abfluß R_t, gleich der Summe der folgenden Abschnitte des Rezessionsabflusses, so daß

(2) $$Abl_n = R_t = R_n \sum_{i=0}^{\infty} k_i = R_n \frac{k-1}{k-1}.$$

Da k immer < 1, wird Gleichung (2) zu

(3) $$Abl_n = R_t = R_n \frac{1}{1-k}$$

bzw.

(4) $$R_n = Abl_n (1-k).$$

Am n-ten Tage einer Schmelzperiode tragen auch Teile der an vorangehenden Tagen bereitgestellten Schmelzwasservolumina zum täglichen Gesamtabfluß bei, der sich daher zu

(5) $$R_t = Abl_n (1-k) + R_{n-1} k$$

errechnet.

Abb. 65 zufolge variieren die k-Werte des Lainbachs aufgrund wechselnder Intensitäten des Schmelzwasseranfalls in Verbindung mit raschen Höherlegungen der Schneegrenzen (Abb. 51) beträchtlich. Deshalb wird ein Gleichgewichtszustand der täglichen Abflußhöhen

(6) $$R_n = R_{n-1}$$

im Unterschied zur alpinen Hochregion (MARTINEC 1972 a) in diesen tieferen Lagen selten erreicht. Wird er, wie Ende März 1974 (Abb. 65), wenigstens einmal näherungsweise beobachtet, dann fällt er abweichend von hochalpinen Bedingungen nicht in den Zeitraum maximaler Schmelzwasserabflüsse.

In Erweiterung der Ausführungen bei HERRMANN (1975 a) folgt daraus ferner, daß zum Zeitpunkt der Maximalabflüsse $$R_n \neq Abl_n,$$

und nicht, wie durch Einsetzen von Gleichung (6) in (5) über

$$R_n = Abl_n (1-k) + R_n k$$

und $$R_n (1-k) = Abl_n (1-k)$$

zu fordern wäre:

(7) $$R_n = Abl_n.$$

Mit $R_n \neq R_{n-1}$ und $R_n \neq Abl_n$ sind bereits die wichtigsten Abweichungen von hochalpinen Schmelzabflüssen, z. B. aus dem Dischmatal bei Davos (MARTINEC 1972 a), genannt.

Die durch Gleichungen (6) und (7) beschriebenen Situationen sind demzufolge nur bei geschlossener Schneedecke zu erwarten. Ohne künftigen Erfahrungen vorgreifen zu wollen, folgt daraus für tiefergelegene Einzugsgebiete wie das Lainbachtal, daß deren winterliche Schneelagen offensichtlich nicht ausreichen, die Schneedecken bis zur allerorts maximalen Schmelze überdauern zu lassen, wenn die Bedingungen (6) und (7) erfüllt werden könnten.

Den Erörterungen in Kap. 5.3.2.2. und 6.2.2. zufolge drängt sich ferner der Schluß auf, daß die Wahrscheinlichkeit einer Erfüllung der Bedingungen $R_n = R_{n-1}$ und $R_n = Abl_n$ umso höher ist, je kleiner und uniformer ein Einzugsgebiet bzw. je enger das Höhenintervall ist, das es abdeckt.

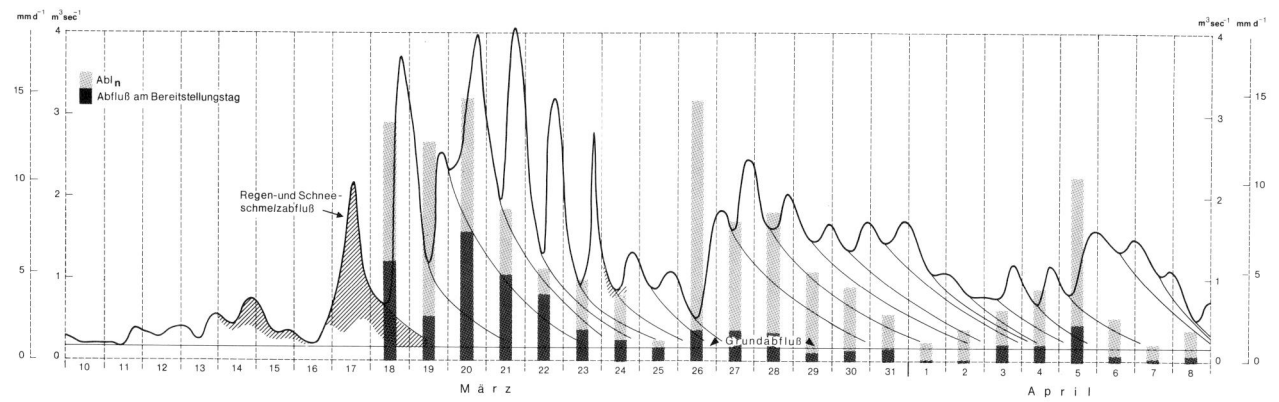

Abb. 65 Rezessionsabflüsse des Lainbachs in der 1. Hälfte der Frühjahrsschmelzperiode 1974 mit täglicher Schmelzwasserproduktion Abl_n im Niederschlagsgebiet und deren Abflußbeitrag zum Bereitstellungstag (in mm Abflußhöhe).

Im Lainbachtal liegt die mittlere Dauer der Rezessionsabflüsse reiner Schmelzwässer während der Hauptschmelzperioden bei 4 Tagen (Abb. 65). Sie mutet angesichts der ca. 95 %igen Bodenbedeckung und beachtlichen Bodenmächtigkeiten, die selbst in steilen Hangpartien um 25° Neigung noch 35 cm betragen können, recht kurz an. Offensichtlich fördern die dominant steilen Hänge (Abb. 4) eine relativ rasche Wasserverdrängung in der oberen Bodenzone.

Die Anteile der noch am Tage der Bereitstellung ausfließenden Volumensäquivalente belaufen sich zu Beginn der Hauptschmelzperiode 1974 durchschnittlich immerhin auf die Hälfte der nach Gleichung (3) errechneten täglichen Schmelzwasserproduktion. Mit Ansteigen der Schneegrenze über die Geländestufe im S des Gebiets hinaus sinken sie in der Regel gegen 15–10 % ab.

Die im verkarstungsfähigen Kalkalpin der mit dieser Stufe ansetzenden tektonischen Einheit der Lechtaldecke ausgebildeten Karstwasserwege modifizieren den durch fortgesetzten Schmelzwasseranfall andauernd erhöhten Wasserdurchsatz nicht. Für die Richtigkeit dieser Annahme spricht u. a. die unveränderte Dauer der Rezessionsabflüsse.

Tägliche Schmelzwasserproduktionen während der Hauptschmelzperiode 1974 im Gesamtgebiet sind in Abb. 65, der Lysimeterschneedecke im Freiland in Abb. 53 angegeben. Die zugehörigen Schmelzwasserganglinien werden in Abb. 60 miteinander verglichen.

Danach übertrifft die tägliche Schmelzwasserproduktion an einzelnen, äußerst strahlungsexponierten Lokalitäten diejenige im Gesamtgebiet meist um weit mehr als das Doppelte. Folgende Zahlenbeispiele unterstreichen die Bedeutung des Zusammenwirkens von ausstattungsbedingtem spezifischem Retentionsbzw. Translationsvermögen des Gebiets und schrittweisem Abbau der in Winterschneedecken gebundenen Gebietswasservorräte für die relativ kräftige Dämpfung der Gebietsabflüsse:

Am Tage der Hauptschmelze, dem 20. März 1974, werden von der Lysimeterschneedecke im Freiland 38,5 mm Schmelzwasser freigesetzt. Gleichzeitig werden im Gesamtgebiet 14,8 mm Schmelzwasser produziert. Davon fließen noch am gleichen Tage 7,2 mm aus, die zusammen mit den Schmelzwasseranteilen der Vortage eine Gebietsabflußhöhe von 14,5 mm ≙ 168 l s^{-1} km^{-2} erzeugen. Von der Freilandschneedecke in 900–1200 m, entsprechend 8 % der Gesamtfläche, fließen aber immerhin 446 l s^{-1} km^{-2} ab, wie sich unter Zugrundelegung des Lysimeterwerts errechnet.

Die mittlere Tagesabflußspende der Hauptschmelzperiode 1974 von 95 l s^{-1} km^{-2} entspricht im übrigen etwa derjenigen glazialer Abflußregime in den beiden Monaten vor bzw. derjenigen nivaler Regime während der Hauptschmelze (WILHELM 1975a, S. 350–52). Dagegen reichen die durchschnittlich 23 mm d^{-1} ≙ 265 l s^{-1} km^{-2} aus der Freilandschneedecke größenordnungsmäßig schon an die Spenden glazialer Regime während der Haupteisschmelze heran.

Die einstrahlungsgeschützteren Schneedecken der Wälder tragen entscheidend zur Verzögerung der Schmelzwasserproduktion, damit indirekt zur Dämpfung der Gebietsabflüsse bei. Denn während beispielsweise im Laufe der Hauptschmelzperiode Ende April 1975 aus der Lysimeterschneedecke im Freiland immerhin 21 mm d^{-1} Schmelzwasserhöhe anfällt, fließt aus der Schneedecke im benachbarten Fichtenstangenholz nur 1/3 dieser Rate ab (Abb. 57). Aus diesem Grunde wird im Wald trotz der geringeren Ausgangsschneehöhe von 65 cm gegenüber 118 cm im Freiland auch um 2 Tage längere Schneedeckendauer verzeichnet.

Der Versuch einer vorläufigen Wasserbilanz des Spätwinters und der Hauptschmelzperiode 1974 (Tab. 14) vermag einige typische Merkmale des Abflußverhaltens dieses Gebiets aufzudecken. Andererseits betont er die Notwendigkeit weiterführender methodischer, u. a. isotopenhydrologischer Ansätze, um nach Ablauf des geplanten Untersuchungszeitraums eine schlüssige Bewertung vornehmen zu können.

Die Bilanz basiert auf den Summen der nach Gleichung (3) berechneten täglichen Schmelzwasserhöhen Abl_n, die z. T. in Abb. 65 abgetragen sind, den durch Schneemessungen ermittelten Schneerücklagen S und dem zwischenzeitlichen Massenzuwachs durch Neuschnee C_t.

Tab. 14 Massenbilanz der Gebietsschneedecke während Spätwinter und Hauptschmelzperiode 1974 (in mm Wassersäule).

Erläuterung der Symbole s. Text.

1	2	3	4	5	6
Datum	S_n	C_t	$(S_n+C_t)-S_{n+1}$	Abl_n	5 - 4
4.3.	172,2	35,6	81,0	5,8	-75,2
18.3.	126,8	0	67,4	89,4	+22,0
1.4.	59,4				
4.3.-1.4.		35,6	148,4	95,2	-53,2

Unter der Annahme, daß ihr Abflußkoeffizient nahe 1 liegt, werden in der Hauptschmelzperiode 1974, wenn ca. 2/3 der vorhandenen Schneevorräte abgebaut werden, die an der Schneedecke aufgetretenen Schmelzverluste deutlich von den tatsächlichen Abflüssen übertroffen, die rd. 130 % dieser Verluste ausmachen. Die Tatsache, daß bei Einbeziehung des vorangehenden spätwinterlichen Abflußzeitraums diese Differenz nicht nur beglichen wird, sondern sich im Gegenteil ein erhebliches Abflußdefizit einstellt, weist auf winterliche Bodenwasserdefizite, die durch die Schmelzwässer abgebaut werden können, und auf ein bedeutendes Retentionsvermögen dieses Gebiets.

Ferner speisen die durch Rezessionsanalysen errechneten Schmelzwasservolumina, die noch am Bereitstellungstag Abflußerhöhungen einleiten, diese überwiegend wohl nur mittelbar. So dürften die Bereitstellungstermine großer Teile der durch fortdauernde Schmelzwasserproduktion in das Gerinne gelangenden Schmelzwässer zumindest in den Spätwinter, wenigstens aber auf die Vortage zu datieren sein. Es handelt sich dabei also um kurzfristig in den oberen Bodenzonen gespeicherte, durch anhaltenden Schmelzwassernachschub verdrängte ältere Schmelzwässer.

Vergleichbare Vorgänge wurden mehrfach an für flüssiges Wasser durchlässigen 0°-isothermen Lysimeterschneedecken beobachtet. Dabei deckt durch Regeneingabe mobilisiertes freies Wasser in der Schneedecke Teile der den jeweiligen Regeninput übersteigenden Schneedeckenabflüsse (Kap. 6.3.).

Nach erfolgversprechenden Ansätzen im alpinen Raum durch MARTINEC (1972b, 1977), MARTINEC et al. (1974, 1975) im Dischmatal und durch AMBACH et al. (1975) im Ötztal soll auch im Lainbachtal versucht werden, mit Hilfe von Umweltisotopen die einzelnen Abflußkomponenten der schneeschmelzerzeugten Frühjahrshochwässer zu trennen und ihre Verweilzeiten im Einzugsgebiet zu bestimmen.

Danach werden in diesen alpinen Hochregionen nur etwa die Hälfte der Schmelzabflüsse unmittelbar durch rezente Schneeschmelzwässer gespeist. Den Rest stellt bis zu etwa 5 Jahre altes unterirdisches Wasser. Ähnliche Vorstellungen hat MARTINEC (u. a. 1975) für die hohen Mittelgebirgslagen des Modrý Důl-Gebiets in der CSSR entwickelt. Sie sprechen einerseits für unerwartet hohe Retentionskapazitäten dieser Gebiete. Zum anderen lassen bereits diese wenigen isotopenhydrologischen Ergebnisse die Grenzen der klassischen Abtrennungsverfahren der unterirdischen Abflußkomponenten erkennen, deren Anteil am oberirdischen Gesamtabfluß sie offensichtlich unterschätzen.

Es sei erwähnt, daß das Einzugsgebiet des Lainbachs nach ersten vorsichtigen Abschätzungen aufgrund von

Tritiumwerten (HERRMANN et al. 1977) eine Mindestspeicherkapazität in der Größenordnung von 12 · 10^6 m^3 Wasser besitzt, entsprechend einer Wasserschicht von etwa 65 cm. Die mittlere Verweildauer der Grundabflüsse dürfte sich auf etwa 2 Jahre belaufen. Allerdings sollten an den Einsatz isotopenhydrologischer Verfahren (DROST et al. 1972) nicht zu hohe Erwartungen geknüpft werden. Zwar liefern sie über die konventionellen Methoden hinaus zusätzliche Informationen über den Abflußvorgang, ohne in naher Zukunft sichere quantitative Vorstellungen über die unterirdischen Abflußkomponenten zu gewährleisten.

Vor diesem Hintergrund ist die Zielsetzung des im Winter 1975/76 angelaufenen Untersuchungsprogramms zu sehen, das mit Mitarbeitern des Instituts für Radiohydrometrie der Gesellschaft für Strahlen- und Umweltforschung mbH, München, durchgeführt wird. Dabei werden Schneedecken- und Niederschlagsproben, winterliche Grund- und Schneeschmelzabflüsse des Lainbachs, Quellen und die Lysimeterabflüsse auf Gehalte an Tritium, Deuterium und Sauerstoff-18 analysiert (WILHELM 1977).

6.2.4. Näherungsverfahren der Abflußberechnung

Außer Verfahren der Langzeitprognose von Schmelzwasserzuflüssen, die beispielsweise für Füllungen von Speicherseen auch am Alpennordrand, so für den Forggensee durch FROHNHOLZER (1967, 1975), für den Walchensee durch WÖHR (1959), verwendet werden, werden zahlreiche kurzfristige statistische und deterministische Vorhersagemodelle für Schmelzabflüsse angeboten. Über die vielfach gebietsspezifischen Ansätze berichten überblickend u. a. U. S. Army C. of Eng. (1956), MEIER (1964), GARSTKA (1964), in jüngerer Zeit E. A. ANDERSON (1972), POPOV (1972) und QUICK (1972).

Befriedigende Überprüfungen ihrer Anwendbarkeit auf Einzugsgebiete in Mitteleuropa oder speziell in der Bundesrepublik Deutschland liegen nicht vor. So wird die Modellierung der Schneeschmelzprozesse leider auch in einer der jüngsten umfassenden Studien über vorhandene Flußgebietsmodelle (Inst. Wasserbau 1974) ausdrücklich ausgeklammert.

Erst KNAUF (1976) liefert eine eigens für deutsche Mittelgebirgsverhältnisse konzipierte Modellvorstellung, die bei geplanten Modellierungen des Schmelz- und Abflußvorgangs in randalpinen Einzugsgebieten verwertet werden könnte. Wichtige Vorarbeiten hierzu leistet seit neuestem auch RÖSL (1976).

Besonderes Interesse gilt Berechnungsverfahren, die mit wenigen, ohne aufwendige Meßanordnungen erhältlichen Eingangsgrößen auskommen. Ihr Vorteil gegenüber komplexen Schmelzmodellen, in die wie bei RILEY et al. (1972) bis zu 15–20 Parameter eingehen, liegt in der Praktikabilität.

Einschränkend sei vermerkt, daß Vorhersagemodelle, die die natürlichen Prozeßabläufe zu stark vereinfacht simulieren, in nach Topographie, Petrographie, Böden und Waldbestand so differenzierten Gebieten wie dem Lainbachtal meist wenig zufriedenstellende Ergebnisse liefern.

Zu ihnen zählt aus den in Kap. 5.3.1. und 6.2.2. dargelegten Gründen das Gradtagverfahren, das positive Tagesmitteltemperaturen, z. T. gewichtet bzw. um gebietsspezifische Korrekturglieder erweitert, mit Schmelzwasseranfall korreliert.

Aus der Vielzahl kurz- bis mittelfristiger Berechnungsverfahren von Schmelzabflüssen wird derzeit eine von MARTINEC (1965 b) abgeleitete Methode der Situation im Lainbachtal sehr gerecht. Sie liefert mit wenigen Eingangsgrößen gute Übereinstimmungen zwischen beobachteten und berechneten Tagesabflüssen. Damit scheint sie die in sie gesetzte Erwartung einer universellen Anwendbarkeit in kleinen Einzugsgebieten zu erfüllen.

Es ist
$$R_n = c_a \, G \, GF \, (1 - k) + R_{n-1} \, k \,,$$

wobei
- R_n Abflußhöhe in 24 h in cm
- R_{n-1} Abflußhöhe der vorangehenden 24 h in cm
- c_a Abflußkoeffizient
- G Anzahl der Gradtage in K d
- GF Gradtagfaktor in cm K^{-1} d^{-1}
- k Rezessionskoeffizient des 24 h-Intervalls.

Die Gleichung basiert auf der überragenden Bedeutung der Lufttemperatur als komplexem Informationsträger über Schmelzprozesse an der Schneedecke. Ihre gebietsspezifische Wichtung erfolgt unter der Annahme, daß der Abflußkoeffizient während der Frühjahrsschneeschmelze nahe 1 liegt, im wesentlichen durch Rezessions- und Vortagesabflüsse. Damit geht mittelbar die Schmelzwasserretention in die Berechnung ein.

Dieses Näherungsverfahren war von MARTINEC (1965 b) ursprünglich für das 2,65 km² große Repräsentativgebiet Modrý Důl (1000–1554 m) im Riesengebirge konzipiert, das zu 2/3 oberhalb der Waldgrenze liegt.

Für das 43,3 km² große, kaum bewaldete Dischmatal bei Davos wurde es wegen des ausgedehnten Höhenintervalls zwischen 1668 m und 3146 m dahingehend modifiziert, daß die Schneebedeckungs- und Flächenanteile dreier Höhenstufen als Wichtungsfaktoren des Produkts aus Gradtagen und Gradtagfaktoren eingefügt werden (MARTINEC 1972 b). Diese Maßnahme bedeutet eine Beschränkung auf die effektiven Ablationsverluste A_{eff}.

Nach den bisherigen Erfahrungen erweist sie sich im Lainbachtal angesichts relativ kurzer Schmelzperioden zumindest bei Schneegrenzlagen bis 1300 m als überflüssig. Inwieweit dies für noch geringere Schneebedeckungen zutrifft, läßt sich aufgrund der spätestens jetzt einsetzenden Frühjahrsregen bisher nicht beurteilen.

Mit diesem Berechnungsverfahren werden beispielsweise in der Hauptschmelzperiode 1973/74 bei r von 0,954 bzw. 0,930 beachtliche Übereinstimmungen zwischen berechneten täglichen Schmelzwasserhöhen Abl_{calc} und den nach Kap. 6.2.3., Gleichung (3), ermittelten Abl_{mes} bzw. den tatsächlichen täglichen Abflüssen R_{mes} erzielt (Abb. 66). Gleich enge Zusammenhänge werden bei r von 0,945 bzw. 0,939 auch für die andere markante, allerdings deutlich schmelzwasserärmere Ablationsperiode im Frühjahr 1973 (vgl. Abb. 24) ausgemacht.

Es sei jedoch betont, daß dieses Berechnungsverfahren nur bei 0 °C temperierter, allenfalls oberflächlich bzw. flächenanteilig unbedeutend gefrorener Schneedecke derartige signifikante lineare Beziehungen herzustellen vermag.

Räumlich-zeitlich wechselnde Kälteinhalte der Schneedecken setzen im übrigen allen einfachen empirischen Näherungslösungen der Schneeablation in Einzugsgebieten zwangsläufig Grenzen. Denn die zur Temperaturänderung der Schneedecke erforderlichen Wärmemengen (Kap. 5.3.2.1., Gleichung (3)) lassen sich allenfalls lokal mit entsprechenden Meßanordnungen festlegen. Indexgrößen der Wärmehaushaltsprozesse wie die Lufttemperatur bieten auch nicht annähernd gleichwertigen Ersatz.

Es ist beabsichtigt, die Schneeschmelzabflüsse u. a. auf Grundlage des Ansatzes von MARTINEC (1965 b) gebietsadäquat zu modellieren. In die Modellvorstellung sollen Erfahrungen eingehen, die mit den Energiehaushalten und dem daraus resultierenden Abflußverhalten der Lysimeterschneedecken gesammelt werden, die im Unterschied zu ähnlichen Forschungsansätzen in vergleichsweise uniform ausgestatteten Gletscherregionen nicht unerwartet für sich genommen keinen Modellcharakter für das Gesamtgebiet tragen.

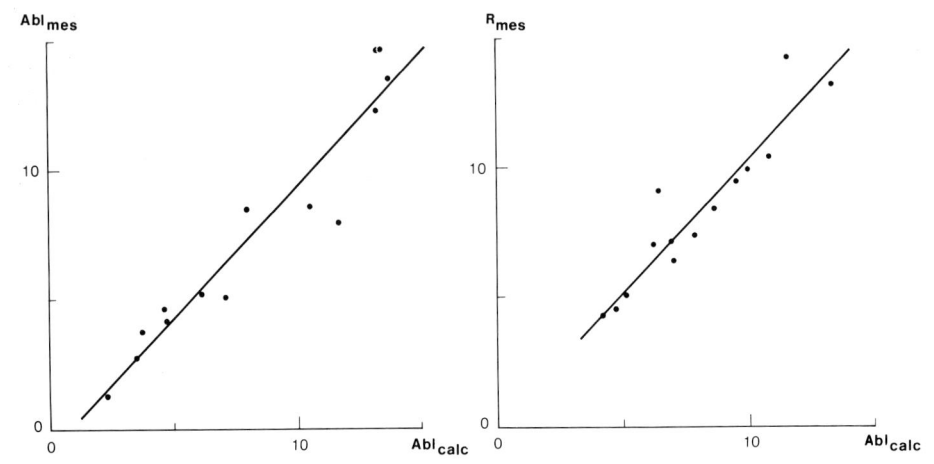

Abb. 66 Zusammenhänge zwischen berechneten (Abl_{calc}) und beobachteten täglichen Schmelzwasserhöhen (Abl_{mes}) bzw. beobachteten Tagesabflüssen des Lainbachs (R_{mes}) während der Hauptschmelzperiode 17.–29. 3. 1974 (in mm Wassersäule).

6.3. Schmelz- + Regenabflüsse

Fällt Regen in eine schmelzende Schneedecke, wird dieser pro cm³ Regenmenge, entsprechend 10 mm Regenhöhe, eine Wärmemenge von 1 Ly pro 1 K Abweichung der Regentemperatur von 0 °C zugeführt. Fällt derselbe Regen in eine gefrorene Schneedecke, wird zusätzlich seine latente Schmelzwärme von 80 cal cm⁻³ frei.

Der Effekt von Regen auf Schneedeckenabflüsse wird am Beispiel des Freilandlysimeters erläutert. Die ausgewählten Ereignisse aus dem Hochwinter und der Hauptschmelzperiode 1974 (Abb. 68) beschreiben typische Niederschlag-Abfluß-Beziehungen bei häufig beobachteten winterlichen Regenergiebigkeiten und Schneehöhen.

Während der Frühjahrsschneeschmelze erfolgen aus der 0°-isothermen Lysimeterschneedecke durchschnittliche Mehrabflüsse um 150 % der eingegangenen Regenmengen. Der die jeweilige Regenmenge übersteigende Mehrabflußanteil wird nur zu ca. 1/3 durch mit Regen- und Kondensationswärme zusätzlich geschmolzenen Schnee gedeckt.

Am 23./24. März 1974 erzeugen 3,5 mm Regenhöhe einen Mehrabfluß von 5,2 mm. Die durch den Regen zugeführte Wärmemenge, 1,4 Ly, schmilzt lediglich 0,17 mm Wasseräquivalent Schnee oder 10 % des die Regenmenge übertreffenden Mehrabflußanteils. Ferner können 0,4 mm mit 3,4 Ly durch Kondensationsvorgänge freigesetzter latenter Wärme geschmolzen werden.

Den Rest in Höhe von 1,13 mm deckt bereits vor dem Regenereignis in der Schneedecke bereitstehendes freies Wasser, das offensichtlich durch den Regen-Input mobilisiert wird (COLBECK 1972).

Das Regenereignis vom 23. März 1974 konnte auch isotopisch analysiert werden. Aus Gründen noch unerklärlicher Isotopenfraktionierungen erlaubt jedoch Abb. 67, wonach die Deuteriumgehalte der Schneeschichten mit Erreichen des Vorregenabflusses (vgl. Abb. 68) wieder die leichteren Vorregenwerte ausweisen, nur unter starken Vorbehalten den Schluß, daß das Regenwasser die Schneedecke inzwischen durchlaufen hat.

Immerhin liegt damit nach Ansätzen bei KROUSE & SMITH (1972) ein weiterer Hinweis vor, daß durch Regen initiierter schneedeckeninterner Wassertransport durch Isotopengehaltsmessungen möglicherweise auch quantitativ verfolgt werden kann. Voraussetzung sind allerdings dichte Beobachtungsfolgen.

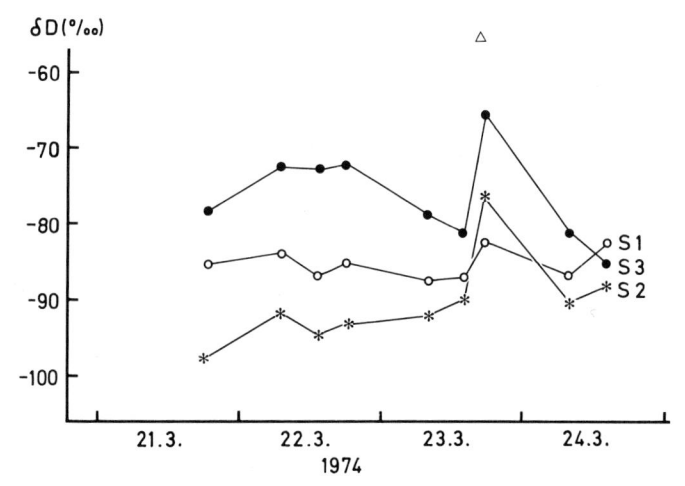

Abb. 67 Deuteriumgehalte der Schneeschichten im Freiland zwischen 21.–24. 3. 1974 (aus HERRMANN & STICHLER 1976).
  N   Regenniederschlag (= 3,5 mm)
  S1   Grund- → S3 Oberflächenschicht

Während des winterlichen Abflußzeitraums hat die Schneedecke unmittelbar vor Regenfällen wie am 6. 2. 1974 häufig noch einen Kälteinhalt, der aber erfahrungsgemäß selten höher ist als die Wärmezufuhr beim Ereignis. Es hängt daher außer u. a. von ihrem Metamorphosezustand (BERTLE 1966, ERBEL

1969) wesentlich vom Verhältnis von Kälteinhalt der Schneedecke zu Wärmezufuhr während des Regenereignisses ab, zu welchen Teilen Inputbeträge wieder ausfließen. Oft werden bis zu 50 % der eingehenden Regenmengen in der Schneedecke gespeichert, 100 %iger Abfluß in der Regel aber nicht überschritten.

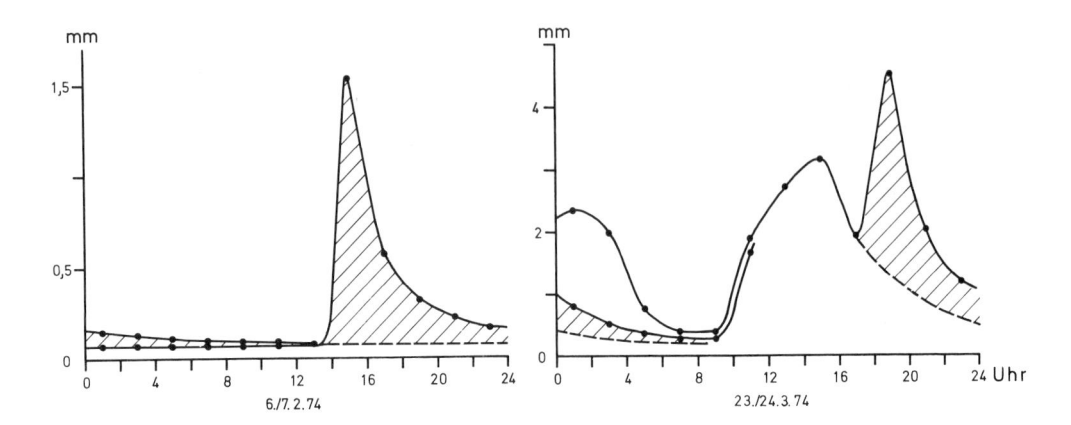

Ereignis	6./7. 2. 1974	23./24. 3. 1974
Regenhöhe (mm)	3	3,5
Niederschlagsintensität (mm h-1)	1,5	14
Schneehöhe (cm)	84	36
Schneedichte (g cm-3)	0,39	0,46
Wasseräquivalent (mm)	323	178
freies Wasser (Vol %)	0	2,3
Korndurchmesser (mm)	2	2
Perkolationsgeschw. (cm min-1) ¹)	5,5	7
Kälteinhalt (cal cm-2)	> 0	0
Regentemperatur (⁰C) ²)	+ 3	+ 4
Mehrabfluß (mm)	3,1	5,2

¹) hier: Resultierende aus vertikaler und horizontaler Geschwindigkeitskomponente auf geneigter Unterlage
²) wie üblich, entsprechend der Lufttemperatur am feuchten Thermometer

Abb. 68 Mehrabfluß (schraffiert) aus der Lysimeterschneedecke im Freiland (1030 m) durch Regenniederschlag im Hochwinter und während der Hauptschmelzperiode 1974 mit Hinweisen auf wirksame Niederschlags- und Schneedeckenparameter.

Zu den Anlaufzeiten von Abflußsteigerungen ab Regenbeginn sei bemerkt, daß diese bei Regenschauern mit Intensitäten > 10 mm h^{-1} und Mächtigkeiten der Schneedecken ohne Frostinhalt zwischen 30—100 cm spätestens 15 min nach Einsetzen des Regens erfolgen. Dieser Verzögerung entsprechen Perkolationsgeschwindigkeiten (im Sinne Abb. 68, Anm. 1) von > 5 cm min^{-1}.

Die Mehrzahl winterlicher Regenfälle in die Lysimeterschneedecke weist Ergiebigkeiten zwischen 0,5—4 mm mit Intensitäten < 1 mm h^{-1} aus. Unter diesen Bedingungen werden bei genannten Schneehöhen erst nach 30—60 min Abflußerhöhungen beobachtet, entsprechend Perkolationsgeschwindigkeiten von 1,5—3 cm min^{-1}.

Durch Regenfälle gesteigerte Lysimeterabflüsse sinken im Frühjahr bereits 15 h, im Winter frühestens 24 h nach Regenende wieder auf den Vorregenabfluß ab.

Erste Beobachtungsergebnisse vom Schneelysimeter im Wald lassen erkennen, daß die Auslaufzeiten regenerzeugter Abflußerhöhungen infolge kleinerer Schneehöhen kürzer, die Anlaufzeiten ab Regenbeginn durch Interceptionseinflüsse länger als die jeweiligen Freilandwerte ausfallen.

Die prozentualen Anteile der Mehrabflüsse aus den dünneren Waldschneedecken am Regen-Input können zumindest im Winter diejenigen im Freiland um ein Mehrfaches übertreffen. Diese Tatsache deutet darauf hin, daß die geringere Retentionskapazität der Waldschneedecke bei ergiebigen Regenfällen nicht durch Interceptionsverluste kompensiert wird.

Da im Frühjahr in der einstrahlungsexponierten Freilandschneedecke mehr freies Wasser bereitgestellt, aufgrund ihrer größeren Mächtigkeit auch gespeichert, folglich durch Regen-Input mobilisiert werden kann als im Wald, kann sich nun dieses Verhältnis zugunsten der Freilandabflüsse umkehren.

Umfassendere Beurteilungen des Regeneffekts auf Schneedeckenabflüsse in dieser Region, die Vergleiche experimentell und theoretisch abgeleiteter Vorstellungen über das Verhältnis von Input zu Output wie bei GERDEL (1954) oder COLBECK (1972) einschließen, können erst auf Grundlage eines vergrößerten Beobachtungsmaterials erfolgen.

Für Einblicke in den schneedeckeninternen Wasserumsatz bei Regenfällen werden seit 1975/76 systematisch isotopenhydrologische Verfahren eingesetzt. Dazu hat u. a. COLBECK (1975) erfolgversprechende Ansätze geliefert.

Zur Bewertung des Regeneffekts auf die Gebietsabflüsse sind die in Abb. 68 angeführten Schneedecken- und Regenparameter, die das Verhältnis von Regenmenge in eine Schneedecke zur Abflußmenge wesentlich steuern, wenigstens um den Schneebedeckungsgrad zu ergänzen.

Die Schneedeckenparameter Bedeckungsanteil, Höhe, Dichte und Wasseräquivalent sind im Lainbachtal hinreichend bekannt. Es fehlen sichere Vorstellungen über Kälteinhalte, freies Wasser und Korndurchmesser, deren Bestimmung sich auf die vier Schneeprofilorte (Abb. 6) beschränkt. Obgleich ihnen schon deshalb kein repräsentativer Charakter zukommt, sollen Schnee- + Regenabflüsse des Lainbachs wenigstens am Beispiel der regenreichen Schneedeckenperiode 1973/74 (Abb. 50) knapp typisiert werden.

Im Zeitraum Dezember–April fallen bei 32 Regenereignissen an 22 Tagen in mittlerer Gebietshöhe (1030 m) 81,5 mm Regen. Der Gebietsniederschlag N_R beträgt 29 mm. Davon trifft allerdings nur ein Bruchteil an 6 Tagen auf eine geschlossene Gebietsschneedecke. N_R liegt immer dann deutlich unter den in mittlerer Gebietshöhe gemessenen Regenhöhen, wenn der Niederschlag gegen höhere Lagen in Schnee übergeht.

Schnee- + Regenabflüsse des Lainbachs lassen sich wie folgt systematisieren:

1. Größte Abflußsteigerungen werden außer durch ungewöhnlich ergiebige winterliche Starkregen wie die 84 mm am 7./8. 12. 1974, die die extreme winterliche Tagesabflußspende von 610 l s^{-1} km^{-2} erzeugen (Abb. 24), bei mehreren kurzfristig aufeinanderfolgenden kräftigen Regenfällen in geschlossene 0°-isotherme Schneedecken erzielt. Die Spitzenabflüsse übertreffen reine Schmelzwasserspitzen der Frühjahrshauptschmelze deutlich.

Nachdem am 10./11. 1. 1974 Regenfälle mit einer Ergiebigkeit $\bar{N}_R$ = 2,5 mm bereits eine leichte Abflußanhebung bewirkt haben, wird durch $\bar{N}_R$ = 8,3 mm (1030 m: 14 mm; Maximalintensität: 2 mm h^{-1}), die zwischen 15.–19. 1. fallen, bis zum 22. 1. ein Mehrabfluß von 47 mm oder 560 % des Regen-Inputs erzeugt. Die höchsten Tages- bzw. Stundenabflüsse erreichen 5,3 bzw. 6,5 m^3 s^{-1}, gegenüber 3,15 bzw. 4,0 m^3 s^{-1} der reinen Schmelzabflüsse in der Frühjahrsschmelzperiode.

2. Bei mehreren isolierten Regenereignissen, die zwar die durchschnittliche winterliche Ergiebigkeit von 1,3 mm d^{-1}, nicht aber 1,5–2 mm d^{-1} überschreiten, erreichen die regenerzeugten Mehrabflüsse auch bei geschlossener 0°-isothermer Schneedecke selten die Höhe des zugehörigen Regen-Inputs.

$\bar{N}_R$ = 1,75 mm am 14. 3. 1974 entspricht unmittelbar nur 50 %iges Abflußäquivalent. Erst mit Eintreten der unter 1. beschriebenen Situation durch $\vec{N}_R$ = 1 mm (1030 m: 5 mm) am 16./17. 3. in eine zwischenzeitlich abgelagerte nasse Neuschneedecke erfolgt ein Mehrabfluß in Höhe von 550 % der eingegangenen Regenmenge (Abb. 65).

Zu 1. und 2. sei ergänzt, daß winterliche Regenfälle in eine nicht geschlossene Gebietsschneedecke unter sonst gleichen Voraussetzungen immer geringere Abflußerhöhungen am Lainbach erzeugen.

3. Höchste Retentionskapazität erlangt eine Schneedecke mit einem Kälteinhalt. Ist der Kälteinhalt einer geschlossenen Gebietsschneedecke überall größer als die durch Kondensations-, Regen- und latente Schmelzwärme des Regens zugeführte Wärmemenge, erfolgt keine Abflußerhöhung.

Diese Situation trat von 1971/72 bis 1974/75 noch nie ein; denn auch bei andauerndem ausstrahlungsreichem Hochdruckwetter gefriert die Schneedecke unterer Waldlagen allenfalls oberflächlich.

Im Anschluß an eine mehrtägige Frostperiode, in deren Verlauf der Abfluß der Lysimeterschneedecke im Freiland bei Strahlungssalden bis −100 Ly d^{-1} aussetzt, bewirkt $\bar{N}_R$ = 5,7 mm am 6./7. 1. 1974 2 mm Mehrabfluß, entsprechend 35 % des Regen-Inputs.

Dieses Beispiel beschreibt insofern näherungsweise die angesprochene Situation, als der Mehrabfluß von den aperen, oberflächlich gefrorenen südexponierten bzw. der unterhalb 1000 m gelegenen Fläche gestellt wird. Ihr Anteil an der Gebietsfläche erreicht größenordnungsmäßig den Mehrabflußanteil am Regen-Input.

Bis auf wenige Ausnahmen lassen sich die durch Regenfälle in Winterschneedecken verursachten Abflußänderungen des Lainbachs den genannten Typen zuordnen.

Gegenüber den Lysimeterabflüssen verlängert sich die Senkungsdauer der Abflußganglinien auf die Vorregenabflüsse auf wenigstens 40–50 h nach Regenende (vgl. Abb. 59). Merkliche Abflußanstiege werden in der Regel erst 60–90 min nach Regenbeginn verzeichnet.

Den im Vergleich zu regenverstärkten lokalen Schneedeckenabflüssen gedämpften Abflußgang des Lainbachs beschreibt Abb. 60. Regenfälle in randalpine Schneedecken vermögen bei Erfüllung der unter 1. genannten Bedingungen kritische Hochwasserführungen einzuleiten. Um diesbezüglich u. a. der Wasserwirtschaft für diese Region einmal Orientierungsdaten liefern zu können, ist über diese ersten Ansätze hinaus eine systematische Analyse aller verfügbaren Ereignisse unter Einbeziehung von Isotopendaten geplant.

7. Schlußbemerkung

Von Bilanzierungen des gebietsinternen Wasserumsatzes während der durch Winterschneedecken geprägten Abflußzeiträume 1971/72–1974/75 wird zum gegenwärtigen Zeitpunkt aus mehreren Gründen noch abgesehen, darunter

1. Von den 1975/76 angelaufenen isotopenhydrologischen Untersuchungen werden weiterführende Informationen über unterirdischen Wasserumsatz, Abflußverzögerungen und Verweildauer von Schmelzwässern im Lainbachgebiet erwartet. Da aktuelle ‚Schmelzabflüsse' zu beträchtlichen Teilen durch mehrere Jahre alte Wässer gedeckt werden, stecken Wasserbilanzen nach Art Kap. 6.2.3., Tab. 14, lediglich vorläufige Orientierungsrahmen ab.

2. Es erscheint sinnvoll, zunächst Jahresbilanzen unter Einbeziehung der ausschließlich durch Regenniederschläge gesteuerten Abflußzeiträume zu erstellen, für die die wissenschaftliche Datenaufbereitung noch nicht abgeschlossen ist.

3. Gegenwärtig fehlen quantitative Vorstellungen über wichtige Restglieder der Wasserhaushaltsgleichung wie Boden- und Grundwasserbilanzen oder Interceptionsverluste. Die für ihre Bestimmung erforderlichen Untersuchungen sind projektiert oder gerade angelaufen.

Differenzierte Bilanzierungen des Wassers im Lainbachtal sind daher frühestens nach Ablauf des auf 10 Jahre ausgelegten Untersuchungszeitraums zu erwarten. Die vorgestellten methodischen Ansätze und ersten regionalspezifischen Untersuchungsergebnisse sollten aber bereits jetzt zu ergänzenden Beobachtungen in anderen Teilen dieser wasserwirtschaftlich bedeutenden Region anregen.

Zusammenfassung

Seit Herbst 1971 werden im 18,7 km² großen, zu 80 % bewaldeten Niederschlagsgebiet des Lainbachs (670–1801 m) bei Benediktbeuern/Oberbayern schneehydrologische Untersuchungen durchgeführt. Die wichtigsten Ergebnisse der Schneedeckenperioden 1971/72–1974/75 sind:

1. Für das Verständnis von Schneedeckenentwicklungen und des damit gekoppelten Abflußgeschehens sind synoptische Kenntnisse der hydrometeorologischen Grundgrößen Niederschlag und Lufttemperatur, der Indexgröße für Wärmehaushaltsprozesse, ferner des Alpenföhns, des charakteristischsten randalpinen witterungsklimatologischen Elements, Voraussetzung.

    a. Der durchschnittliche Schneeanteil am Gesamtniederschlag der Monate Oktober–April, der zwischen 448 mm (71/72) und 1106,5 mm (74/75) variiert, beträgt 65 %. Als bevorzugte Schneefallmonate gelten November und April mit je knapp 20 % des Schneeniederschlags, als typische Regenperioden die spätestens Ende April einsetzenden Frühjahrsregen. Auch in den Hochwintermonaten regnet es gelegentlich bis in höhere Lagen.

    Die Großwettertypen West bis Nord liefern 3/4 der schneeigen, West und Nord 2/3 der flüssigen Niederschläge. Aufgrund vorherrschend linearer Niederschlagszunahme mit der Höhe korrelieren wenigstens Halbmonatssummen der Gebietsniederschläge und in mittlerer Gebietshöhe gemessener Niederschlag hoch miteinander.

    b. Der winterliche Temperaturgang läßt sich in typische Zeitabschnitte untergliedern, die mit denjenigen der Schneedeckenentwicklung und des Abflußgeschehens identisch sind. Januar und Februar sind durchschnittlich die kältesten Monate.

    Maximumtemperaturen reagieren am empfindlichsten auf vertikale Temperaturänderungen. Föhntätigkeit verstärkt die normale Temperaturabnahme mit der Höhe, verdrängt aber die über Schneedecken im Talgrund stehenden Kaltluftseen bisweilen nicht. Die Folge sind partielle Inversionen. Totale Inversionen sind an Hochdruckwetterlagen gebunden, bleiben jedoch selbst unter günstigen synoptischen Voraussetzungen häufig aus.

    c. Die unmittelbare hydrologische Bedeutung des an verstärkte Zyklonalität gebundenen Alpensüdföhns, der oft wellenförmig einfällt und bis zu 1/3 der Schneedeckenperioden prägt, liegt in erhöhten Schmelzraten durch hohe Strahlungsgewinne und gesteigerte fühlbare Wärmeströme. Demgegenüber nimmt sich Schneeverdunstung auch bei Föhn vernachlässigbar klein aus. Wie Regenfälle verhindern Föhnvorgänge Auskühlungen der Schneedecken bzw. temperieren sie wiederholt auf $0\,°C$.

2. Die durchschnittlich in Gebietsschneedecken gebundenen Wasserrücklagen streuen zwischen $0{,}78 \cdot 10^6$ m³ ≙ 42 mm im ‚Minimalwinter' 71/72 und $3{,}21 \cdot 10^6$ m³ ≙ 172 mm im ‚Normalwinter' 72/73, die maximalen saisonalen Speichervolumina zwischen $0{,}92 \cdot 10^6$ m³ und $5{,}54 \cdot 10^6$ m³. Das mittlere Zeitverhältnis von Akkumulations- zu Ablationsperiode beträgt 3 : 1.

    Kürzeste Schneedeckendauer wird mit 170 d im Winter 71/72 verzeichnet, längste mit knapp 240 d 74/75, als in den freien Hochlagen ab Ende September eine geschlossene Schneedecke liegt. Die Schneedeckendauer nimmt nichtlinear mit der Höhe zu.

    Die Hälfte der saisonalen Schneedeckentage wird im Freiland zwischen 910 m (74/75) und 1040 m (71/72), im Wald zwischen 950 m und 1060 m beobachtet. Die Schneedeckendauer fällt im Wald in mittleren Lagen um ca. 20 d, in höheren um ca. 30 d kürzer aus als im Freiland. Während der Frühjahrsschneeschmelze können die Schneedecken im Wald gelegentlich diejenigen benachbarter, sehr einstrahlungsexponierter Freiflächen trotz geringerer Ausgangsschneehöhen um einige Tage überdauern.

3. Die Dauer der winterlichen Grundabflüsse des Lainbachs schwankt zwischen einer (74/75) und 8 Wochen (72/73), Nq zwischen 3,7 (71/72) und 10,5 l s^{-1} km^{-2} (74/75). Die Niedrigwasserzeiträume werden zwischen Mitte März und Mitte April in der Regel durch sprunghafte Abflußanstiege beendet. Diese Frühjahrshochwässer beschreiben zwei Ganglinientypen: von nachfolgenden kräftigen Regen- + Schmelzabflüssen abgesetzte mäßige Abflußgipfel reiner Schmelzwässer, bei frühzeitig einsetzenden Frühjahrsregen en bloc-Ausfließen von Schmelz- + Regenwässern.

    Durch Regenfälle in Schneedecken werden Tagesabflüsse bis zu 610 l s^{-1} km^{-2} erzielt. Bei geschlossener $0\,°$-isothermer Schneedecke erzeugen selbst über mehrere Tage verteilte Gebietsregenhöhen von 5–10 mm Mehrabflüsse bis zu 600 % der eingehenden Regenmenge.

    Mq differiert zwischen 34 (71/72) und 69,5 l s^{-1} km^{-2} (in der regenreichen Beobachtungsperiode 74/75). Die Spanne zwischen Zq und Mq fällt bei diesen kleinen Einzugsgebieten mit wenigstens 1/5 der Zeit erwartet hoch, die weniger variable Überschreitungsdauer von Mq mit 1/4 recht kurz aus.

Kritische Hochwasserführungen sind nicht durch Schneeschmelze allein, sondern nur bei Schmelz- + Regenabflüssen zu erwarten.

4. Schicht-, Temperatur- und Rammprofile der Schneedecken an 4 Typlokalitäten lassen bei zunehmend häufiger $0°$-Isothermie von höheren gegen tiefere, nord- gegen südexponierte und Frei- gegen Waldlagen charakteristische Modifizierungen der Profilparameter erkennen.

Außer derartigen regionalspezifischen Aspekten und Unterschieden zu Profilentwicklungen kalter hochalpiner Schneedecken wird die hydrologische Bedeutung von Schneeprofilaufnahmen betont, vor allem der Parameter Schneetemperatur und freies Wasser, die Hinweise auf die Abflußbereitschaft der Schneedecken liefern.

a. Bis auf höhere nordexponierte Freilagen werden auch in den Hochwintermonaten überall kräftige Schneedeckendurchfeuchtungen beobachtet, besonders bodennah und über Schmelzwasserstauern. Der freie Wassergehalt übersteigt in mittleren Lagen auch bei starker thermischer Durchfeuchtung 10 Vol% Schneedeckendurchschnitt kaum. Er kann unter Regeneinfluß kurzzeitig auf 12–15 Vol% anwachsen. Tagesgänge erscheinen gegenüber den Wärmedargebotsganglinien vormittags um 1–2 h, nachmittags um 2–3 h verzögert. Sprunghafte Feuchtigkeitsänderungen beschränken sich bei Tagesamplituden bis zu 10 Vol% auf einen oberflächennahen Bereich.

b. Vorherrschende Temperaturverteilung in der Schneedecke ist nicht zuletzt als Folge häufiger Föhnvorgänge und winterlicher Regenfälle die $0°$-Isothermie. Daher fallen selbst in freien nordexponierten Hochlagen in jedem Wintermonat Schmelzverluste an, wo im Unterschied zu alpinen Hochlagen und hohen geographischen Breiten vertikale Isoplethenanordnungen dominieren.
Die Tagesamplituden der Schneetemperaturen sind bereits in 10 cm Tiefe kleiner als diejenigen der umgebenden Luft. Je nach Lokalität, Tageszeit und winterlichem Zeitabschnitt werden charakteristische Temperaturprofile beobachtet.

5. Typische lokale Verteilungsmuster der in Schneedecken gebundenen Wasserrücklagen haben zur Auswahl der ca. 90 Repräsentativflächen geführt, auf denen die für die Berechnungen der Gebietswasserrücklagen erforderlichen Schneesondenmessungen in 14tägigen, seit 74/75 wöchentlichen Abständen erfolgen. Sie reihen sich entlang mehreren Meßprofilen auf, die die wichtigsten topographischen Einheiten des Gebiets abdecken.

a. Die Identifikation wenigstens 1000–1500 m² großer Lokalitäten auf den Repräsentativflächen, die ständig mittlere Wasseräquivalente dieser Flächen ausweisen, erlaubt es, diese durch jeweils 2–3 gezielte Messungen zu erfassen.

b. Auf gleichwertigen Flächen, z. B. Freilagen, wächst das Wasseräquivalent in der Regel signifikant linear mit der Höhe üNN. Aufgrund witterungsbedingter Steigungsänderungen der Regressionsgeraden werden daher immer mindestens zwei Meßwerte im jeweiligen Höhenintervall benötigt, um die Schneerücklagen in deren Einzugsbereich über Gradientbildung berechnen zu können.

Versuche, lineare Zusammenhänge zwischen den konstanten Gliedern und den Regressionskoeffizienten der Regressionsgleichungen für Meßstelleneinsparungen zu nutzen, sind bislang fehlgeschlagen.

c. Gleiches gilt für Zusammenhänge zwischen Wasserrücklagen in den 6 nach der Überschirmungsdichte ausgegliederten Waldbestandsarten und im benachbarten Freiland. Zwar nimmt der Rücklagenanteil im Wald am Freilandbetrag innerhalb begrenzter winterlicher Zeitabschnitte linear mit wachsender Schneelage zu, ändert sich aber im Laufe einer Schneedeckenperiode mehrfach sprunghaft, wie Parallelverschiebungen der Regressionsgeraden gegen geringere Anteile bezeugen. Dafür sind u. a. intensive Föhntätigkeiten verantwortlich, bei denen dünne Schneedecken im Wald mit vergleichsweise geringem oder ohne Frostinhalt höhere Schmelzverluste erfahren als mächtigere Freilandschneedecken.

6. Durchschnittlich liegt die Hälfte der saisonalen Schneerücklagen zwischen 1180 m (74/75) und 1310 m (71/72), 76–92 % in der oberen Gebietshälfte über 1030 m.

Die Zusammenhänge zwischen Gebietswasserrücklagen in Schneedecken und Höhe üNN lassen sich, auch getrennt für Freiflächen und Waldbestandsarten, durch lineare Regressionen mit r durchweg > 0,9 beschreiben, in noch größerer Näherung durch Polynome 3.–4. Grades. Solche durch Ordinatentransformation normierte Verteilungskurven lassen 3 Grundtypen erkennen, die charakteristische winterliche Schneelagen vertreten.

Dieser Ansatz erlaubt einschneidende Beschränkungen des Meßprogramms auf ca. 20–25 Repräsentativflächen. Unterscheidet sich im einfachsten Fall die mutmaßliche Rücklagenverteilung von der durch ein Typpolynom beschriebenen nur durch Parallelverschiebung, liefert die Multiplikation des Polynoms mit dem Quotienten aus gemessenen und nach diesem Polynom in einer Höhenstufe gespeicherten Wasserrücklagen die gesuchten Werte.

Während der Frühjahrsschmelzen erfahren die Rücklagenkurven generell parallelverschobene Tieferlegungen gegen Ordinatennull.

7. Die effektiven Massenverluste der Gebietsschneedecken sind im Zuge großflächiger Ausaperungen unterer Tallagen am größten. Im Laufe der 2wöchigen Hauptschmelzperiode 1974 werden mit 9,3 mm d^{-1} bzw. 14,8 mm Schmelzwasseräquivalent die bisher höchsten Durchschnitts- bzw. Tageswerte beobachtet. Sie liegen allerdings deutlich unter den 22,5 mm d^{-1} bzw. 38,5 mm der in mittlerer Gebietshöhe gelegenen Freilandlysimeterschneedecke.

   Während der Wintermonate werden im Gebiet immerhin ca. 2,5 mm d^{-1} freigesetzt.

   Allmählich von Tal- gegen Hochlagen fortschreitende Steigerung der Schmelzraten trägt zusammen mit der Retentionskapazität und den Translationseigenschaften des Gebiets entscheidend zur Dämpfung der schmelzwassergesteuerten Frühjahrshochwässer bei.

8. Die aus Energiebilanzen berechneten Lysimeterabflüsse sind mit den tatsächlichen nahezu identisch. Im Freiland ist die Strahlung während der Frühjahrsschneeschmelzen Hauptenergielieferant. Sie stellt ca. 80 % der Schmelzwärme. Im Wald wächst der Anteil der Strahlungsenergie von nahe Null gegen ca. 40 %. Die durchschnittlichen Salden der latenten Wärme sind nahezu ausgeglichen.

   Wie in alpinen Hochlagen wird der Schmelzwasseranfall nur längerfristig durch äquivalente Energiemengen gedeckt. Im einzelnen, z. B. Tagesintervallen, stehen Energiedefiziten zu Beginn der Hauptschmelzperioden, die sich z. T. aus schon bereitstehendem freien Wasser erklären, am Ende Energieüberschüsse gegenüber, die u. a. zur Bodenerwärmung verwendet werden.

   Folglich bestehen zwischen Nettostrahlung bzw. Lufttemperatur, Schneehöhe und Schmelzwasserproduktion charakteristische nichtlineare Zusammenhänge. Sie besagen, daß aufgrund exponentiell mit der Tiefe wachsender Strahlungsabsorption ab einem Grenzwert von einer mächtigen Schneedecke pro Energieeinheit kurzfristig generell mehr Schmelzwasser bereitgestellt wird als von einer dünnen.

   Durch diesen Effekt fallen die Ergebnisse von die natürlichen Verhältnisse stark vereinfachenden Näherungsverfahren der Abflußberechnung selbst bei 0°-isothermen lokalen Schneedecken meist sehr unbefriedigend aus.

9. Die Schmelzabflüsse vom Freilandlysimeter zeichnen wie die Tagesganglinien der Nettoenergie durchschnittlich glockenförmige Kurven nach. Diese sind schon bis zu 2 h gegenüber einer sogar 7stündigen Verzögerung der Schneeschmelzabflüsse des Lainbachs, die eine pyramidenförmige Ganglinie beschreiben.

   Während am Freilandlysimeter zwischen 11^{00}–17^{00} die Hälfte der täglichen Frühjahrsschmelzabflüsse mit maximal 2 mm h^{-1} registriert wird, verlängert sich die Zeitspanne am Lainbach auf wenigstens 10 h bei maximal 0,4 mm h^{-1}.

10. Den Rezessionsabflüssen des Lainbachs zufolge, deren mittlere Dauer bei 4 d liegt, fließt am Beginn von Hauptschmelzperioden bei geschlossener Schneedecke ca. 50 % des Schmelzwasservolumens noch am Tage seiner Bereitstellung direkt aus, mit Höherlegung der Schneegrenze über 1200 m nunmehr 15–10 %.

    Gleichgewichtszustände der Abflüsse R am Tage n zu $R_n = R_{n-1}$ stellen sich im Unterschied zu alpinen Hochregionen ebenso selten ein wie solche zwischen Schmelzwasserproduktion Abl und R zu $R_n = Abl_n$.

    Mit einem Näherungsverfahren, das als Eingangsgrößen lediglich Lufttemperaturen, Abfluß- und Rezessionskoeffizienten sowie Tages- und Vortagesabflüsse benötigt, werden bei r um 0,95 ausgezeichnete Übereinstimmungen zwischen berechneten und beobachteten täglichen Schmelzwasser- bzw. Tagesabflüssen erzielt.

11. Das seit 1975/76 intensivierte isotopenhydrologische Untersuchungsprogramm scheint geeignet, mit den Umweltisotopen Tritium, Deuterium und Sauerstoff-18 u. a. grundlegende Aufschlüsse über Mechanismen des schneedeckeninternen Wassertransports und dessen physikalische Ursachen zu erarbeiten.

    In gebietshydrologischer Hinsicht wird der Einsatz von isotopenhydrologischen neben dem der konventionellen Verfahren in Erwartung von weiterführenden Informationen über reale Anteile der einzelnen Abflußkomponenten am Gebietsabfluß, Verweildauer, damit Verzögerungszeiten der am Abflußvorgang beteiligten Wässer als vordringlich beurteilt.

Literatur

ALFORD, D. (1967): Density variations in an alpine snow. − J. of Glac., Vol. 6, No. 46, S. 495−503, Cambridge

AMBACH, W. (1963): Untersuchungen zum Energieumsatz in der Ablationszone des grönländischen Inlandeises. − Medd. om GRØNLAND 174, Nr. 4, Kopenhagen

AMBACH, W. (1965): Untersuchungen des Energiehaushaltes und des freien Wassergehaltes beim Abbau der winterlichen Schneedecke. − Archiv f. Meteorol., Geophys. u. Bioklimatol., Ser. B: Allg. u. biol. Klimatol., Bd. 14, H. 2, S. 148−160, Wien

AMBACH, W. (1972): Floods caused by melting of snow and ice. − Accademia Naz. Dei Lincei, Quad. N. 169, S. 121−136, Rom

AMBACH, W. & A. DENOTH (1972): Studies on the dielectric properties of snow. − Ztschr. f. Gletscherkd. u. Glazialgeol., Bd. VIII, H. 1−2, S. 113−123, Innsbruck

AMBACH, W. & F. HOWORKA (1966): Avalanche activity and free water content of snow at Obergurgl (1980 m a.s.l., spring 1962). − IASH, Publ. No. 69, S. 65−72, Gentbrugge

AMBACH, W. & H. HOINKES (1963): The heatbalance of an Alpine snowfield. − IASH, Publ. No. 61, S. 24−36, Gentbrugge

AMBACH, W., H. EISNER, H. MOSER, W. RAUERT, W. STICHLER (1975): Stable Isotopes, Tritium and Gross-Beta-Activity Investigations on Alpine Glaciers (Ötztal Alps). − Proc. of the Grenoble Symp. on Isotopes and Impurities in Snow and Ice, IAHS Publ. No. 118, 1977, S. 285−288

ANDERSON, E. A. (1968): Development and Testing of Snowpack Energy Equations. − Water Resources Res., Vol. 4, No. 1, S. 19−36, Richmond, Virg.

ANDERSON, E. A. (1972): Techniques for predicting snow cover run-off. − The Role of Snow and Ice in Hydrology, Proc. of the Banff Symp., Vol. 2, S. 840−863, Genf−Budapest−Paris

ANDERSON, H. W. (1956): Forest-cover effect on snowpack accumulation and melt, Central Sierra Nevada Laboratory. − Trans. Amer. Geophys. Union, 37, S. 307−312, Washington D. C.

ANDERSON, H. W. (1968): Snow accumulation as related to meteorological, topographic and forest variables in Central Sierra Nevada, California. − IASH, Publ. No. 76, S. 215−224, Gentbrugge

ANDERSON, H. W. & R. L. HOBBA (1959): Forests and floods in the north-western United States. − IASH, Publ. No. 48, S. 30−39, Gentbrugge

ANIOL, R. (1971): Beitrag zur Struktur starker Regenfälle auf dem Hohenpeissenberg. − „Interpraevent 1971" in Villach, Ges. f. vorbeugende Hochwasserbekämpfung, S. 51−55, Klagenfurt

ANIOL, R. (1972): Beitrag zur zeitlichen und räumlichen Struktur der Starkniederschläge vom 8. bis 10. 8. 1970 im Alpenvorland. − Met. Rdsch., 25, S. 182−185, Braunschweig

ARNASON, B., Th. BUASON, J. MARTINEC & P. THEODORSSON (1972): Movement of water through snow pack traced by deuterium and tritium. − The Role of Snow and Ice in Hydrology, Proc. of the Banff Symp., Vol. 1, S. 299−312, Genf−Budapest−Paris

BALDWIN, H. I. (1957): The effect of forest on snow cover. − Proc. Eastern Snow Conf., Vol. 4, S. 18−24

BAUMGARTNER, A. (1959): Das Wasserdargebot aus Regen und Nebel sowie die Schneeverteilung in den Wäldern am Großen Falkenstein (Bayer. Wald). − Mitt. d. Arbeitskr. Wald u. Wasser Nr. 3, S. 45−54, Koblenz

BAUMGARTNER, A. (1967): Energetic bases for differential vaporization from forest and agricultural land. − Proc. Internat. Symp. Forest. Hydrol., S. 381−389, Pergamon Press, Vieweg & Sohn, Braunschweig

BEHRENS, H. (1971): Tracermethoden in Oberflächenwässern. — Ges. f. Strahlen- u. Umweltforsch., Ber. R 38, S. 1—19, München

BENKER, W. (1972): Änderung des Wasseräquivalents der Schneedecke, der Schneehöhe und der Schneedichte mit der Höhe üNN, untersucht an einem Beispiel aus dem Bereich der nördlichen Kalkalpen. — Zulassungsarb. wiss. Prüf. Lehramt Gymn., München

BERTLE, F. A. (1966): Effect of Snow Compaction on Runoff from Rain and Snow. — Bureau of Reclamat., Engin. Monogr. No. 35, Washington D. C.

BLENK, M. (1963): Eine kartographische Methode der Hanganalyse. — Neue Beitr. z. internat. Hangforsch., S. 29, Göttingen

BRECHTEL, H. M. (1969): Gravimetrische Schneemessungen mit der Schneesonde Vogelsberg. — Die Wasserwirtsch., 59. Jg., H. 11, S. 323—327, Stuttgart

BRECHTEL, H. M. (1970 a): Wald und Retention. — Einfache Methoden zur Bestimmung der lokalen Bedeutung des Waldes für die Hochwasserdämpfung. — Dt. Gewässerkdl. Mitt., 14. Jg., H. 4, S. 91—103, Koblenz

BRECHTEL, H. M. (1970 b): Schneeansammlung und Schneeschmelze im Wald und ihre wasserwirtschaftliche Bedeutung. — Das Gas- u. Wasserfach, 111. Jg., S. 377—379, München

BRECHTEL, H. M. (1971 a): Erkundung der Auswirkungen des Waldes auf die Schneeansammlung und Schneeschmelze in verschiedenen Höhenstufen der Hessischen Mittelgebirge. — „Interpraevent 1971" in Villach, Ges. f. vorbeugende Hochwasserbekämpfung, S. 239—253, Klagenfurt

BRECHTEL, H. M. (1971 b): Einfluß des Waldes auf Hochwasserabflüsse bei Schneeschmelzen. — Wasser u. Boden, H. 3, S. 60—63, Hamburg

BRECHTEL, H. M. (1972): Einfluß von Waldbeständen verschiedener Baumarten und Altersklassen auf die Schneeansammlung und Schneeschmelze in den Hanglagen des westlichen Vogelsberges. — Dt. Gewässerkdl. Mitt., 16. Jg., H. 5, S. 121—133, Koblenz

BRECHTEL, H. M. & H. ZAHORKA (1971): Wald und Schnee. — Beeinträchtigt die Umwandlung von Buchen- in Fichtenbestände die wasserwirtschaftliche Funktion des Waldes? — Allg. Forstztschr., 8, S. 147—152, München

BRECHTEL, H. M. & K. W. DÖRING (1974): Die Steuerung des Schneewasserreservoirs durch forstliche Maßnahmen. — Allg. Forstztschr., 29. Jg., 49, S. 1099—1102, München

BRECHTEL, H. M., K. W. DÖRING, J. SCHLAG (1974): Ziele und Organisation des Forstlichen Schneemeßdienstes im Land Hessen. — Dt. Gewässerkdl. Mitt., 18. Jg., H. 6, S. 137—146, Koblenz

BRECHTEL, H. M. & A. BALAZS (1976): Auf- und Abbau der Schneedecke im westlichen Vogelsberg in Abhängigkeit von Höhenlage, Exposition und Vegetation. — Beitr. z. Hydrol., H. 3, S. 35—107, Freiburg

BÜRGER, K. (1958): Zur Klimatologie der Großwetterlagen. Ein witterungsklimatologischer Beitrag. — Ber. d. Dt. Wetterd., Nr. 45, Bd. 6, Offenbach

CASPAR, W. (1962): Die Schneedecke in der BRD, Tabellen. — Dt. Wetterdienst — Zentralamt, Offenbach

CHURCH, J. E. (1913): Das Verhältnis des Waldes und des Gebirges zur Erhaltung des Schnees. — Met. Ztschr., 30, S. 1—10, Braunschweig

CHURCH, M. & R. KELLERHALS (1970): Stream Gauging Techniques For Remote Areas Using Portable Equipment. — Techn. Bull. No. 25, Inland Water Branch, Dep. of Energy, Mines and Resources, Ottawa

COLBECK, S. C. (1972): A theory of water percolation in snow. — J. of Glac., Vol. 11, No. 63, S. 369—385, Cambridge

COLBECK, S. C. (1975): Tracer Movement through Snow. — Proc. of the Grenoble Symp. on Isotopes and Impurities in Snow and Ice, IAHS Publ. No. 118, 1977, S. 255—262

COLLINGE, V. K. & J. R. SIMPSON (1964): Dilution techniques for flow measurement. – Univ. of Newcastle Upon Tyne, Bull. No. 31, Newcastle

CONRAD, V. (1936): Die klimatischen Elemente und ihre Abhängigkeit von terrestrischen Einflüssen. – In: W. Köppen u. R. Geiger: Handbuch der Klimatologie I, Teil B, S. 309, Berlin

DANSGAARD, W. (1964): Stable isotopes in precipitation. – Tellus, 16, S. 436–468, Uppsala

DELFS, J. E., W. FRIEDRICH, H. KIESEKAMP, A. WAGENHOFF (1958): Der Einfluß des Waldes und des Kahlschlages auf den Abflußvorgang, den Wasserhaushalt und den Bodenabtrag. – Mitt. Niedersächs. Landesforstverw. „Aus dem Walde", H. 3, Hannover

Deutscher Wetterdienst (1965): Anleitung für die Beobachter an den Klimahauptstationen des Deutschen Wetterdienstes. 7. Aufl., Offenbach

DOUGLAS, J. R. (1974): Conceptual Modelling in Hydrology. – Inst. of Hydrology, Wallingford/Berkshire, Report No. 24, Wallingford

DROST, W., H. MOSER, F. NEUMAIER, W. RAUERT (1972): Isotopenmethoden in der Grundwasserkunde. – Komm. d. Europ. Gemeinsch., Informationsh. Büro EURISOTOP, Ser. Monograph. 16, Brüssel

Eidgenössisches Institut für Schnee- und Lawinenforschung (SLF) (1949 ff): Winterberichte „Schnee- und Lawinen in den Schweizeralpen", Bern

ERBEL, K. (1969): Ein Beitrag zur Untersuchung der Metamorphose von Mittelgebirgsschneedecken unter besonderer Berücksichtigung eines Verfahrens zur Bestimmung der thermischen Schneequalität. – Mitt. Inst. f. Wasserwirtsch., Grundbau u. Wasserbau d. Univ. Stuttgart, H. 12, Stuttgart

FLIRI, F. (1973): Statistische Untersuchungen über den Zusammenhang von Südföhn und Gesamtklima in Innsbruck (1906–1972). – Arb. Geogr. Inst. Salzburg, Bd. 3, S. 45–57, Salzburg

FLIRI, F. (1974): Niederschlag und Lufttemperatur im Alpenraum. – Wissenschaftl. Alpenvereinsh., H. 24, Innsbruck

FLIRI, F. (1975 a): Der Innsbrucker Föhn – geographisch betrachtet. – Geogr. Rdsch., 5, S. 204–208, Braunschweig

FLIRI, F. (1975 b): Das Klima der Alpen im Raume von Tirol. – Monograph. z. Landeskd. Tirols, Folge I, Innsbruck–München

FLOHN, H. (1954): Witterung und Klima in Mitteleuropa. – 2. erw. neubearb. Auflg., Forsch. z. Dt. Landeskd., Bd. 78, Remagen

FÖHN, P. M. B. (1973): Short-term snow melt and ablation derived from heat- and mass-balance measurements. – J. of Glac., Vol. 12, No. 65, S. 275–289, Cambridge

FREY, K. (1957): Zur Diagnose des Föhns. – Met. Rdsch., 10. Jg., H. 6, S. 181–185, Berlin–Göttingen–Heidelberg

FRIEDEL, H. (1961): Schneedeckendauer und Vegetationsverteilung im Gelände. – Mitt. Forstl. Bundesversuchsanst. Mariabrunn, H. 59, Wien

FRIEDEL, H. (1965): Kleinklima-Kartographie. – Mitt. Forstl. Bundesversuchsanst. Mariabrunn, H. 66, Wien

FROHNHOLZER, J. (1967): Die Füllung des Lechspeichers Forggensee, gestützt auf Zuflußvorhersagen für zweite Vierteljahre auf der Grundlage von Schneemessungen im alpinen Einzugsgebiet. – Die Wasserwirtsch., 12, S. 413–425, Stuttgart

FROHNHOLZER, J. (1975): Durch Schneemessungen und Zuflußvorhersagen zur erwartbaren Sommerstromerzeugung europäischer Länder. – Österr. Ztschr. f. Elektrizitätswirtsch., 28. Jg., H. 5, S. 273–316, Wien–New York

GARSTKA, W. U. (1964): Snow and Snow Survey. – In: Ven te Chow, Handbook of Applied Hydrology, Sect. 10, New York

GERDEL, R. W. (1954): The transmission of water through snow. — Transact. Amer. Geophys. Union, Vol. 35, No. 3, S. 475—485, Washington D. C.

GOLD, L. W. (1958): Influence of snow cover on heat flow from the ground. — IASH, Publ. No. 46, S. 13—21, Gentbrugge

GOLDING, D. L. (1972): Snowpack calibration on Marmot Creek to detect changes in accumulation pattern after forest cover manipulation. — The Role of Snow and Ice in Hydrology, Proc. of the Banff Symp., Vol. 1, S. 82—95, Genf—Budapest—Paris

GOODELL, B. C. (1959): Management of forest stands in Western United States to influence the flow of snow-fed streams. — IASH, Publ. No. 48, S. 49—58, Gentbrugge

GRASNICK, H. J. (1967): Bestimmung des Schmelzwasserabflusses aus dem Wasserangebot der Schneedecke. — Wasserwirtsch.-Wassertechn., Jg. 17, H. 9, S. 302—306, Berlin

GUTERMANN, Th. (1970): Vergleichende Untersuchungen zur Föhnhäufigkeit im Rheintal zwischen Chur und Bodensee. Anwendung der Diskriminanzanalyse von FISHER unter besonderer Berücksichtigung des Raumes Landquart—Bad Ragaz—Buchs SG. — Veröff. Schweiz. Met. Zentralanst., H. 18, Zürich

HAEFELI, R., H. BADER, E. BUCHER (1939): Das Zeitprofil, eine graphische Darstellung der Entwicklung der Schneedecke. — Beitr. z. Geol. d. Schweiz, Geotechn. Ser., Hydrol. 3, Bern

HÄFELIN, J. (1950): Der Wasseraustausch zwischen der Schneedecke und der Luft im Hochgebirge und in der Ebene. — Verh. Schweizer. Naturforsch. Ges., 130, Zürich

HAEFNER, H. & K. SEIDEL (1974): Methodological Aspects and Regional Examples of Mapping Changes of Snow Cover from ERTS 1 and ERET Imagery in the Swiss Alps. — Proc. of Symp. on Europ. Earth Resources Satellite Experim., ESRO SP100

HASTENRATH, S. (1968): Zur Vertikalverteilung des Niederschlages in den Tropen. — Met. Rdsch., 21, 4, S. 113—116, Berlin—Heidelberg—New York

HAUER, H. (1950): Klima und Wetter der Zugspitze. — Ber. d. Dt. Wetterd. i. d. U.S. Zone, Nr. 16, Bad Kissingen

HERB, H. (1973): Schneeverhältnisse in Bayern, mit einem Kartenanhang der bayerischen Alpen und des Alpenvorraumes. — Schriftenr. d. Bayer. Landesst. f. Gewässerkd., H. 12, München

HERRMANN, A. (1972): Variations de l'épaisseur, de la densité et de l'équivalent en eau d'une couche de neige alpine en hiver. — The Role of Snow and Ice in Hydrology, Proc. of the Banff Symp., Vol. 1, S. 96—117, Genf—Budapest—Paris

HERRMANN, A. (1973 a): Entwicklung der winterlichen Schneedecke in einem nordalpinen Niederschlagsgebiet. Schneedeckenparameter in Abhängigkeit von Höhe üNN, Exposition und Vegetation im Hirschbachtal bei Lenggries im Winter 1970/71. — Münchener Geogr. Abh., Bd. 10, München

HERRMANN, A. (1973 b): Wasservorräte in der Schneedecke eines nordalpinen Niederschlagsgebietes (Lainbachtal bei Benediktbeuern/Oberbayern). — Dt. Gewässerkdl. Mitt., 17. Jg., H. 6, S. 145—153, Koblenz

HERRMANN, A. (1974 a): Bedeutung der Variabilität von Schneedeckenparametern für die Messung der mittleren Wasserrücklage in der Schneedecke am Beispiel kleiner Testflächen. — Dt. Gewässerkdl. Mitt., 18. Jg., H. 1, S. 17—22, Koblenz

HERRMANN, A. (1974 b): Grundzüge der Wasservorratsentwicklung in der Schneedecke einer nordalpinen Tallage und ihre Bedeutung für Schneedeckenaufnahmen. — Mitt. Geogr. Ges. München, Bd. 59, S. 117—145, München

HERRMANN, A. (1974 c): Ablation einer temperierten alpinen Schneedecke unter besonderer Berücksichtigung des Schmelzwasserabflusses. I Schneedecke einer kleinen Freilandtestfläche. — Dt. Gewässerkdl. Mitt., 18. Jg., H. 6, S. 146—155, Koblenz

HERRMANN, A. (1975 a): Ablation einer temperierten alpinen Schneedecke unter besonderer Berücksichtigung des Schmelzwasserabflusses. II Schneedecke eines randalpinen Niederschlagsgebiets. − Dt. Gewässerkdl. Mitt., 19. Jg., H. 6, S. 158−167, Koblenz

HERRMANN, A. (1975 b): Messung und regionale Verteilung der Wasserrücklagen in der Schneedecke eines kleinen nordalpinen Niederschlagsgebiets. − Erstes Dt.-Engl. Symp. z. Angewandt. Geogr. Gießen−Würzburg−München 1973, Gießen. Geogr. Schr., H. 35, S. 173−181, Gießen

HERRMANN, A. (1976 a): Bemerkungen zur Modellierung und Simulation der Schmelzabflüsse aus einer randalpinen Schneedecke. − Vortragsveranst. SFB 81 a. d. TU München, 12. Mai 1976, S. 25−42, München

HERRMANN, A. (1976 b): Einflüsse des Alpensüdföhns auf die Schneedeckenentwicklung und das nival gesteuerte Abflußgeschehen. − Polarforschung, 46. Jg., Nr. 2, S. 83−94, Münster

HERRMANN, A., K. PRIESMEIER, F. WILHELM (1973): Wasserhaushaltsuntersuchungen im Niederschlagsgebiet des Lainbaches bei Benediktbeuern/Oberbayern. − Dt. Gewässerkdl. Mitt., 17. Jg., H. 3, S. 65−73, Koblenz

HERRMANN, A. & W. STICHLER (1976): Messungen des Gehalts an stabilen Isotopen in einer temperierten randalpinen Schneedecke. − Mitt. Geogr. Ges. München, Bd. 61, S. 169−180, München

HERRMANN, A. & W. STICHLER (1977): Stabile Isotope in einer randalpinen Schneedecke. − Vortragsveranst. SFB 81 a. d. TU München, 9. Feb. 1977, S. 43−65, München

HERRMANN, A., W. RAUERT, W. STICHLER (1977): Isotopenmessungen an Niederschlag und Abfluß im Lainbachgebiet. − Vortragsveranst. SFB 81 a. d. TU München, 9. Feb. 1977, S. 30−42, München

HESS, H. (1906): Winterwasser der Gletscherbäche. − Pet. Geogr. Mitt., 52, S. 59−64, Gotha

HESS, P. & H. BREZOWSKI (1969): Katalog der Großwetterlagen Europas. − 2. neubearb. u. erg. Auflg., Ber. d. Dt. Wetterd., Bd. 15, Nr. 113, Offenbach

HESSE, R. (1964): Das Flyschgebiet des Zwiesel westlich von Bad Tölz. − Privatkarte 1 : 10 000, München

HIGASHI, A. (1958): Snow Survey in Hokkaido, Japan. − IASH, Publ. No. 46, S. 22−39, Gentbrugge

HOECK, E. (1952): Der Einfluß der Strahlung und der Temperatur auf den Schmelzprozeß der Schneedecke. − Beitr. z. Geol. d. Schweiz, Geotechn. Ser., Hydrol. Lief. 8, Bern

HOFMANN, G. (1963): Zum Abbau der Schneedecke. − Archiv f. Meteorol., Geophys. u. Bioklimatol., Ser. B: Allg. u. biol. Klimatol., Bd. 13, H. 1, S. 1−20, Wien

HOINKES, H. (1950): Föhnentwicklung durch Höhentiefdruckgebiete. − Archiv f. Meteorol., Geophys. u. Bioklimatol., Ser. A, Bd. 2, Wien

HOINKES, H. (1970): Methoden und Möglichkeiten von Massenhaushaltsstudien auf Gletschern. Ergebnisse der Meßreihe Hintereisferner (Ötztaler Alpen) 1953−1968. − Ztschr. f. Gletscherkd. u. Glazialgeol., Bd. VI, H. 1−2, S. 37−90, Innsbruck

HOINKES, H. & H. LANG (1962): Winterschneedecke und Gebietsniederschlag 1957/58 und 1958/59 im Bereich des Hinterreis- und Kesselwandferners (Ötztaler Alpen). − Archiv f. Meteorol., Geophys. u. Bioklimatol., Ser. B, 11, H. 4, S. 424−446, Wien

HOINKES, H. & N. UNTERSTEINER (1952): Wärmeumsatz und Ablation auf Alpengletschern I. − Geogr. Annaler, Bd. 34, S. 99−158, Stockholm

HOOVER, M. D. (1962): Water action and water movement in the forest. − „Forest Influences", FAO, Forest and For. Product. Stud. 15, S. 33−80, Rom

HOOVER, M. D. & C. F. LEAF (1967): Process and significance of interception in Colorado subalpine forest. − Proc. Internat. Symp. Hydrol., S. 213−222, Pergamon Press, New York

HOWORKA, F. (1964): Dielektrische Messung des freien Wassergehaltes der Schneedecke. − Diss. Univ. Innsbruck

Institut Wasserbau III, Institut für Siedlungswasserwirtschaft der TU Karlsruhe (1974): Studie über bestehende Flußgebietsmodelle, Karlsruhe

JEFFREY, W. W. (1970): Snow hydrology in the forest environment. – Snow Hydrol., Proc. of Nat. Workshop Sem. 1968, S. 1–19, Ottawa

JENSEN, H. & H. LANG (1972): Forecasting discharge from a glaciated basin in the Swiss Alps. – The Role of Snow and Ice in Hydrology, Proc. of the Banff Symp., Vol. 2, S. 1047–1057, Genf–Budapest–Paris

KERN, H. (1955): Schneeverdunstungsmessungen in Obernach. – Bes. Mitt. z. Dt. Gewässerkdl. Jb. Nr. 12, S. 69–72, Koblenz

KERN, H. (1959): Wasserhaushaltsuntersuchungen in der winterlichen Schneedecke einer randalpinen Tallage. – Ber. d. Dt. Wetterd. Nr. 54, S. 150–154, Offenbach

KERN, H. (1971): Wasserhaushaltsuntersuchungen mit großen Schneewaagen in der Winterschneedecke am bayerischen Alpenrand. – Schriftenr. d. Bayer. Landesst. f. Gewässerkd., H. 7, München

KLEBELSBERG, R. v. (1913): Die Wasserführung des Suldenbaches. – Ztschr. f. Gletscherkd., Bd. 7, S. 183–190, Berlin

KNAUF, D. (1976): Die Abflußbildung in schneebedeckten Einzugsgebieten des Mittelgebirges. – Inst. f. Hydraulik u. Hydrologie d. TU Darmstadt, Techn. Ber. Nr. 17, Darmstadt

KRAUS, H. (1972): Energy Exchange at Air-Ice-Interface. – The Role of Snow and Ice in Hydrology, Proc. of the Banff Symp., Vol. 1, S. 128–164, Genf–Budapest–Paris

KROUSE, H. R. & J. L. SMITH (1972): O^{18}/O^{16} abundance variations in Sierra Nevada seasonal snowpacks and their use in hydrological research. – The Role of Snow and Ice in Hydrology, Proc. of the Banff Symp., Vol. 1, S. 24–38, Genf–Budapest–Paris

KUZMIN, P. P. (1960): Snow Cover and Snow Reserves. – Gidrometeorologicheskoe Izdatelsvo, Leningrad. Übers.: 1963, Nat. Sc. Found., Washington D. C.

KUZMIN, P. P. (1961): Melting of Snow Cover. – Gidrometeorologicheskoe Izdatelsvo, Leningrad. Übers.: 1972, Israel Progr. for Sc. Translat., Jerusalem

LANG, H. (1966): Hydrometeorologische Ergebnisse aus Abflußmessungen im Bereich des Hintereisferners (Ötztaler Alpen) in den Jahren 1957 bis 1959. – Archiv. f. Meteorol., Geophys. u. Bioklimatol., Ser. B.: Allg. u. biol. Klimatol., Bd. 14, S. 280–302, Wien

LANG, H. (1970): Über den Abfluß vergletscherter Einzugsgebiete und seine Beziehung zu meteorologischen Faktoren. – Mitt. d. VAW a.d. ETH Zürich, Nr. 85, 31/1–9, Zürich

LANG, H. (1971): Einige Angaben über Schmelzwasserspenden von vergletscherten Einzugsgebieten. – „Interpraevent 1971" in Villach, Ges. f. vorbeugende Hochwasserbekämpfung, S. 127–128, Klagenfurt

LANG, H. (1974): Die meteorologischen Faktoren und ihre Bedeutung für hydrologische Prognosen. – Hydrol. Prognosen f. d. Wasserwirtsch., Mitt. d. Versuchsanst. f. Wasserbau, Hydrol. u. Glaziol. a.d. E.T.H. Zürich, Nr. 12, S. 67–94, Zürich

LANSER, O. (1959): Beiträge zur Hydrologie der Gletschergewässer. – Schriftenr. d. Österr. Wasserwirtschaftsverb., H. 38, Wien

LLIBOUTRY, L. (1964): Traité de Glaciologie. T. 1, Paris

LÜTSCHG, O. (1950): Zum Wasserhaushalt des Schweizer Hochgebirges. Zur Hydrologie, Chemie und Geologie der winterlichen Gletscherabflüsse der Schweizer Alpen. 1. Bd., 2. Teil, Beitr. z. Geol. d. Schweiz, Geotechn. Ser., Hydrol., 4. Lief., Zürich

MARTINEC, J. (1960): The degree-day factor for snowmelt-runoff forecasting. – IASH, Publ. No. 51, S. 468–477, Gentbrugge

MARTINEC, J. (1965 a): Design of snow-gauging networks with regard to new measuring techniques. — IASH, Publ. No. 67, S. 189—196, Gentbrugge

MARTINEC, J. (1965 b): A representative watershed of research of snowmelt-runoff relations. — IASH, Publ. No. 66, Vol. 2, S. 494—501, Gentbrugge

MARTINEC, J. (1966): Snow cover density changes in an experimental watershed. — IASH, Publ. No. 69, S. 43—52, Gentbrugge

MARTINEC, J. (1970 a): Study of snowmelt runoff process in two representative watersheds with different elevation range. — IASH, Publ. No. 96, S. 29—39, Gentbrugge

MARTINEC, J. (1970 b): Recession coefficient in glacier runoff studies. — Bull. IASH, 15. Jg., No. 1, S. 87—90, Gentbrugge

MARTINEC, J. (1972 a): Evaluation of Air Photos for Snowmelt-runoff Forecasts. — The Role of Snow and Ice in Hydrology, Proc. of the Banff Symp., Vol. 2, S. 915—926, Genf—Budapest—Paris

MARTINEC, J. (1972 b): Tritium und Sauerstoff-18 bei Abflußuntersuchungen in repräsentativen Einzugsgebieten. — Gas, Wasser, Abwasser, Nr. 6, S. 163—169, Zürich

MARTINEC, J. (1974): Untersuchung der Schneeschmelze mit Umweltisotopen. — Österr. Wasserwirtsch., Jg. 26, H. 3/4, S. 61—67, Wien

MARTINEC, J. (1975): Subsurface Flow From Snowmelt Traced by Tritium. — Water Res. Research, Vol. 11, No. 3, S. 496—498, Richmond, Virg.

MARTINEC, J. (1977): Bestimmung der Verweilzeit des Schmelzwassers in Gebirgsgebieten durch Tritium-Messungen. — Vortragsveranst. SFB 81 a. d. TU München, 9. Feb. 1977, S. 19—28, München

MARTINEC, J., H. OESCHGER, U. SIEGENTHALER, E. TONGIORGI (1974): New insights into the run-off mechanism by environmental isotopes. — Isotope Techn. in Groundwater Hydrol., Vol. 1, S. 129—143, Wien

MARTINEC, J., H. MOSER, M. R. de QUERVAIN, W. RAUERT, W. STICHLER (1975): Assessment of processes in the snowpack by parallel deuterium, tritium and oxygen-18 sampling. — Proc. of the Grenoble Symp. on Isotopes and Impurities in Snow and Ice, IAHS Publ. No. 118, 1977, S. 220—231

McKAY, G. A. (1970): Problems of measuring and evaluating snow cover. — Snow Hydrol., Proc. of Nat. Workshop Sem. 1968, S. 67—79, Ottawa

MEIER, M. F. (1964): Ice and Glaciers. — In: Ven te Chow, Handbook of Applied Hydrology, Sect. 16, New York

MEIER, M. F. (1975): Application of remote-sensing techniques to the study of seasonal snow cover. — J. of Glac., Vol. 15, No. 73, S. 251—265, Cambridge

MEIMAN, J. R. (1970): Snow accumulation related to elevation, aspect and forest canopy. — Snow Hydrol., Proc. of Nat. Workshop Sem. 1968, S. 35—47, Ottawa

MILLER, D. H. (1962): Snow in trees — where does it go? — Western Snow Conf. Proc. 30, S. 21—29

MILLER, D. H. (1966): Transport of intercepted snow from trees during snow storms. — U. S. Forest Serv. Res. Paper PSW-33

MOSER, H. & W. STICHLER (1977): Environmental Isotopes in Ice and Snow. — In: Fritz Fontes, Natural Isotopes in Environmental Studies. Elsevier Publish., Amsterdam (im Druck)

MÜLLER, D. H. (1955): Snow Cover and Climate in the Sierra Nevada, California. — Berkeley

MÜLLER, H. G. (1953): Zur Wärmebilanz der Schneedecke. — Met. Rdsch., 6. Jg., H. 7/8, S. 140—143, Berlin—Göttingen—Heidelberg

MÜLLER-DEILE, G. (1940): Geologische Karte der Alpenrandzone beiderseits vom Kochelsee in Oberbayern 1 : 25 000. — München

OBENLAND, E. (1956): Untersuchung zur Föhnstatistik des Oberallgäus. – Ber. d. Dt. Wetterd., Bd. 4, Nr. 23, Offenbach

PAULCKE, W. (1938): Praktische Schnee- und Lawinenkunde. – Verständl. Wissensch., Bd. 38, Berlin

POPOV, E. G. (1972): Snowmelt runoff forecasts – theoretical problems. – The Role of Snow and Ice in Hydrology, Proc. of the Banff Symp., Vol. 2, S. 829–839, Genf–Budapest–Paris

PREISS, H. (1974): Einfluß der Lichtungsgröße auf die Entwicklung der Schneedeckenparameter Höhe, Dichte und Wasseräquivalent am Beispiel dreier Lichtungen im Benediktenwandgebiet. – Zulassungsarb. z. Prüf. Lehramt Realsch., München

QUERVAIN, M. de (1948): Über den Abbau der alpinen Schneedecke. – IASH, Publ. No. 29, S. 55–68, Louvain

QUERVAIN, M. de (1951): Zur Verdunstung der Schneedecke. – Archiv f. Meteorol., Geophys. u. Bioklimatol., Ser. B: Allg. u. biol. Klimatol., Bd. 3, S. 47–64, Wien

QUERVAIN, M. de (1972): Snow structure, heat and mass flux through snow. – The Role of Snow and Ice in Hydrology, Proc. of the Banff Symp., Vol. 1, S. 203–226, Genf–Budapest–Paris

QUERVAIN, M. de (1973): Eine internationale Lawinenklassifikation. – Ztschr. f. Gletscherkd. u. Glazialgeol., Bd. IX, H. 1–2, S. 189–206, Innsbruck

QUICK, M. C. (1972): Forecasting runoff; operational practices. – The Role of Snow and Ice in Hydrology, Proc. of the Banff Symp., Vol. 2, S. 943–955, Genf–Budapest–Paris

RACHNER, M. (1969): Der Wasserhaushalt der Schneedecke und seine Bedeutung im Rahmen des Gebietswasserhaushaltes der Oberen Bode/Harz. – Abh. Met. Dienst. DDR, Nr. 90, Bd. XII, S. 436–444, Berlin

RAKHMANOV, V. V. (1958): Forest-cover effects on snowpack-accumulation and snow melting in relation to meteorological conditions. – IASH, Publ. No. 46, S. 210–221, Gentbrugge

RATZEL, F. (1886): Über die Schneeverhältnisse in den bayerischen Kalkalpen. – Jahresber. d. Geogr. Ges. München, S. 24–34, München

REINHOLD, E. (1937): Anweisung zur Auswertung von Schreibregenmesseraufzeichnungen. – Gesundheitsing. 60, 2, 2, S. 22 f, München

RILEY, J. P., E. K. ISRAELSEN, K. O. EGGLESTON (1972): Some approaches to snowmelt prediction. – The Role of Snow and Ice in Hydrology, Proc. of the Banff Symp., Vol. 2, S. 956–971, Genf–Budapest–Paris

RÖSL, G. (1976): Mathematisches Modell zur Berechnung des Abflusses aus einem schneebedeckten Einzugsgebiet. – Vortragsveranst. SFB 81 a. d. TU München, 12. Mai 1976, S. 63–94, München

SÄRCHINGER, P. (1939): Geologische Karte des Benediktenwandgebirges 1 : 25 000. – Stuttgart

SATTERLUND, D. R. & H. F. HAUPT (1967): Snow catch by conifer crowns. – Water Resources Res. 3, S. 1035–1039, Richmond, Virg.

SCHERHAG, R. (1948): Neue Methoden der Wetteranalyse und Wetterprognose. – Berlin

SCHUBERT, J. (1914): Die Höhe der Schneedecke im Wald und im Freien. – Ztschr. f. Forst- u. Jagdwes., 46, S. 567–572, Berlin

SCHULZ, L. (1963): Die winterliche Hochdrucklage und ihre Auswirkung auf den Menschen. – Ber. d. Dt. Wetterd., Nr. 88, Bd. 12, Offenbach

SEIBERT, P. (1968): Übersichtskarte der natürlichen Vegetationsgebiete in Bayern mit Erläuterungen. – Schriftenr. f. Vegetationskd., H. 3, Bad Godesberg

SOMMERFELD, R. A. & E. R. LA CHAPELLE (1970): The classification of snow metamorphism. – J. of Glac., Vol. 9, No. 55, S. 3–17, Cambridge

STICHLER, W. (1976): Isotopenmethoden in der Hydrologie von Schnee und Eis. – Fortbildungstag. ‚Isotopenmethoden in der Hydrologie' des DVWW, März 1976, Hannover

SWANSON, R. H. (1972): Local snow distribution is not a function of local topography under continuous tree cover. – IASH, Publ. No. 97, S. 18–23, Gentbrugge

TOEBES, C. & V. OURYVAEV (Hrsg.) (1970): Representative and experimental basins. An international guide for research and practice. – Studies and Reports in Hydrology, 4, UNESCO, Paris

TONNE, F. (1951): Besonnung und Tageslicht – ein neues Untersuchungsverfahren. – Gesundheitsing., 72. Jg., H. 1/2, S. 12–17, München

TSCHAUDER, S. (1972): Die Ökovarianz des Lainbach-Niederschlagsgebietes. – Zulassungsarb. wiss. Prüf. Lehramt Gymn., München

UNESCO/IASH (1970): Combined heat, ice and water balances at selected glacier basins. – Techn. papers in hydrology, No. 5, Paris

UNESCO/IASH/WMO (1970): Seasonal snow cover. – Techn. papers in hydrology, No. 2, Paris

U.S. Army Corps of Engineers (1956): Snow Hydrology – Summary Report of the Snow Investigations. North Pacific Div., Portland, Oregon

UTTINGER, H. (1951): Zur Höhenabhängigkeit der Niederschlagsmenge in den Alpen. – Archiv f. Meteorol., Geophys. u. Bioklimatol., Ser. B: Allg. u. biol. Klimatol., Bd. 2, H. 4, S. 360–382, Wien

VIESSMAN Jr., W. (1970): The synthesis of snowmelt hydrographs. – Snow. Hydrol., Proc. of Nat. Workshop Sem. 1968, S. 67–79, Ottawa

VOGT, H. (1975): Schneeinterception im Lainbachgebiet in Abhängigkeit von der Bestandsart und dem Bestandsalter. – Diplomarb. Inst. Geogr. Uni München, München

WAGENHOFF, A., H. HAASE, H. KIESEKAMP (1949): Die Wirkung der Großkahlschläge auf den Wasserhaushalt und den Bodenabtrag. – Allg. Forstztschr., 42, S. 385–386, München

WEICKMANN, L. & K. KNOCH (Hrsg.) (1952): Klimaatlas von Bayern. Dt. Wetterd. d. U.S.-Zone, Bad Kissingen

WENDLER, G. (1964): Die Berechnung des Strahlungsanteils an der Ablation im Gebiet des Hintereis- und Kesselwandferners, Sommer 1958. – Diss. Univ. Innsbruck

WENDLER, G. & N. ISHIKAWA (1973): Experimental study of the amount of ice melt, using three different methods: a contribution to the International Hydrological Decade. – J. of Glac., Vol. 12, No. 66, S. 399–410, Cambridge

WENDLER, G., N. ISHIKAWA, N. STRETEN (1974): The climate of the McCall Glacier, Brooks Range, Alaska, in relation to its geographical setting. – Arctic and Alpine Research, Vol. 6, No. 3, S. 307–318, Boulder, Colorado

WENDLER, G. & G. WELLER (1974): A heat-balance study on McCall Glacier, Brooks Range, Alaska: a contribution to the International Hydrological Decade. – J. of Glac., Vol. 13, No. 67, S. 13–26, Cambridge

WIDMER, R. (1966): Statistische Untersuchungen über den Föhn im Reusstal und Versuch einer objektiven Föhnprognose für die Station Altdorf. – Vierteljahresschr. d. Naturforsch. Ges. Zürich, Bd. 111, S. 331–375, Zürich

WILHELM, F. (1972): Hydrologie. Glaziologie. – 2. verb. Auflg., Westermann Verlag, Braunschweig

WILHELM, F. (1975 a): Schnee- und Gletscherkunde. – De Gruyter, Berlin

WILHELM, F. (1975 b): Niederschlagsstrukturen im Einzugsgebiet des Lainbaches bei Benediktbeuern/Obb. – Münchener Geogr. Abh., Bd. 15, München

WILHELM, F. (1977): Die Bedeutung isotopenhydrologischer Verfahren im Rahmen einiger Teilprojekte des SFB 81. – Vortragsveranst. SFB 81 a. d. TU München, 9. Feb. 1977, S. 5–18, München

WILSON, J. F. (1968): Fluorometric procedures for dye tracing. – U.S. Geol. Surv., Techn. of Water Res., Invest. Book 3, Chap. A12, Washington D. C.

WMO (1972): Casebook on Hydrological Network Design Practice. WMO-No. 324, Genf

WÖHR, F. (1959): Aus Schneemessungen abgeleitete Zuflußprognosen zu voralpinen Energiespeichern (erläutert am Beispiel ‚Walchensee'). − Ber. d. Dt. Wetterd. Nr. 54, S. 155−156, Offenbach

WUNDT, W. (1953): Gewässerkunde. − Springer Verlag, Berlin/Göttingen/Heidelberg

WUNDT, W. (1958): Die mittleren Abflußhöhen und Abflußspenden des Winters, des Sommers und des Jahres in der Bundesrepublik Deutschland. − Forsch. z. Dt. Landeskd., Bd. 105, Remagen

WUNDT, W. (1960): Hoch-, Mittel- und Niedrigwasserabfluß in der Bundesrepublik Deutschland. − Geogr. Rdsch., 12. Jg., S. 70−77, Braunschweig

ZINGG, Th. (1949/50): Beitrag zur Kenntnis des Schmelzwasserabflusses der Schneedecke. − Winterber. ‚Schnee und Lawinen in den Schweizeralpen' des SLF, Nr. 14, S. 86−90, Bern

ZINGG, Th. (1951): Beziehung zwischen Temperatur und Schmelzwasser und ihre Bedeutung für Niederschlags- und Abflußprognosen. − IASH, Publ. No. 32, S. 266−269, Louvain

ZINGG, Th. (1964): Zur Methodik der Schneemessung am Eidgenössischen Institut für Schnee- und Lawinenforschung (SLF). − Winterber. „Schnee und Lawinen in den Schweizeralpen" des SLF, Nr. 27, S. 130−138, Bern